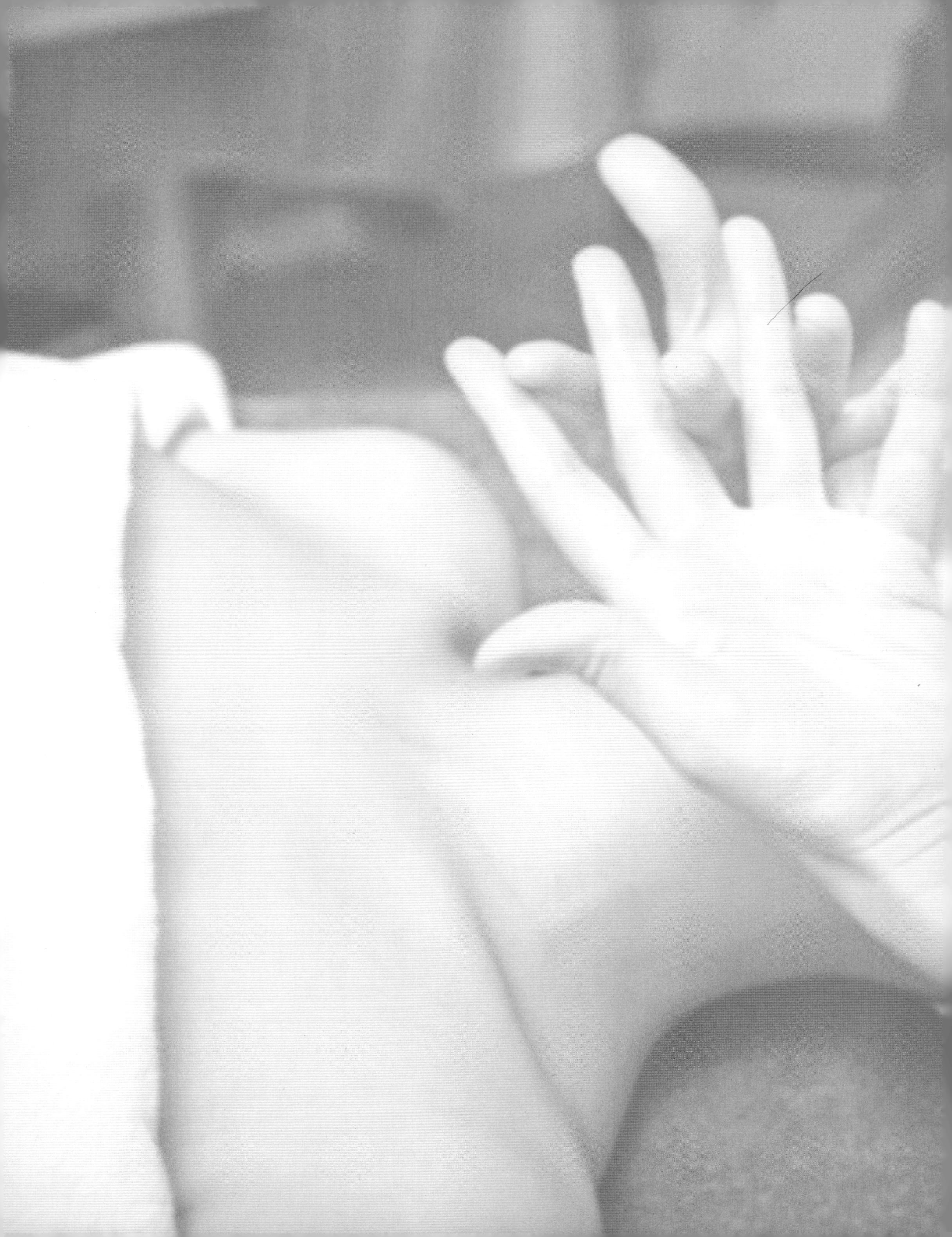

Korean drainage therapy

한국형 배농테라피

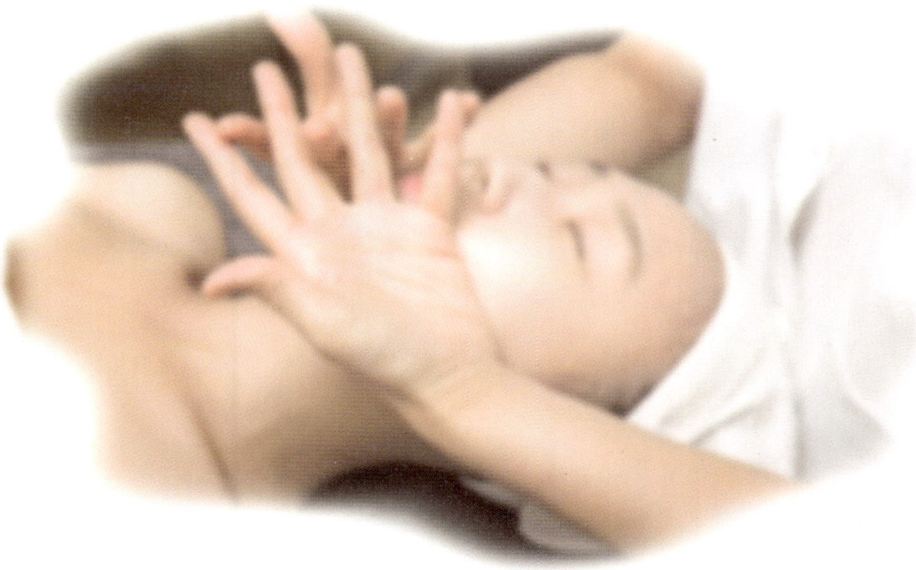

메디시인

Prologue

힘들이지 않고 손쉽게 관리할 수 있는 **한국형배농테라피**

2006년, 파주에서 피부관리실을 오픈 했을 때의 일입니다.

저는 고객확보를 위해 일반 관리실과는 확연하게 다른 차별화 전략으로 나만의 테크닉을 만들었고 고객 감동과 만족을 위해 최선을 다했습니다. 차별화된 관리 서비스는 온라인으로 아주 빠르게 입소문이 나면서 전국적으로 많이 알려지게 되었고 여러 방송 매체에도 출연하게 되었습니다.

연속적인 매출의 증가로 관리실을 확장 오픈하였습니다. 과다한 의욕으로 인한 확장은 어느 시점에서 경영 난관에 부딪히게 되었습니다. 결국, 100평의 관리실은 정리 할 수밖에 없었습니다. 정말이지 처참한 실패를 경험했습니다.

약 반년에 걸쳐 밤낮으로 노력하며 다시 한 번 나만의 테크닉을 만들어 가야겠다는 심정으로 공부하고 연구하였습니다. 경영에 대한 자신감도 차츰 회복 할 때 쯤 …….

어느 날부터 손이 붓기 시작하였고 통증으로 밤마다 잠을 잘 수가 없었습니다. 손가락 마디마디가 아파오기 시작했고 도저히 손이 저려 관리를 할 수가 없었습니다.

그러던 어느 날 손가락이 아픈 나머지 저도 모르게 팔 전체로 고객의 얼굴을 만지고 있었습니다. "조금 전에 이 부드러운 느낌은 뭐죠? 너무 부드럽고 좋은 것 같아요. 항상 그런 느낌의 관리를 부탁해요." '아! 손가락을 많이 사용하지 않고도 테크닉을 좀 더 부드럽고 효율적인 방법으로 손바닥과 팔 전체를 사용할 수도 있구나' 라는 생각이 들었습니다.

그 날 이후로 손바닥과 팔뚝(척부)으로 하는 좀 더 효율적인 테크닉을 본격적으로 연구하기 시작하였습니다. 제 손가락은 이미 한계를 향해 달려가고 있었기 때문에 그때 저는 지푸라기라도 잡는 심정으로 각 대학 교수님들께 자문을 구하였습니다.

그로 인해 인연이 되어 함께 연구하게 된 신숙자 교수님, 이재남 교수님과 매일 끊임없이 공부하고 연구하였습니다.

손바닥과 팔 전체를 사용하던 테크닉은 지속적인 노력과 연구를 통해 1년이 지난 후, 순수 에스테티션 원장님들의 모임을 통해 효과가 입증되었으며, 마침내 **한국형배농테라피**라는 정식 명칭으로 완성시킬 수 있게 되었습니다.

이 글을 읽고 계신 당신도 손이 저려 도저히 테크닉을 진행 할 수 없었던 순간이 있지는 않았나요? 아니면, 강압이 아닌 미압으로 효율적인 고객관리를 하고 싶다고 생각하지는 않았나요? 이 책을 읽으시는 여러분들도 이 교재를 보고 따라 하기만 하면 아래와 같은 이점을 얻어 가실 수 있습니다.

- 손가락이 아프지 않게 쉽게 관리 할 수 있습니다.
- 주변 경쟁자가 없는 테크닉이기에 경쟁에서 자유로워 집니다.
- 차별화된 테크닉으로 충성고객을 유지할 수 있습니다.
- 성형 시술 후 고객 케어가 가능하여 매출 폭도 넓힐 수 있습니다.

이제 세분화된 전문가로 거듭나려는 여러분에게 한국형배농테라피는 선택이 아닌 필수입니다. 감사합니다.

차례

Contents

차례

Contents

Chapter 2 부종 피부의 관리

부록 / 한국형배농테라피 실기 간편요약

한국 피부미용의 트렌드

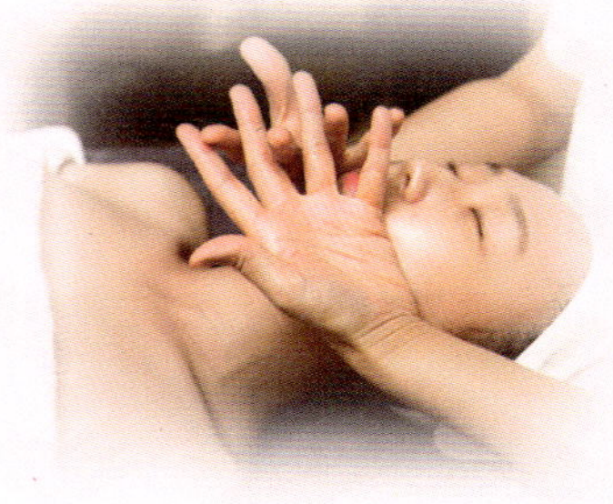

1. 피부미용의 시대 흐름과 변화

최근 정보통신의 발달은 뉴모드와 스타일의 변화를 빠르게 전파하고 있으며 전 세계 시장의 패션을 동시화 시키고 있다. 이런 흐름은 소비자들의 관심과 기대치가 커지고 있음을 보여주는 것이며, 현 트렌드는 미용적 기술 그 이상의 것을 요구하고 있다. 과거 우리나라 피부미용은 특정 계층에 관심이 집중되어 있었다. 그러나 현재는 나이와 성별에 상관없이 대중에게 관심의 폭이 넓혀져 있다.

피부미용업계에서는 급변하는 시대의 흐름에 맞춰 관리방법도 다양해지고 있다. 과거 에스테틱(Esthetic)의 구조가 노동집약적 관리기법과 힘으로 하는 테크닉이었다면, 현재는 더욱 구체적이고 세분화 되었으며 다양한 테크닉이 등장하고 있다. 테크닉의 편리를 위한 여러 형태의 다양한 도구와 기기들 또한 출시되고 있다. 이런 시대의 흐름은 피부미용업계에 보다 많은 정보와 지식을 필요로 하고 있으며, 보다 과학적인 접근과 세분화된 전문성을 갖추길 원하고 있다.

피부미용산업은 점점 고학력화 되고 있고 그 인력은 트렌드 개발에 앞장서고 있으며, 앞으로는 새로운 형태의 시장 개척을 이뤄 낼 것이라 여겨진다.

2. 피부미용산업의 성장기회

우리나라의 뷰티산업은 국가경쟁력이 될 만큼 신(新)성장산업으로 발전하고 있다. 그 시장의 규모가 날로 커지고 있으며, 최근에는 한류에 따른 한국의 피부미용 산업전반에 대한 국제적 관심도가 높아지고 있다.

한류 열풍은 드라마나 K-POP 등 문화 수출을 가능하게 했고, 그에 더불어 K-BEAUTY 라는 이름으로 한국 뷰티 스타일 따라하기 열풍 또한 대단하다. 그로 인해 수많은 국내 기업과 인재들은 해외로 진출하고 있으며, 활발한 시장 활동을 하고 있다. 그 중에서도 동남아 시장은 상당히 매력적인 시장이라 할 수 있다.

국제적인 환경으로는 세계적 개방화 추세에 따라 해외 뷰티 교육 프로그램 및 프랜차이즈 시스템의 진입이 커졌으며, 이로 인해 해외 글로벌 업체의 미용용품 시장 점유율 또한 증가추세에 있다. 이로 인해 보다 전문성이 높은 교육과 성장의 기회도 동시에 열려있다 하겠다.

이런 국가적 특성과 트렌드의 이해는 글로벌 시대에 반드시 생각해야 할 부분이며, 국내 시장의 변화에 대한 대비책 마련에 큰 도움이 되리라고 본다. 앞으로 이러한 부분에 대한 철저한 분석을 통해 해외 진출에 적극적으로 나서야 할 것이다.

한국적이며 보다 전문적인 테크닉과 테라피는 국내에만 적용 될 것이 아니라, 세계로의 뷰티교육과 산업의 시장 진출에도 큰 도움이 될 것이다. 이는 차세대 에스테티션(esthetician)의 국제적 진출을 위한 중요한 밑거름이 될 것이며, 우리나라 피부미용의 우수성을 알리는데 보탬이 되리라 믿는다.

3. 피부미용의 시대적 트렌드, 한국형배농테라피

아름다워지고 싶은 인간의 욕망은 끝이 없다. 그것이 내면이든 외면이든 구분을 두는 것은 이제 무의미한 시대가 되었다. 최근 10년간 가장 큰 폭으로 성장한 성형 업계를 살펴보면, 특수 계층에서만 시술하던 문화에서 이제는 일반화 되고 대중화된 시대가 도래 하였다. 이에 발맞춰 항노화 관련 사업 분야(의료, 헬스 케어, 패션, 뷰티 등)를 포함한 소비재 분야도 폭발적으로 성장하고 있다.

이에 피부미용업계는 SNS의 발달과 욜로 라이프(YOLO Life)시대를 살아가고 있는 문화 속에서 특색 있는 매장으로 거듭나기 위해 테크닉의 독창성과 다양화는 필수로 수반되어야 하는데, 한국형배농테라피는 그 적절한 방안이 될 것이라 확신한다.

PART Ⅰ
한국형배농테라피 이론

Chapter 1. 한국형배농테라피란?

2. 한국형배농테라피의 순환

Chapter. 1

한국형배농테라피란?

한국형배농테라피는 동양의학의 포괄적인 학문에 서양의학의 과학적이고 체계적인 학문을 포함시켜 균형의 원리에 입각한 배농(배출)에 중점을 두고 출발하였다.

현재 적용되고 있는 피부미용관리학은 관리방식이나 테크닉 방식이 유형적이면서 해부생리학적 이해로 편중되어 서양 의학적 사고를 많이 담고 있다. 그러나 현대에 있어서 피부미용관리는 환경적 문제 등으로 인해 복합적인 피부 관련 문제들이 생겨나면서 서양 의학적 피부관리학으로는 해결하기 힘든 한계에 다다르고 있으며, 이러한 현실은 새로운 개념의 한국형배농테라피의 도입이 필요한 시점이라고 볼 수 있다.

특히, 배농의 관점에서 보면 보편적으로 피부미용관리가 물질적이고 유형적 측면에 치중되어 다양한 문제점들이 나타나고 있으며, 점차적으로 피부관리 효율성의 한계가 나타나고 있다. 이에 한국형배농테라피는 무형적(無形的)·유형적(有形的) 측면까지 접목하여 새로운 이론과 테크닉으로 피부관리학적 문제의 한계를 극복하고자 한다.

1. 한국형배농테라피의 정의

한국형배농테라피는 근본적으로 원활한 기(氣)순환, 조직순환, 림프순환을 통해 배농을 촉진시키는 통합적 순환개념에 바탕을 둔 피부과학 솔루션이며 수(手)기법(technique)이다.

한국형배농테라피는 기존의 조직순환과 내분비순환 등을 통한 배농관리 방식에서 벗어나 인체의 정신적, 육체적인 부분을 통합적인 관점으로 이해하는 전체주의에 입각한 새로운 배농테라피이다.

인체는 순환체계가 불균형일 때 피부에 문제를 일으키고, 더 나아가 근골격계에도 영향을 준다. 순환체계의 불균형 문제를 해결하기 위해 탄생한 한국형배농테라피는 기(氣)혈(血)의 순환을 유도하여 무형적(無形的)·유형적(有形的) 에너지를 형성시킨다. 그리고 자율신경계의 자극으로 평활근(혈관벽)을 이완시켜 혈액의 순환으로 조직을 활성화 시키고 림프의 흐름이 원활할 수 있도록 하여 노폐물 배출(배농)이 보다 효율적이고 효과적으로 이루어지도록 한다.

이러한 작용은 기(氣)의 순환을 향상시키며 조직과 림프의 순환을 촉진시켜 노폐물 배출을 시키는 선순환(善循環)의 원리이다. 그 결과로 인체의 균형적인 순환이 이루어 질 수 있도록 하며, 이러한 원리를 한국형배농테라피의 순환체계라고 한다. 즉, 순환이 균형을 이룰 때 비로소 배농(배출)이 정상적으로 이루어지는 기본적인 인체의 균형원리를 적용한 개념이다.

한국형배농테라피의 수기법의 적용으로 순환과 배농의 두 체제가 균형을 이루도록 하며, 비로서 피부의 문제점을 개선시키고 보다 탄력적이며 맑고 건강한 피부와 아름다운 얼굴윤곽을 가질 수 있도록 돕는데 목적이 있다.

한국형배농테라피는 수기법, 기순환, 조직순환, 림프순환을 기본적인 4가지 구성요소로 보고 아래와 같이 역할을 정리한다.

한국형배농테라피의 수(手)기법

부드럽고 리드미컬한 마찰의 기술로, 부드럽고 넓은 면적에 해당하는 손 부위 중 수근, 소지측, 수장사지, 손등, 척부, 모지구 등을 이용한다. 또한 강압이 아닌 미압을 적용하여 콜라겐과 엘라스틴의 형성을 최적화 시킬 수 있는 기법으로 피부와 얼굴 윤곽을 아름답게 하는 테크닉이다.

그림 1-1 수기법의 원리

기(氣)순환

안면(顔面)의 흐름을 원활하게 하여 노폐물과 신진대사를 증진(增進)시키는 역할을 한다.

조직 순환

피부의 진피 내 섬유아세포(fibroblast)를 자극하여 콜라겐(collagen)과 엘라스틴(elastin)을 활성화시키고 인체의 기본조직이 원활하게 작용할 수 있도록 하여 피부를 개선시키는 역할을 한다.

림프 순환

림프의 흐름을 원활하게 하여 노폐물의 배출과 부종을 완화시켜 피부를 개선 해주는 역할을 한다.

2. 한국형배농테라피의 이해

조직간의 순환은 인체의 기초적인 생명유지활동을 하기 위해서 반드시 진행되어지는 체계로서 림프, 혈액, 각종 호르몬 등을 의미한다.

인체의 순환문제는 조직 간의 순환체계뿐만 아니라 유·무형의 종합적인 체계로 이해하여야 하므로 한국형배농테라피는 이를 접목한 새로운 개념의 통합 테라피로서 적용하고자 한다.

유형적(有形的) 조직적(組織的) 순환체계는 주로 장부순환, 림프순환, 혈액순환, 호르몬 관계 등 만을 중심으로 피부 문제를 해결하려는 경향이 많았으나, 현대에 있어서 여러 가지 증상과 병증이 복합적이고, 그 원인이 불분명한 문제성 증상들이 나타남으로서 그 한계점을 가지게 되었다.

그러한 문제점을 해결하기 위해서는 유형적 ·물질적 측면뿐만 아니라 무형적인 측면까지 복합적으로 원인을 파악하고 관리해야 한다는 현실적인 문제로 한국형배농테라피의 필요성이 생기게 되는 것이다.

순환체계와 배농(배출)의 관점에서 유형(有形 : 땀, 소화배설물, 림프배농에 의한 노폐물 등)과 무형적(無形的, 심리적 요인)인 측면을 파악하여 두 체계의 균형관리를 통해서 피부의 문제를 해결하려는 것이 한국형배농테라피가 필요한 이유이다.

그런 이유로 기(氣)순환의 개념이 도입되어야 한다는 것이다. 즉 장부순환, 림프순환, 혈액순환, 호르몬 등인 유형적 조직적 순환체계만을 중심으로 피부 문제를 해결하려는 점을 심리적 요인인 무형적인 측면까지 고려하여 복합적인 원인을 파악하고 관리해야 한다는 것이다.

이러한 관점에서 배농(배출)의 개념 또한 유·무형적인 측면으로 분석하고 적용해야 한다.

기(氣)

존재 자체로서 무형적 개념의 생명유지에 필요한 원천적인 에너지를 기(氣)라 한다. 기(氣)는 정신(精神)을 지배하며 정신은 신체(身體)를 조절한다. 불안, 우울, 스트레스, 열등감 등의 감정이 안정을 찾을 수 있도록 한다.

혈(血)

생명 유지에 필요한 유형적이고 물질적 개념의 모든 요소를 혈(血)이라 한다. 이러한 요소로는 장부, 조직, 혈액, 진액, 호르몬 등을 말한다.

림프

면역반응을 담당하고 인체를 보호하는 모세림프관을 통해 유입되는 액체를 림프라고 한다. 림프액의 구성 성분으로는 혈장 단백질, 수분, 세포 등이 있다.

조직(組織)

세포들을 결합하는 기능, 세포 외 물질들로 둘러싸여 있는 세포들로 구성된 구조와 기능 그리고 선을 갖는 세포를 조직이라고 한다. 조직에는 상피조직, 결합조직, 근육조직, 신경조직으로 구성되어 있다.

3. 한국형배농테라피의 적용

과거 피부관리실은 일반관리, 동안관리, 그리고 화이트닝관리 정도를 받는 고객이 대부분을 차지했지만, 2000년대에 들어서면서 피부관리실을 찾는 고객들은 보다 다양한 피부의 문제점을 해결하고, 개인의 체질적 특성을 이해하길 바라며 그러한 점을 고려한 맞춤형 관리를 선호하게 되었다.

특히, 환경의 변화로 인해 일부 선천적으로 알레르기성 피부를 가진 고객, 예민성 피부를 가진 고객, 성형시술 후 사후관리를 원하는 고객 등 다양한 관리 목적을 가진 고객들이 날로 증가하는 추세이다. 이에 피부관리실에서는 고객의 다양한 요구를 만족시키기 위해 여러 가지의 특화된 수(手)기술을 가져야 한다. 아울러 보다 폭 넓은 고객층을 확보할 수 있다는 인식과 자신감이 필요한 때이다.

한국형배농테라피는 이러한 시대적 변화에 따른 다양해진 고객의 요구에 대처할 수 있도록 연구된 것이며, 보다 과학적인 접근과 효율성의 극대화에 초점을 맞추어 심신의 안정을 유도하는 세밀한 테크닉이다.

빠른 속도의 테크닉은 고객에게 긴장감을 줄 수 있고, 강한 압력의 테크닉 또한 예민한 고객에게는 통증으로 느껴질 수 있다. 한국형배농테라피에서는 이런 부분을 최대한 배제하며, 고객의 심신이 균형적인 안정을 찾을 수 있도록 하는데 조건을 형성하고 있다. 강압이 아닌 미압의 부드럽고 느린 템포로 하는 리드미컬한 이 테크닉은 긴장감을 빠르게 완화시켜주는 효과가 있어 관리 중에 대부분의 고객들은 수면 상태에 돌입한다.

이러한 수면의 유도는 뇌파에도 영향을 미치게 되고 고객 스스로 몸과 마음의 치유 상태가 되도록 하기 때문에 기대이상의 효과를 거둘 수 있다.

한국형배농테라피는 균형의 문제로 인한 열감이 있는 피부에 차가운 성질을 활용하는 원리를 적용한다. 마찰로 인한 자극과 열감을 줄이기 위해 피부에 닿는 손의 부위 중 넓고 부드러우며 체온이 낮은 부위를 활용한다는 점이 중요한 포인트가 된다.

기본적으로 선순환(善循環)의 문제로 오는 불균형은 각각의 체계가 그 역할을 충실히 잘 할 수 있도록 해야 하는데 그러한 균형점을 잡아 주는 것이 바로 한국형배농테라피의 균형 관리 시스템이다.

Chapter. 2

한국형배농테라피의 순환

1. 한국형배농테라피의 순환

기(氣)의 활동으로 혈(血)을 추동시켜 순환과 배농의 작용을 균형 있게 할 수 있도록 무형적(無形的)·유형적(有形的) 에너지가 형성되고, 인체에 필요한 각종 영양물질과 조직순환, 림프순환 등이 원활하게 작용하게 된다.

이러한 각 분야의 순환작용에 의해 쓰여진 불필요한 물질을 정상적으로 배농(배출)하는 과정이 이루어지게 되고 다시 기·혈의 기능을 향상시키는 선순환(善循環)의 원리이다. 이러한 원리를 한국형배농테라피의 순환체계라고 한다.

2. 한국형배농테라피에서의 기(氣)

기는 무형적 개념으로 기의 작용으로 인해 혈을 움직이게 하고 인체의 생명유지에 필요한 순환, 배농 등에 기여한다. 즉, 기의 활동으로 혈을 추동시켜서 순환과 배농의 작용을 할 수 있도록 시동(始動) 시키는 역할을 하며, 다시 원활한 혈의 작용으로 기의 생성을 돕는다.

혈의 작용으로 생성된 기는 또 다시 혈의 활동을 추동(推動)시키는 기초에너지로서 작용하고 그 결과로 혈의 작용을 원활하게 하여 다시 기를 생성시키는 기·혈 순환의 선순환 체계로 작용한다.

1. 기(氣)

(1) 기(氣)의 기본 개념

인체를 구성하는 가장 기본적인 물질이며, 우주에 분산되어 존재하는 에너지를 말한다. 기는 활동에 의해 인체의 필요한 생리활동을 끌어가는 역할을 한다.

우리 몸을 이루는 기는 매우 다양하게 존재하며, 인체에 분포하는 부위와 그의 작용에 따라 여러 가지로 불리 운다. 생명활동은 기에 의해 이루어진 생명체에 계속 기를 공급하고 발산하는 활동이다.

(2) 기(氣)의 기능

인체의 다양한 생리적 기능을 담당하며 기는 인체의 근본(根本)이다. 기의 생리기능은 추동작용, 온조(온후)작용, 방어작용, 고섭작용, 기화작용, 영양작용 등이 있다.

1) 추동(推動)작용

체내의 에너지 대사 또는 물질의 흐름을 적극적으로 밀어주는 작용이다. 이는 스스로 운동해서 혈액과 진액의 흐름을 추진한다. 모든 조직기관이 생리 활동을 정상적으로 유지하도록 한다.

2) 온조(溫照, 온후溫厚)작용

인체의 겉과 속을 따뜻하게 하는 작용이다. 이는 기의 흐름이 끊이지 않게 운동하고, 장부의 생리활동을 추진하면서 생성된 열의 작용이다. 온조 작용이 원활하지 못하면 몸이 차가워지고, 혈액과 진액의 흐름이 느려져 혈이 응고되고 수액대사가 정지되고 수종(水腫)이 생기는 등의 현상이 발생한다. 그러므로 「내경」에서는 "기가 실하면 열이 나고 기가 허하면 한(寒)이 생긴다"라고 하였다.

3) 방어(防禦)작용

위기(衛氣)가 방어벽을 세워 사기(邪氣)로부터 우리 몸을 보호해 주는 기능이다. 방어 작용이 약해지면 병에 대한 저항력이 떨어져 사기가 쉽게 침범한다. 기는 인체의 기표(肌表)를 호위하여 외사(外邪)[육음(六淫)=풍(風), 한(寒), 서(暑), 습(濕), 조(燥), 화(火)]의 침습을 방지하여 병을 예방하는 역할을 수행한다.

4) 고섭(固攝)작용

억누르고, 끌어당긴다는 뜻이다. 우리 몸에서 액체 상태의 물질(혈, 진액, 정액, 땀 등)이 소실되는 것을 방지 하는 작용이다. 또한 소변, 위액, 땀 등의 체액이 비정상적으로 소실되지 않도록 하고 체액분비의 분비량을 통제 한다.

5) 기화(氣化)작용

장부와 관련된 기능으로 기의 움직임으로 발생하는 여러 종류의 변화를 의미 한다. 즉, 체내의 어떤 물질을 기의 작용에 의해 몸에서 필요로 하는 다른 어떤 물질로 바꾸는 힘을 말한다.

「내경」에서 "양(陽)은 기로 변하고 음(陰)은 형태를 이룬다"고 한다. 신(身)의 선천적(先天的)인 정기(精氣)는 음식물에서 화생(化生)된 정기의 영양을 받아 원기(元器)로 화생된다.

또한 기는 활동력이 매우 강한데 인체조직에서 에너지로 변하여 쓰인 후에는 청기(淸氣)가 탁기(濁氣)로 전화(轉化)되어지고 호흡과 피부주리(腠理)의 땀구멍을 통해서 몸 밖으로 배출된다.

6) 영양(營養)작용

기본적인 에너지원을 공급하며 각 조직기관에 정미(精微)물질을 운반하고 변화하여 혈액을 조성하며 전신에 영양을 공급하는 생명유지의 원동력으로 작용한다. 우주만물과 우리 몸을 구성하는 기본물질이다.

기는 선천지기(先天之氣)와 후천지기(後天之氣)에 의해서 생성되며, 신, 폐, 비위의 주요 기능에 의해 기의 전화(轉化)가 일어나는데 안으로는 오장육부(五臟六腑)에 영양을 공급하고 밖으로는 피부, 맥(혈관), 근육, 뼈 등 전신으로 퍼져 인체의 생명을 유지하게 한다.

(3) 기(氣)의 분류

4가지 기(氣)가 각 장부에 직·간접적으로 영향을 줘서 각 장부에 기능을 원활하게 만들어 각 장부가 각기 역할에 따라 제 역할을 해야 생명유지에 따른 장부의 기능이 제대로 유지된다.

인체에 적용되는 기초에너지로서의 기는 크게 4가지 원기(元氣), 종기(宗氣), 영기(營氣), 위기(衛氣)로 분류한다.

1) 원기(元氣)

부모로부터 받은 타고난 기질적인 무형의 에너지로 특정한 기질을 규정짓는 기초적인 에너지이다. 생명의 원동력, 신장에 저장된 정을 위주로 하며 삼초(三焦)에서 순환하여 전신을 순환한다. 성장과 발육, 증식에 관여 한다.

2) 종기(宗氣)

음식이나 외부의 에너지인 혈을 섭취하여 얻어지는 기초적인 에너지원의 총체적인 의미이며 곡기(穀氣)라고도 한다. 가슴에 모인 기로서 후천적인 기이다. 폐의 청기(淸氣)와 비위의 곡기의 운화작용에 의해서 생성된다. 호흡운동과 기혈운행, 맥박, 시(視). 언(言). 청(聽). 동(動)의 기능을 한다.

3) 영기(營氣)

인체 안에서 작용하는 무형의 에너지로서 활동성에 일정한 운행의 법칙을 가지며 인체의 각 장부의 활동에 직·간접적인 영향을 미치는 무형의 기초 에너지이다. 혈과 맥을 운행하는 기로써 혈액생성과 경락을 통하여 전신에 운행한다. 조직의 영양공급, 혈액을 변화 및 생성한다.

4) 위기(衛氣)

피부와 근육사이의 얇은 층에 활동하는 무형(無形)의 에너지로서 활동의 특별한 운동법칙 없이 분포된 기초 에너지이다.

맥박을 운행하는 기(氣)로서 경락의 외부에 순환하는 것으로 살과 근육, 피부 사이를 운행하며, 체온유지, 대사조절, 외침방어, 피부호흡 등의 작용을 한다.

2. 혈(血)

(1) 혈(血)의 기본개념

인체에 있어 혈(血)은 인체생명활동에 필요한 모든 물질적인 개념으로 통칭되는 것이다. 혈의 작용은 생명원천의 에너지인 기와 동반하여 선순환(善循環)이 작용되는 개념으로 크게는 인체의 장부와 근골격을 포함하며, 작게는 내분비, 진, 액, 피, 영양물질 등 모든 물질적 요소를 포함한 개념이다.

혈은 인체의 생명활동에 필요한 모든 물질적 에너지이며, 기는 근본적인 기초에너지로서 기가 추동하여 혈의 활동이 원활하며, 그 혈의 활동은 또한 기초에너지인 기를 정상적으로 운영하게 한다.

(2) 혈(血)의 기능

전신을 돌면서 영양을 공급하고 스스로 윤택하게 하는 기능이 있다. 혈액의 생성은 골수에서 만들어지나 간의 기능과 역할에 따라 혈액의 건강성과 역할을 충실히 할 수 있으며, 심장과 혈관의 건강 상태에 따라 그 혈액의 정상적인 순환에 영향을 미친다. 비장의 기능에 따라 혈액의 영양물질과 산소공급이 조직세포 하나하나에 잘 공급되어지는 것은 비장의 역할이다. 그 순환된 혈액은 신장을 통해 다시 불순물 등을 거르며, 간을 통해 건강한 혈액으로 재생되는 기능이 유지적으로 이루어지며, 소비되고 배출된 혈액은 다시 골수를 통해 생성된다.

혈은 안으로는 오장육부, 밖으로는 피부와 골근에 이르기까지 끊임없이 순환하며 장부와 조직기관들로 하여금 정상적으로 활동 할 수 있도록 한다.

3. 한국형배농테라피의 조직

다음은 한국형배농테라피의 유형적·물질적인 순환체제 부분이다. 이는 인체를 이해하는 서양의 해부생리학적인 순환계를 의미하며 한국형배농테라피를 이해하기 위한 인체의 각각의 구조와 기능을 설명하고 있다.

1. 혈액 순환계

1) 혈액 순환계의 구성

심장, 혈관, 혈액으로 구성되어 있다. 심장은 혈액순환의 원동력, 혈관은 혈액의 이동통로, 혈액은 순환되는 물질이다.

2) 혈액 순환계의 기능

영양소, 노폐물, 산소, 호르몬을 운반한다. 체내의 항상성을 유지하고 몸을 병원체로부터 방어한다.

① 운반작용

모든 말단조직세포를 연결하여 혈액을 통해 영양소, 노폐물, 산소와 이산화탄소 등을 운반한다. 소화기관의 세포벽, 모세혈관을 통하여 흡수된 영양소와 세포호흡 결과 생성된 노폐물은 혈장에 의하여 운반된다. 세포호흡에 필요한 산소는 적혈구에 의하여 운반되고, 세포호흡을 한 결과 발생한 이산화탄소의 대부분은 혈장에 의하여 운반되며 일부는 적혈구에 의하여 운반된다.

② 항상성 유지 작용

열 발산을 촉진하거나 억제하기 위하여 혈류량을 조절하여 체온을 조절한다. 부교감 신경의 작용에 의하여 피부의 모세혈관과 입모근이 이완되어 몸 밖으로 열을 방출한다. 체온이 상승하면 땀을 배출하여 체온을 조절한다.

③ 방어작용

피부로 들어온 병원체는 호중성 백혈구와 대식세포에 의해 제거된다. 백혈구는 아메바처럼 모양을 바꿀 수 있어서 모세혈관과 조직사이를 넘나들면서 식균 작용을 하고 병원체와 독소로부터 우리 몸을 방어한다.

대식세포는 림프관을 따라서 이동하면서 조직사이의 조직액이 빠져 나와 말단조직세포에서 병원체를 제거한다. 림프절에 배치되어 림프에 들어있는 세균을 제거한다.

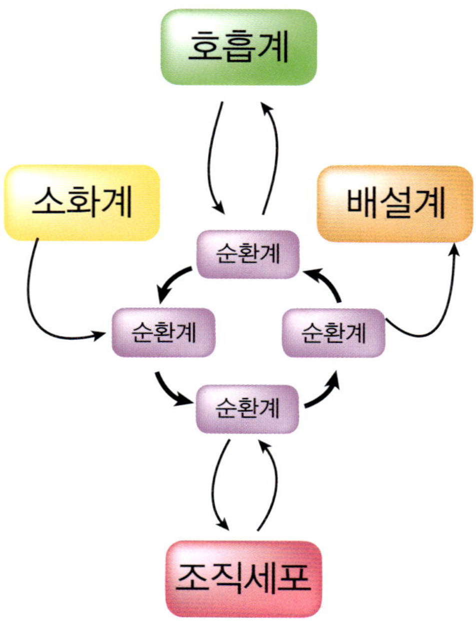

그림 1-2 혈액 순환계

(1) 심 장

1) 심장의 구조

심장은 2심방 2심실로 되어있다. 심방은 혈액을 받아들이고 정맥과 연결되고 있으며, 심실은 혈액을 내보내고 동맥과 연결되어 있다. 좌심방과 좌심실, 이첨판이 있고, 우심방과 우심실, 삼첨판이 있다. 정맥에는 판막이 있어 혈액의 역류를 막는다.

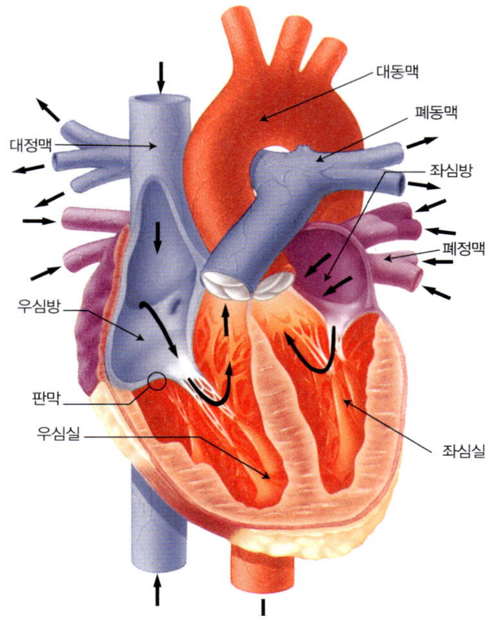

그림 1-3 심장의 구조

2) 심장의 기능

혈액순환을 통하여 세포 호흡과 같은 물질대사 결과 생긴 노폐물을 폐, 신장, 피부로 배출한다. 세포 호흡에 필요한 물질대사를 위해 산소와 양분을 말단조직세포까지 운반, 공급한다.

3) 심장 박동의 자동성

심장은 스스로 박동하는 성질이 있다. 박동원이 심장의 자체에 있어서 주기적으로 흥분을 일으켜서 수축과 이완을 반복하기 때문이다. 심장박동의 세기와 속도는 자율신경계에 의해 조절된다.

4) 혈액 순환의 종류

① 체순환(대순환)

좌심실 → 대동맥 → 소동맥 → 조직(모세혈관) → 가스교환(동맥혈 → 정맥혈) → 조직(모세혈관) → 소정맥 → 대정맥 → 우심방

동맥혈은 좌심실에서 상대동맥과 하대동맥을 통해 빠져나와 온몸을 돌아 말단조직세포까지 영양분과 산소를 공급하고 이산화탄소와 노폐물을 수거하여 정맥혈로 변한 뒤 소정맥과 하대정맥, 상대정맥을 통해서 심장의 우심방으로 들어온다.

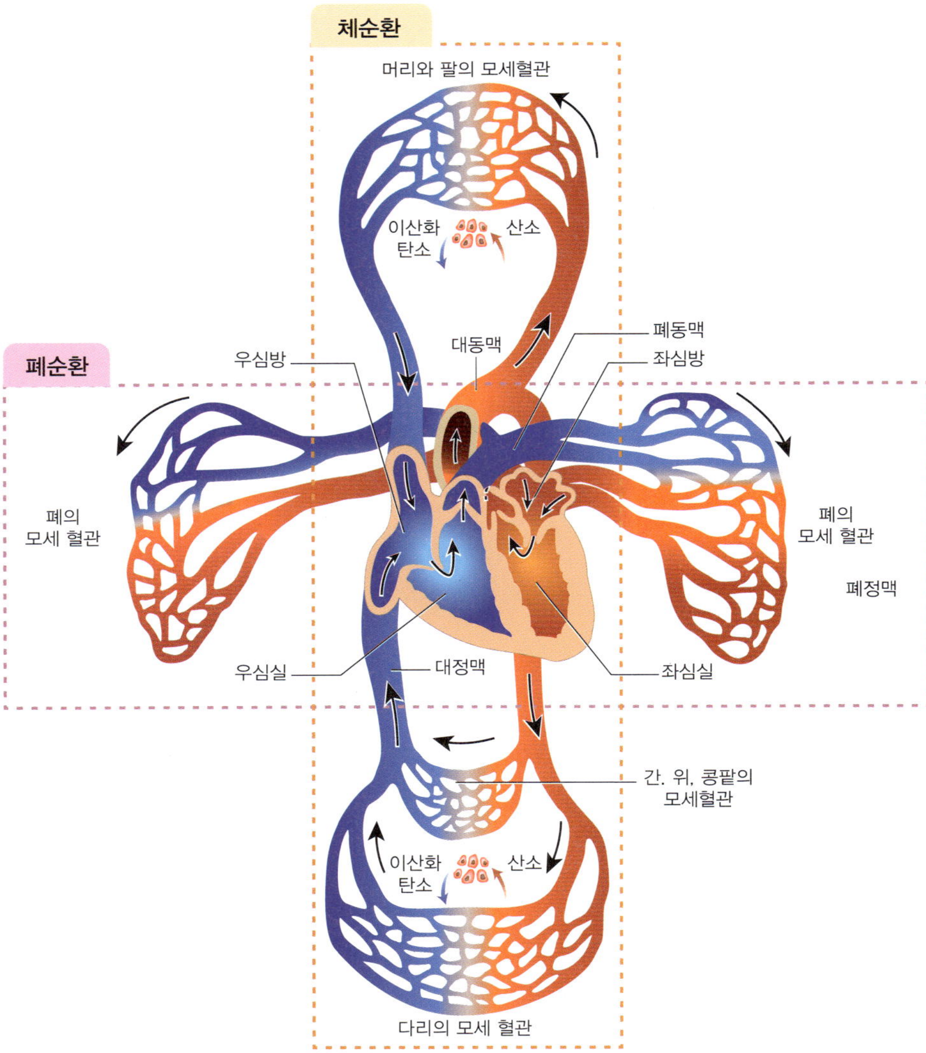

그림 1-4 체순환·폐순환의 과정

② 폐순환(소순환)

우심실 → 폐동맥 → 폐 (모세혈관) → 가스교환 (정맥혈 → 동맥혈) → 폐 (모세혈관) → 폐정맥 → 좌심방

우심실에서 빠져 나간 정맥혈은 폐의 말단세포인 폐포에서 이산화탄소를 주고, 산소를 받아들이는 가스교환을 하여 동맥혈로 변환 뒤 좌심방으로 돌아온다.

(2) 혈 관

1) 혈관의 구성

동맥, 정맥, 모세혈관으로 구분된다.

좌심실에서 나온 혈액은 대동맥으로 나와 모세혈관을 거쳐 정맥으로 모여 우심방으로 들어간다.

① 동맥

심장으로부터 온몸 조직의 모세혈관까지 가는 혈관이다. 혈관벽이 두꺼우며, 피부 깊은 곳에 분포한다. 폐동맥이 흐르는 혈액은 우심실에서 폐로 가는 혈액으로 폐에서 이산화탄소를 내보내고 산소를 받아들인다.

동맥이 흐르는 혈액은 좌심실에서 말단조직세포로 보내지는 혈액으로 말단조직의 모세혈관에서 조직으로 산소와 영양분을 공급하고 이산화탄소와 노폐물을 받아들이는 동맥혈이다.

② 정맥

온몸 조직의 모세혈관으로부터 심장까지 가는 혈관이다. 역류를 방지하기 위한 판막이 존재하며, 주변근육의 운동으로 혈액이 이동한다.

정맥이 흐르는 혈액은 우심방으로 들어오는 혈액으로 말단조직세포에서 이산화탄소와 노폐물을 받아들인 정맥혈이다.

폐정맥이 흐르는 혈액은 좌심방으로 들어오는 혈액으로 폐포에서 이산화탄소를 내보내고 산소를 받아들인 동맥혈이다. 피부 가까운 곳에 분포한다.

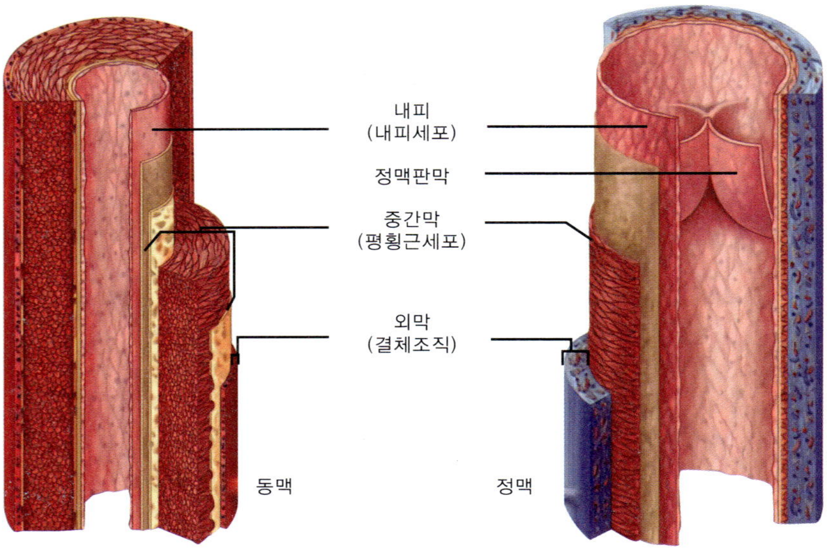

그림 1-5 혈관의 구조

③ 모세혈관

동맥말단과 정맥말단을 연결하는 말단조직세포에 분포하는 단층의 세포로 되어있는 혈관이다. 동맥과 정맥을 이어주는 혈관으로 온몸의 말단조직세포에 그물처럼 퍼져 있다.

모세혈관의 혈관 중에 총 단면적은 동맥과 정맥의 총 단면적에 비해 커서 혈액이 매우 느리게 흘러 혈액의 혈장과 조직액 사이에서 영양소와 노폐물, 산소와 이산화탄소의 교환이 극대화 된다. 혈관 중에 총 단면적이 가장 넓다.

혈관벽은 한 층의 세포로 되어 있으며, 적혈구 한 개가 지나갈 수 있을 정도로 가늘다. 혈액과 조직세포 사이의 물질교환이 쉽게 일어난다.

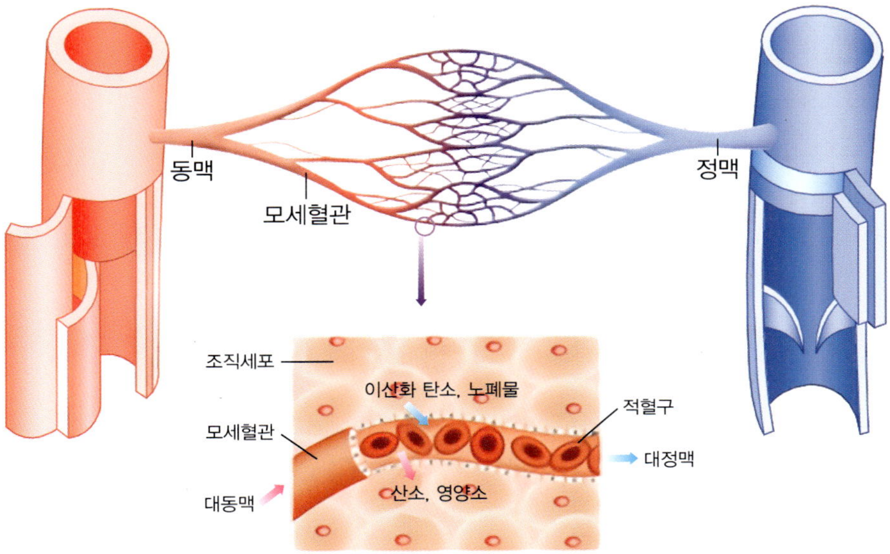

그림 1-6 모세혈관

(3) 혈액

1) 혈액의 구성 : 혈구와 혈장으로 구분한다.

① 혈구 : 적혈구, 백혈구, 혈소판이 있다.

적혈구

- 핵이 퇴화되어 없다.
- 혈구 중 수가 제일 많다.
- 헤모글로빈이라는 단백질이 한 개당 2억5천만개~3억개 포함하고 있다.
- 헤모글로빈이 철(Fe)원자를 포함하고 있어서 산소와 결합하면 붉게 보인다.

백혈구

- 핵이 있다.
- 혈구 중 수가 가장 적다.
- 항체생산과 식균작용을 하여 몸을 방어하는 작용을 한다.

혈소판

- 핵이 없다.
- 모양이 일정하지 않다.
- 상처가 나면 혈관에서 혈관 밖으로 혈액이 나와 혈액 속의 혈소판이 파괴되어 혈액응고에 필요한 트롬보플라스틴이 나온다.
- 혈액 속의 칼슘 이용과 혈장 단백질인 프로트롬빈을 트롬빈으로 바꾼다.
- 트롬빈은 피브리노겐을 피브린이라는 실 모양물질로 바꾼다.
- 피브린이 혈구와 엉켜 혈병을 만들어 출혈을 방지한다.
- 혈액을 응고시켜 출혈을 방지한다.

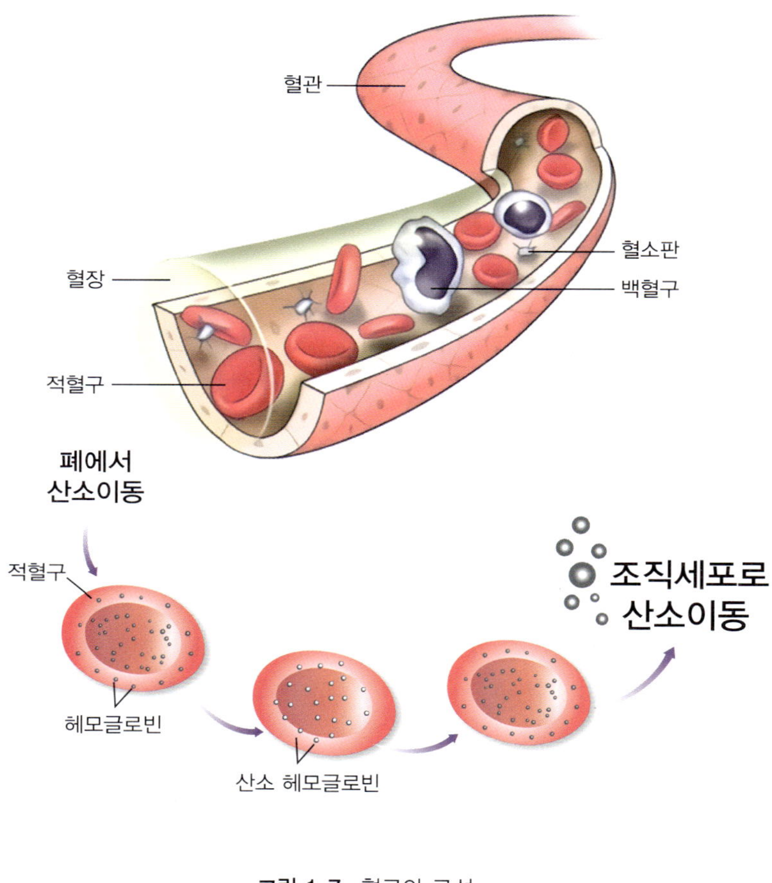

그림 1-7 혈구의 구성

② 혈장

- 삼투압과 혈당량을 조절한다.
- 체온을 유지시키며 pH를 일정하게 유지한다.
- 영양소, 노폐물, 호르몬, 항체, 이산화탄소를 운반한다.

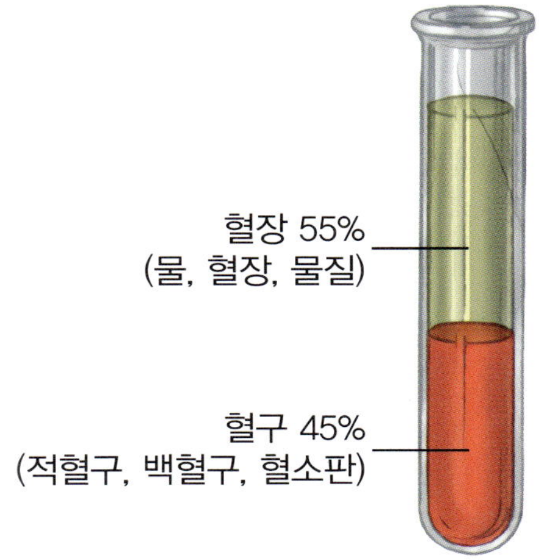

그림 1-8 혈구와 혈장

2) 혈액의 기능

혈액은 체온을 조절하며, 상처가 나면 혈소판이 혈액을 응고시켜 병원체의 출입을 막는 역할을 한다. 혈액의 완충작용을 통해 pH를 일정하게 유지하는데 pH가 7.0 이하이거나 7.8 이상일 경우에는 즉시 사망할 수 있다.

탄산수소 이온에 의한 혈액의 완충작용으로 pH7.35～7.45 사이를 일정하게 유지한다.

Check point

혈액의 완충작용

혈액이 산성이 강해지면 탄산수소이온이 제거되어 산성을 약화시키고, 염기성이 강해지면 탄산이온이 생성되는 과정을 말한다.

2. 조직

생명체들의 생명활동의 공통적인 최소단위는 세포이다. 인간은 다세포 생물로 세포→조직→기관→계통의 순으로 체계적인 구성으로 이루어져 있다.

조직(tissues)이란 구조와 기능이 비슷한 세포들끼리의 집단이다. 인체의 4가지 기본 조직은 상피조직, 결합조직, 근육조직, 신경조직이다. 각 조직의 기능을 요약해 본다면 신체를 싸는 작용(상피조직, covering), 지지작용(결합조직, support), 운동작용(근육, movement), 통제기능(신경, control)이라고 할 수 있다.

(1) 상피조직(epithelial tissue)

냉장고 안에 음식을 보관하기 위해 그릇을 싸는 랩처럼, 상피조직은 신체의 많은 부분을 둘러싸고 있다. 상피조직의 특징으로는 세로가 서로 밀착해서 붙어 있고, 그 사이에 아주 적은 양의 세포간질이 있다. 이 조직 안의 세포들은 형태를 이루기 위해 단단히 결합된 얇은 판과 같으며, 창자(bowel)의 상피를 제외하곤 일반적으로 혈관이 없다.

상피조직을 세포의 모양과 배열에 따라 좀 더 구분하면 편평(squamous), 입방(cuboidal), 원주(columnar) 또는 늘어나면서 모양이 변하는 이행(transitional) 등의 상피로 나눌 수 있다. 같은 세포들이 한 개의 층을 이루고 있으면 단층(simple)상피라고 하며, 많은 층을 이루고 있으면 중층(stratified)상피라고 한다. 상피조직의 기능은 그 존재 부위에 따라 보호 기능, 흡수 기능, 분비 기능, 감각 기능 등이 있다.

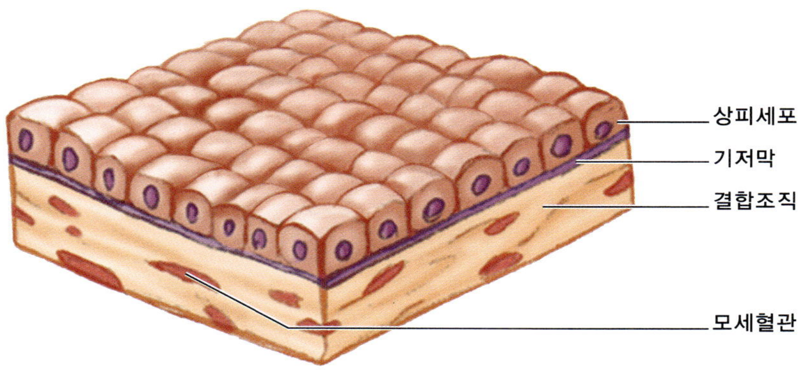

그림 1-9 상피조직

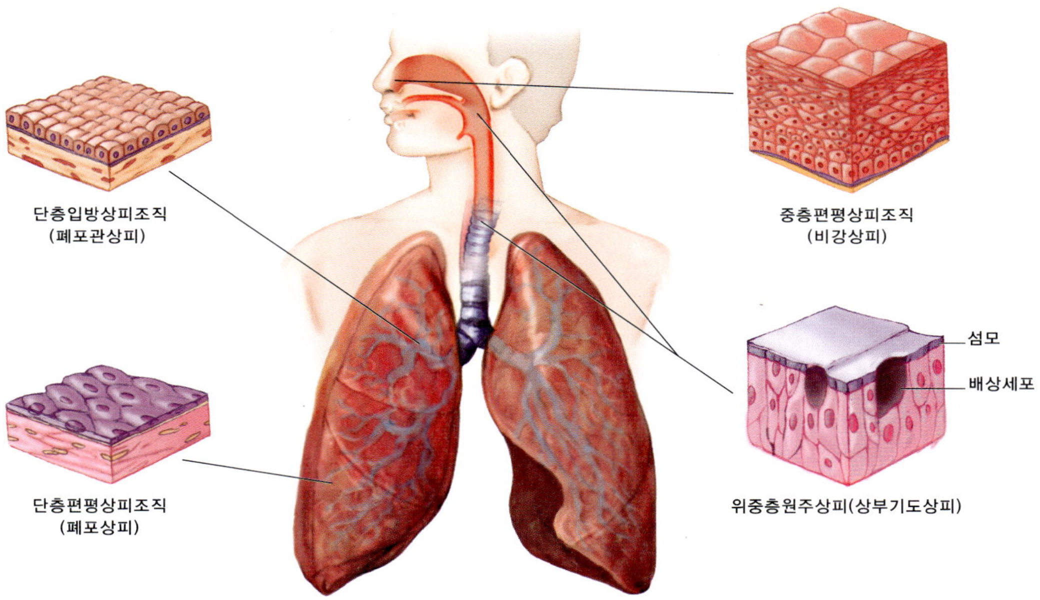

그림 1-10 인체의 조직

(2) 결합조직(connective tissue)

결합조직은 기관, 뼈, 신경, 근육, 막, 그리고 피부 등 신체 전반에 걸쳐서 가장 많이 볼 수 있는 조직이다. 결합조직은 구조물의 구조를 유지하고 지지하는 역할을 한다. 성긴 결합조직(areolar tissue)은 장기를 붙잡아 두고, 다른 결합조직과 함께 구조를 유지시킨다. 지방(fat)도 지방조직(adipose tissue)으로 알려진 결합조직에 포함된다.

결합조직과 관련된 막(membranes) 중에 윤활막(synovial membrane)은 뼈와 뼈 사이의 관절에서 발견되는 중요한 막으로 관절이 움직일 때 마찰을 줄이기 위해 윤활액(synovial fluid)을 생산하다.

(3) 근육조직(muscle tissue)

근육조직은 신체에 움직임을 제공한다. 이런 형태는 수축과 이완작용을 반복적으로 하는 조직이며 스스로 짧아지는 힘, 즉 수축력(contractitity)를 가지고 있다.

근육조직은 뼈대근(skeletal), 심장근(cardiac), 평활근(smooth, 민무늬근, 내장근)으로 나뉜다.

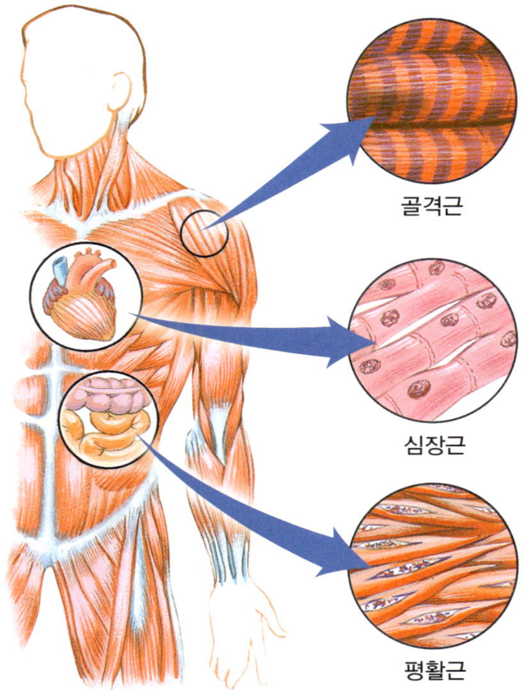

그림 1-11 근육조직

1) 뼈대근(골격근, skeletal muscle)

뼈대근(줄 모양 때문에 무늬근이라고도 함)은 뼈에 붙어 있어서 수축과 이완 시에 움직임을 제공한다.

뼈대근을 이루는 세포는 많은 핵을 가지고 있으며 원주모양으로 횡문이 있다. 우리의 생각대로 수축과 이완을 하여 움직이거나 말을 할 수 있게 해 주므로 수의근(voluntary muscle)이라고 한다. 가로무늬근을 가진 근육 섬유로 되어있다. 근육섬유다발로 이루어져 있으며 각 근육섬유는 더 가는 근육 원섬유의 마이오신 분자들이 액틴필라멘트 사이에 일부분씩 겹쳐져 배열되어 있는 구조다.

2) 심장근(cardiac muscle)

심장근은 심장의 벽에서 볼 수 있다. 심장은 의지와 상관없이 자율신경계의 조절을 받아 근수축 운동을 할 수 있는 불수의근(involuntary muscle)이다. 심장을 이루는 세포는 한 개의 핵을 가진 원주 모양으로 횡문이 있다. 좀 더 효율적인 수축을 위해 세포끼리 단단히 맞물려져(interlock) 있어 강한 수축을 지속적으로 할 수 있다.

3) 평활근(smooth muscle)

가로무늬가 없는 근육이라 하여 민무늬근 또는 내장근(visceral) 이라 불리 운다. 혈관같이 속이 빈 장기의 벽을 이루고 있다. 주로 혈관, 림프관, 자궁, 방광, 수뇨관, 내부장기(위, 소장, 대장 등), 소화관 등의 근육을 구성한다. 피부와 눈에도 발견되어 진다. 소화되는 음식을 의식적으로 움직일 필요는 없는데 이는 자율신경의 지배를 받아 무의식적으로 조절되는 불수의근에 속하기 때문이다. 뼈대근에 비해 천천히 수축하고 이완한다. 세포는 뼈대근처럼 길거나 섬유처럼 보이지도 않고 작고 양끝이 뾰족한 원통형이다. 그리고 오직 한 개의 핵만을 가진다.

4) 근수축의 과정

근육의 수축은 운동 뉴런에서 아세틸콜린에서 분비되어 확산되면 근육섬유막의 수용체와 결합하여 탈분극이 유도되고 활동전위가 발생한다.

- 근육섬유의 근소포체에 도달하면 Ca^{2+} 통로가 열린다.
- 근소포체에 저장되어 있던 Ca^{2+} 이 Ca^{2+} 통로를 통해 세포질로 방출된다.
- Ca^{2+} 이 액틴 필라멘트와 결합하면 마이오신과 결합할 수 있는 부위가 늘어난다.
- 마이오신이 액틴 필라멘트와 결합하여 끌어 당긴다.
- ATP는 마이오신과 액틴 필라멘트를 끌어당길 때 에너지를 소모한다.

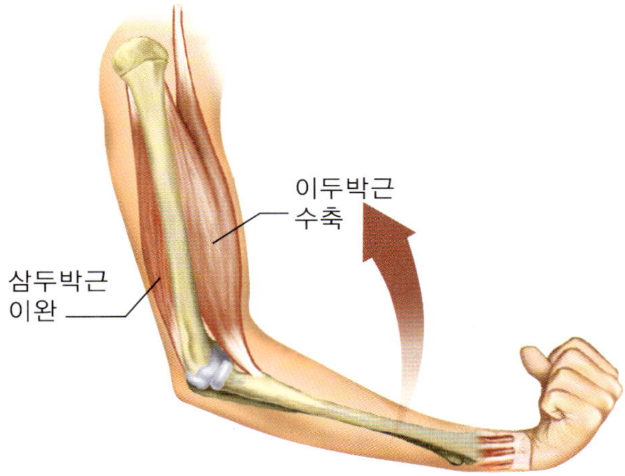

그림 1-12 근육수축과정

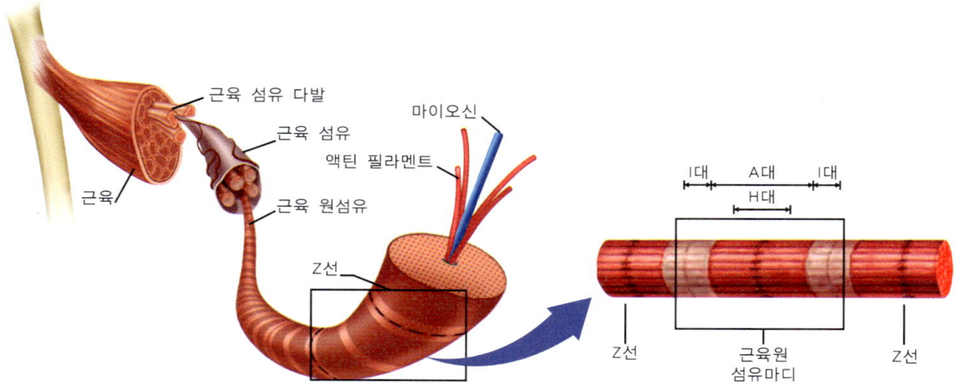

그림 1-13 근육수축과정

(4) 신경조직(nervous tissue)

신경조직은 신체 내·외에서 일어나는 정보를 빠르게 전달하거나, 근육이나 분비선을 작동시키는 메신저의 역할을 한다.

신경세포(nervous cell)는 뉴런과 아교세포 2가지 종류로 나뉜다. 뉴런(신경세포, neuron)은 정보를 전달하고, 아교세포(신경아교세포, neuroglia)는 신경세포를 지지하고 돕는다. 뉴런과 아교세포는 나뭇가지처럼 정보를 세포체(cell body)로 받아들이는 부분인 가지돌기(dendrites)와 세포체에서 정보를 전달하는 축색(axon)으로 구성된다.

뇌(brain)와 척수(spinal cord)를 싸고 있는 막은 뇌척수막(meninges)이라고 한다. 뇌척수막에는 많은 신경세포가 있으며 말이집(myelin sheath)이라고 부르는 절연층으로 싸여 있다.

3. 계통(systems)

계통은 기관 단독으로 수행되는 일보다 좀 더 복잡한 일을 수행하기 위해 기관들이 모여서 함께 일을 하는 것을 말한다. 예를 들면, 심장이 제대로 작동해도 심혈관계통의 다른 기관에 이상이 생기면 생명을 유지할 수 없다.

계통은 뼈대계통, 근육계통, 외피계통, 신경계통, 내분비계통, 심혈관계통, 호흡기계통, 림프계통과 면역계통, 위장계통(소화기계통), 비뇨기계통, 생식기계통으로 나뉜다.

(1) 뼈대계통(skeletal system)

빌딩의 철골구조와 같이 인체를 지지해 주는 것이 뼈대이다. 뼈대는 신체에서 단순히 구조를 이루거나 지지하는 역할뿐만 아니라 뇌와 같은 장기를 보호하고 칼슘(Ca)이나 인(P) 같은 미네랄을 저장하며, 근육과 함께 움직임을 돕고, 혈구세포를 생산한다. 뼈대계통을 구성하는 것은 뼈(bones), 관절(joints), 인대(ligaments), 연골(cartilage) 등이다.

(2) 근육계통(muscular system)

근육은 일반적으로 2가지, 즉 수의근(voluntary)과 불수의근(involuntary)으로 나뉜다. 의식 없이 움직이는 불수의근에 속하는 평활근(민무늬근)은 장기의 벽에서 볼 수 있는데, 주로 내장근(visceral muscle)이라고 부른다. 심장에서 볼 수 있는 심장근과 함께 불수의근이다. 평활근(민무늬근)은 혈관이나 기도(air way)에서 통로의 직경을 조절하는 역할도 수행한다. 그래서, 근육계통의 주요한 부분은 뼈대근, 심장근, 평활근(민무늬근)으로 나뉜다.

(3) 신경계통(nervous system)

신경계통은 신체 외부나 내부에서 자극에 의해 발생하는 정보를 전달하는 역할을 한다. 신경계통은 우리 주변의 환경을 경험하거나, 또는 해로운 환경에서 자신을 보호하는 데 매우 중요하다. 신경계통은 몸의 내부에서 일어나는 일을 모니터링 한다. 우리몸 안의 감각(sensations)을 통해 배고픔을 느끼고, 언제 배가 부른지를 알 수 있다. 또한 신체 외부나 내부에서 일어나는 상황을 의식적이거나 무의식적인 방법으로 느낄 수 있다.

이러한 감각은 감각수용기(sensory receptors)의 자극에 의해 전달되며, 신경계통의 3가지 주요한 기능, 즉 감각(sensory : 정보를 받는다), 정보처리나 해석, 운동(motor : 일을 수행한다)에 의해 처리된다. 신경계통의 주요한 부분은 신경세포(교세포나 신경원세포), 척수와 척수액, 말초신경, 그리고 뇌(brain)이다. 일반적인 감각 외에 특수감각기관에는 눈(시각), 코(냄새), 혀(맛), 귀(소리와 평형)가 있다.

(4) 내분비계통(endocrine system)

신경계통이 빠르게 작용하는 반면에, 내분비계통은 천천히 신체기관 전반의 조절을 담당하는 중추이다. 내분비계통의 조절은 내분비샘에서 분비되는 호르몬이라고 부르는 화학물질이 심혈관계통을 통해 순환하면서 이루어진다. 내분비계통은 신체에서 탄수화물·지방·단백질 등의 대사과정 조절을 돕고, 성장과 생식에 중요한 역할을 한다.

게다가, 신체의 체액과 전해질 균형조절도 돕는다. 내분비계통의 중요한 기관은 시상하부, 솔방울샘, 뇌하수체, 갑상샘, 부갑상샘, 가슴샘, 부신, 이자, 성샘(남성의 고환이나 여성의 난소), 그리고 다양한 호르몬들이다.

(5) 심혈관계통(cardiovascular system)

순환계통이라고도 부르는 심혈관계통은 크게 체순환과 폐순환으로 나눌 수 있으며, 생명에 필요한 다양한 물질인 산소와 다른 영양물질을 세포에 전달하고, 세포가 생산하는 이산화탄소와 대사 노폐물을 받아들인다. 이 시스템은 다양한 원인에 의해 체액의 흐름을 방해하기도 한다.

심혈관계통의 흐름이 느리거나 압박을 받는 것은 혈액순환에 혈전이 있거나 동맥의 일부분이 막히기 때문이다. 이런 경우에는 혈류에 문제가 생길 수 있다. 심혈관계통은 심장, 동맥, 정맥, 모세혈관, 혈액 등이다.

(6) 호흡기계통(respiratory system)

우리 몸의 허파에 있는 허파꽈리의 넓은 표면적은 약 67m^2의 크기로, 이곳에서 가스교환이 이루어진다. 호흡기계통은 외부환경과 통해 있으며 신선한 공기를 제공하거나 몇 가지 다른 중요한 일을 수행한다. 허파는 세포대사과정에서 생긴 이산화탄소를 제거한다.

호흡기계통은 흡기 시에 공기 필터 ,공기중의 습기 증가, 가온작용을 하며, 기도를 싸고 있는 점액은 먼지 등 이물질을 걸러주는 역할을 한다. 또한, 혈액의 pH 균형을 유지하거나, 섭취한 알콜을 제거하는 데도 도움을 준다. 호흡기계통은 인두, 후두, 기관, 기관지, 허파 등이다.

(7) 림프계통과 면역계통(lymphatic and immune system)

림프와 면역계통은 체액 균형과 감염에서 인체를 보호하는 역할을 한다. 림프절(lymph node)이라고 부르는 특이한 구조는 감염물질을 잡아 두는 필터 역할을 한다. 림프혈관(lymph vessels)이나 림프관(lymph ducts), 림프절, 가슴샘, 편도샘(tonsil), 그리고 지라는 림프계통의 중요한 부분이다.

림프계통의 면역기능은 림프구(lymphocyte)라고 부르는 백혈구에 의해 일어난다. 면역계통은 인체에 해로운 물질이 침입했는지 확인하기 위해 순찰하는 역할을 한다.

(8) 위장계통 또는 소화기계통(gastrointestinal or digestive system)

소화기계통(gastrointestinal : GI)은 음식물을 섭취하여 기계적인 방법과 화학적인 방법을 이용하여 섭취된 물질이 더 잘게 분해되도록 하는 역할을 한다. 인체에 필요한 영양분, 수분 및 전해물을 흡수하여 세포로 이동시키고, 세포의 노폐물은 이 시스템을 이용하여 분비물을 밖으로 배출한다. 소화기계통은 입(mouth), 인두(pharynx), 식도(esophagus), 위(stomach), 장(intestine), 부속 기관(accessary organs), 항문(anal canal)등이다.

(9) 비뇨기계통(urinary system)

소화기계통이 소화된 노폐물을 제거하는 중요한 역할을 하는 반면, 비뇨기계통은 질소와 같은 노폐물, 전해질·약물·독성물질, 그리고 과도한 수분 등을 제거하는 역할을 한다.

또한 비뇨기계통은 적당한 체액균형을 유지하여 혈압을 조절한다. 또한 적혈구 수를 조절하는 작용과 혈액의 산-염기 및 전해질 균형을 유지하는 작용을 돕는다. 비뇨기계통의 중요한 부분은 콩팥(kideneys), 요관(ureters), 방광(urinary bladder), 요도(urethra)등이다.

(10) 생식기계통(reproductive system)

생식기계통은 새로운 자손을 만든다. 간단히 말해서 이 시스템이 없다면, 우리는 존재 할 수가 없다. 생식기계통은 생식비뇨기(genitourinary) 혹은 GU계통이라고 부른다.

생식기계통에서 여성의 중요한 부분은 난소, 난자, 나팔관, 자궁 및 질이며, 남성에게 중요한 부분은 고환, 정자 및 음경이다.

(11) 외피계통(intrgumentary system)

인체의 첫 번째 관문인 피부는 외피계통의 주요 부분이다. 피부는 외부의 충격에서 몸을 보호하고, 발한이나 떨림으로 체온을 보존하며, 피부에 있는 혈관의 직경을 조절하는 역할을 한다. 외부세계에서 받는 대부분의 감각(열, 냉, 통증, 압력 등) 정보는 피부에 있는 감각기(sensor)에 의해 받아들여진다. 피부에 있는 분비샘(glands)은 피부에서 윤활·방수작용, 그리고 박테리아의 성장을 억제하는 작용을 한다. 외피계통은 피부, 털, 땀샘, 기름샘, 손발톱 등으로 구성된다.

4. 외피 계통인 피부

피부는 신체의 전 표면을 덮고 있는 조직이며, 외부자극으로부터 신체를 보호하는 중요한 기관이다. 인체의 첫 번째 관문인 피부는 외피계통의 주요 부분이다.

- 표면적은 성인 $2m^2$ 이며, 중량은 체중의 7%이다.
- 수분, 지방, 단백질, 무기질로 구성되어 있으며, 피지막은 수분증발을 막아 수분을 조절한다.(pH 5.5~6.5)
- 두께는 일반적으로 각질층 0.02~0.03mm, 표피층 0.2mm, 진피 1~2mm정도이다.

피부의 구조는 형태학적 구조와 조직학적 구조로 나뉠 수 있다. 형태학적 구조는 소구 , 소릉, 모공, 한공, 피부 결에 따라 분류하고 조직학적 구조는 표피, 진피, 피하조직, 피부 부속기관으로 구별한다.

- 표피는 각질층, 투명층, 과립층, 유극층, 기저층으로 구분한다.
- 진피는 결합조직으로서 유두층과 망상층으로 구분 한다.
- 피부 부속기관은 한선, 피지선, 모발, 가슴, 손, 발톱 등이 있다.

1) 피부의 기능

① 보호작용

장기로부터 외부의 충격과 자극으로부터 쿠션 역할을 한다. 화학적 물질인 물, 오일, 산, 알칼리 등의 침투를 막는다. 자외선으로부터 피부를 보호하고 땀 분비에 의해 열과 광선으로 높아진 체온을 내려가게 한다. 약산성을 유지하는 피지막은 세균의 번식, 병원균의 침입을 억제한다.

② 분비 및 배설작용

피지선에서 피지를 분비하고 땀샘에서 땀을 외부로 배설한다. 체내의 노폐물을 배설한다.

③ 중화작용

표피의 알칼리와 피지의 약산성의 중화작용을 한다.

④ 체온조절 작용

진피에 있는 혈관은 수축과 확장으로 외부 온도에 의한 체온을 일정하게 유지한다.

⑤ 흡수작용

특정한 물질을 선택적으로 피부로 흡수한다.

⑥ 호흡작용

산소를 받아들이고 이산화탄소를 배출한다.

⑦ 표현작용

안면에 있는 표정근은 여러 움직임을 통해 감정 상태를 표현한다.

⑧ 지각작용

외부로부터 자극을 받으면 피부의 각 감각점에서 이를 받아들여 대뇌로 전달하여 피부 감각을 느끼게 한다.

(1) 표피(Epidermis)

1) 표피의 특징

표피는 중층편평상피로 구성되어 있다. 두께는 가장 얇은 곳은 0.2mm~0.5mm이고, 가장 두꺼운 곳은 2~6mm이다. 확산작용으로 물질교환이 이루어진다. 각질형성세포(keratinocyte), 멜라닌세포(melanocyte), 머켈세포(merkel cell), 랑게르한스세포(langerhans cell) 등이 존재한다. 피부의 제일 바깥층으로 무핵층과 유핵층으로 이루어져 있다.

2) 표피의 구성

표피에는 각질층, 투명층, 과립층, 유두층, 기저층으로 나누어진다.

① 각질층

- 피부의 최외층으로 핵이 없다.
- 15~30층으로 이루어져 있으며 우리 몸을 보호하는 장벽 역할을 한다.
- 각질층의 구조는 Bricks & mortar 형태이다.
- 케라틴(keratin 58%), 천연보습인자(Natural Moisturizing Factor 31%), 세포간지질(lipid 11%)로 구성되어 있다.

② 투명층

- 2~3층으로 얇고 투명한 무핵 편평세포로 구성되어 있다.
- 빛을 굴절시켜 빛을 차단시킨다.
- 손바닥 발바닥에 존재한다.
- 엘라이딘을 함유하여 반유동적인 단백질 성분이 있어 투명하게 보이며, 수분침투 방지와 피부를 윤기 있게 해준다.

③ 과립층

- 3~5층으로 구성되어 있다.
- 과립모양의 세포로 이루어져 있으며, 방추형의 세포들로 이루어져 있다.
- 황을 많이 함유한 케라토히알린(keratohyalin)은 케라틴의 전구물질로 각질유리과립과 층판과립이 형성된다.
- 유핵과 무핵이 공존한다.

④ 유극층

- 5~10층으로 가장 두꺼운 층으로 구성되어 있다.
- 세포와 세포사이가 가시모양 돌기로 연결되어 가시층이라고 한다.
- 세포와 세포사이에는 림프액이 흐르고 있다.
- 랑게르한스세포가 존재한다.
- 데스모좀(desmosome)에 의해 세포간 연접구조로 세포간교를 형성한다.

⑤ 기저층

- 가장 아래의 단층의 원추상 유핵세포로 구성되어 있다.
- 수분 함량은 70%이다.
- 진피와 물결모양으로 경계를 이루고 있다.
- 모세혈관으로부터 영양공급을 받아 새로운 세포들을 세포분열을 통해 생성한다.
- 각질형성세포(keratinocyte)와 멜라닌세포(melanocyte)가 4 : 1~10 : 1 비율로 존재한다.

(2) 표피와 진피의 경계부(Dermoepidermal Junction)

진피와 표피의 경계부는 기저막으로 이루어져 있다. 진피와 표피의 경계부는 옥시탈란 섬유(oxytalan fiber)에 의해서 굴곡이 있는 돌기 형태로 되어있다. 표피세포의 신진대사에 영향을 준다.

(3) 진피(Dermis)

1) 진피의 특징

피부의 90%을 차지한다. 피부의 실질적인 피부라고 한다. 진피의 구성세포로는 섬유아세포, 비만세포, 식세포 등이 있다. 교원섬유, 탄력섬유, 점 다당류인 세포 간 기질로 구성되어 있다. 진피에는 표피의 영양공급과 산소공급을 돕고, 상호 작용을 하며, 피부의 재생을 돕는다. 콜라겐은 진피의 85~90%를 차지하는 피부결합조직의 중요한 성분이다.

2) 진피의 구성

진피에는 유두층과 망상층으로 나누어서 이야기 할 수 있다. 진피의 혈관은 유두층과 망상층의 경계부에 위치한 혈관과 망상층의 하부에 존재한다.

① 유두층

- 진피의 20%를 차지한다.
- 표피의 기저층 밑에 위치하며 물결모양을 하며 단순하지만 아주 불규칙하게 이루어져 있다.
- 감각소체를 형성하고 촉각과 통각의 감각기능을 전달하는 역할을 한다.
- 유두모양을 하는 유두층과 표피의 기저층 사이에 모세혈관을 통해 표피의 기저층에 영양을 공급하는 역할을 한다.
- 피부유연에 관여한다.
- 유두에 존재하는 모세혈관은 표피에 영양분과 산소를 운반 해준다.

② 망상층

- 유두층 아래에 위치하고 있다.
- 그물모양으로 단단하고 불규칙한 결합조직으로 진피층의 대부분인 80%를 차지한다.
- 혈관, 림프관, 피지선, 한선, 신경, 털세움근, 피지선 등이 복잡하게 분포되어 있고, 감각기관으로 압각, 온각, 냉각이 있다.

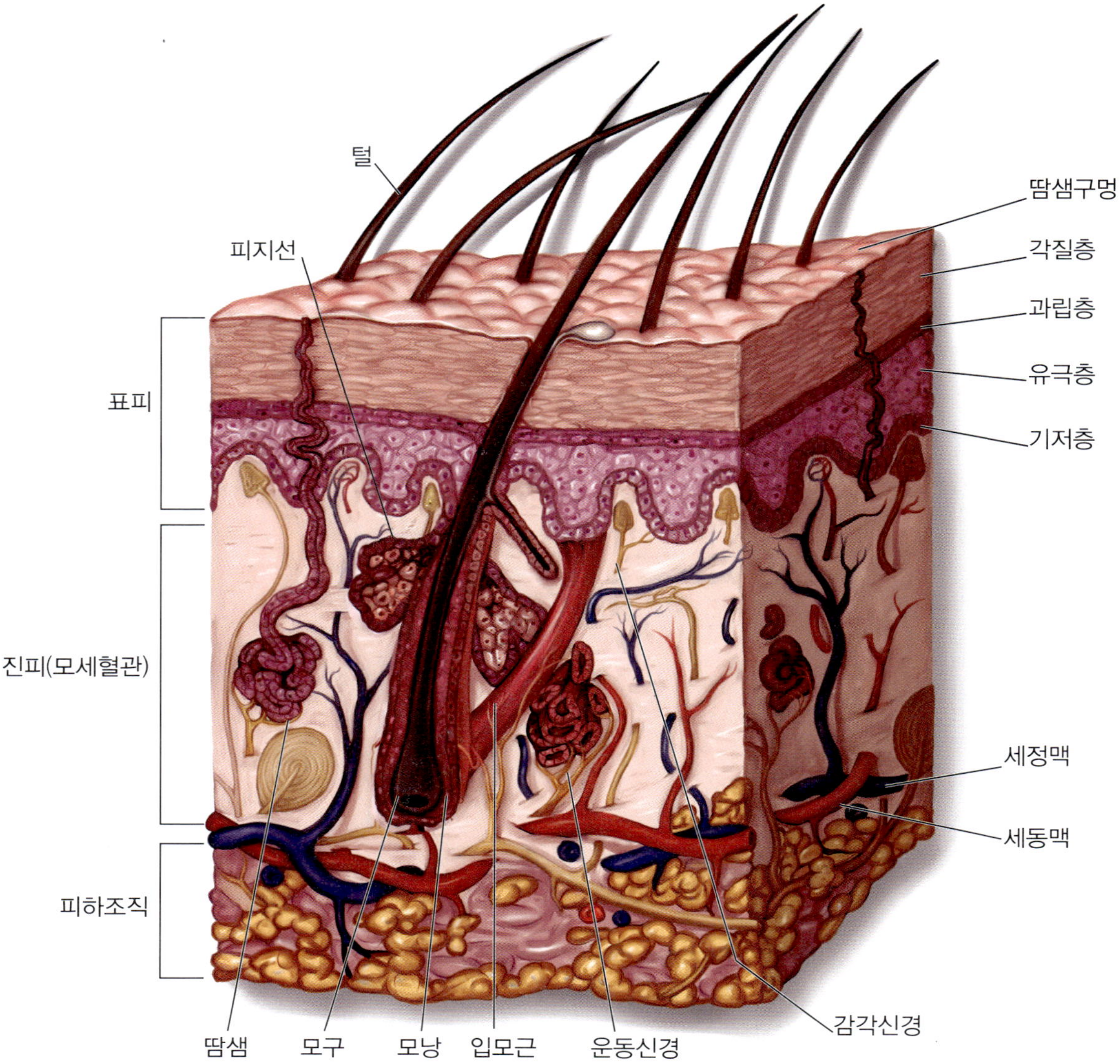
털
땀샘구멍
피지선
각질층
과립층
표피
유극층
기저층
진피(모세혈관)
세정맥
세동맥
피하조직
감각신경
땀샘
모구
모낭
입모근
운동신경

그림 1-14 피부구조

3) 진피의 구성물질

① 콜라겐 섬유(Collagen fiber)

- 백색(白色)섬유라고도 한다.
- 세포질의 소포체와 골지체에서 합성이 시작되어 세포 밖으로 분비 된다.
- 콜라겐은 3종류의 아미노산이 반복 결합(Glycin. proline. hydroxyproline) 되어 있다.
- 피부를 잡아당겼을 때 변형되지 않게 작용하는 것이 콜라겐이다.
- 피부의 수분유지를 돕고 탄력을 결정한다.

② 엘라스틴 섬유(Elastin fiber)

- 진피의 건조 중량의 3%를 차지하는 두꺼운 섬유이다.
- 황색 섬유이다.
- 교원섬유들이 서로 가교되어 붙게 하며 교원섬유보다 가늘고 탄성이 있다.
- 길이의 1.5배까지 늘어난다.
- 피부를 당겼을 때 원래의 피부로 돌아가는 것은 엘라스틴의 탄성에 의해 결정된다.
- 혈관, 호흡기계 그리고 인대 등에서 그물망 또는 다발을 형성하고 있다.

③ 무코 다당류

- 진피내의 결합섬유 사이를 채우고 있는 물질이며 점다당질(무코 다당류)이 주성분이다.
- 히알루론산, 콘드로이틴, 황산, 헤파린 황산염 등으로 이루어져 있다.
- 황산기를 가지고 있어 1000배까지 수분을 흡수할 수 있는 능력을 가지고 있다.

4) 진피 구성 세포

① 섬유아 세포

- 결합 조직 내에 널리 분포 되어 있는 세포로써 진피층의 물질을 만들어 낸다.
- 모양은 방추형이고, 넓은 날개를 펼친 새 모양이다.
- 프로콜라겐 분자를 만들어 낸다.
- 콜라겐섬유, 탄력섬유, 세포기질을 생성하는 역할을 한다.
- 섬유아 세포가 증가하면 콜라겐 생성이 5배 증가한다.
- 엘라스틴, 무코다당류를 증가시키며 피부가 탱탱해 지고 피부색이 개선 되고, 주름이 펴진다.
- 혈액순환이 잘 되어야 혈액세포인 섬유아세포를 자극시켜 콜라겐과 엘라스틴을 활성화 시킨다.

Check point

한국형배농테라피의 콜라겐 합성과정

자율신경계는 중추신경계와 말초신경계로 나뉘며, 말초신경계는 교감신경과 부교감신경이 있다. 교감신경에서는 신호전달물질인 아드레날린이 나오며, 부교감신경에서는 아세틸콜린의 신호전달물질이 나온다.

테크닉을 사용할 때 강한 압력의 세기가 아니라, 가벼운 미압으로 자극을 주어 자율신경계의 중추가 부교감신경에 명령을 내려 부교감신경에서 나오는 신호전달물질인 아세틸콜린이 혈관내피세포 수용체에 결합된다.

섬유아세포성장인자(FGF, Fibroblast Growth Factors)가 생성된 진피층에 있는 섬유아세포(fibroblast 생성 : collagen fiber, elastin fiber)를 자극하여 콜라겐 합성을 시작한다.

제일 먼저 핵속 유전자의 콜라겐 유전자가 발현을 시작하게 한다.

이처럼 전사과정에서 생성된 m-RNA(messenger RNA)는 핵공을 빠져나온 후 세포질에서 리보좀의 r-RNA(ribosomal RNA) 와 t-RNA(transfer RNA)도움을 받아 합성된 이후, 합성된 전구물질이 섬유아세포의 조면소포체 안에 나타난다.

골지체를 통해 세포막 밖에서 분비된 이후 합성된 전구물질이 전구체에 해당하는 프로콜라겐이 모여서 콜라겐 세섬유라는 미세실이 만들어지고 다시 굵은 다발로 이루어져 콜라겐 섬유가 된다.

이런 과정을 통한 프로콜라겐 분자의 합성은 가벼운 자극만으로도 피부에 탄력적 균형유지를 하며 보다 젊고 아름다운 피부를 연출 할 수 있도록 한다.

한국형배농테라피는 진피의 약 1~3mm정도의 깊이의 압력으로 시술자가 힘들이지 않고 가볍고 부드러운 테크닉을 활용하며 다양한 고객층을 만족 시킨다.

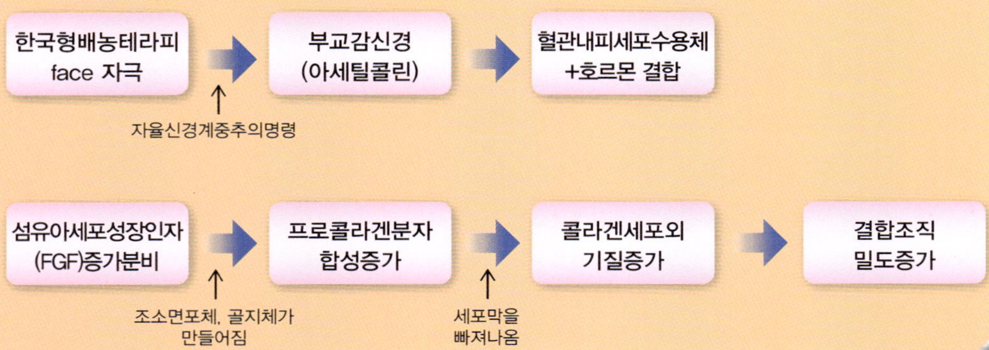

② 식세포

- 백혈구에는 호염기성, 호중성, 호산성, 단핵구, 림프구가 있다.
- 백혈구 일종의 단핵구로부터 분화된 세포이다.
- 조직에 있는 병원체를 제거한다.
- 림프절로 들어오는 세균을 제거한다.

③ 비만세포

- 호염기성 백혈구 일종의 비만세포이다.
- 피부, 기관지 점막 등 외부 이물질인 먼지, 세균 등이 침입하기 쉬운 곳에 있다.
- 히스타민을 분비하여 혈관을 확장시킨다.
- 식세포 작용을 하는 백혈구를 유도하는 신호물질을 분비한다.

(4) 피하지방층

피부의 가장 아래 위치한다. 지방세포들이 축적되어 있는 느슨한 결합조직이다. 체온조절기능, 수분조절기능, 소모되고 남은 영양소의 저장기능, 외부로부터의 충격을 흡수하여 완화한다.

(5) 피부 부속기관

피부 부속기관은 한선, 피지선, 모발, 가슴, 손톱, 발톱 등이 있다.

1) 한선

진피와 피하지방의 경계부에 위치한 한선은 땀을 만들어서 피부 표면에 분비하는 기능을 한다. 크기와 기능에 따라 소한선(에크린 한선, eccrine sweat gland)과 대한선(아포크린 한선, apocrine sweat gland)으로 나눌 수 있다.

① 소한선 : 에크린 한선(eccrine sweat gland)

- 진피층에 위치한다.
- 입술, 음부를 제외한 전신에 분포한다.
- 손바닥과 발바닥에 가장 많이 분포되어 있다.
- pH 3.8~5.6의 약산성이며, 무색, 무취의 체액을 배출한다.
- 체온조절과 노폐물 배출에 중요한 역할을 한다.

② 대한선 : 아포크린 한선(apocrine sweat gland)

- 모낭과 연결되어 있다.

- 겨드랑이, 배꼽주위, 젖꼭지, 항문 등 특정부위에 분포되어 있다.
- pH 5.5~6.5의 산도를 가지고 있다.
- 주위 세균에 의해 액취증 또는 암내를 만들어낸다.
- 여성이 남성보다 많으며, 흑인이 백인보다 많다.

2) 피지선

- 진피층에 위치하고 하루 평균 1~2g의 피지를 분비한다.
- 피부의 표면에 피지막을 형성한다.
- 외부 이물질 침입을 억제한다.
- 여드름의 원인을 제공한다.
- 피지의 구성성분 : 트리글리세라이드(triglyceride)43%, 왁스에스테르(wax ester)25%, 지방산(fatty acid)16%, 스쿠알렌(squalene)12%, 콜레스테롤에스테르(cholestersl esters) 2%, 콜레스테롤(cholesterol)1%

3) 모발

피부 밖으로 나와 있는 모간(毛幹)과 내부에 있는 모근(毛根)으로 나눈다.

① 모간(毛幹)

모발의 가장 바깥부분인 모표피, 모발의 대부분을 차지하는 모피질, 모발의 중심부에 있는 모수질이 있다.

② 모근(毛根) : 피부 내부에 있는 모발부분이다.

- 모낭 : 모근을 싸고 있는 부분이다.
- 모구 : 둥근 모양으로 모낭의 뿌리부분이다.
- 모유두 : 모구의 중심부의 오목하게 들어간 부분이다. 혈관과 신경이 있으며 모모세포가 모여 있는 부분이다.
- 모모세포 : 모세혈관으로 영양공급을 받아 모발을 성장시킨다.

③ 기모근 : 털 세움근이라고 하며, 자율신경에 영향을 받으며 춥거나 무서울 때 수축이 되어 모발을 서게 한다.

④ 모발의 주기

- 성장기 : 전체 모발의 90%을 차지한다.
- 퇴화기 : 1개월 모발의 1%를 차지한다.
- 휴지기 : 2~3개월 전체모발의 11%를 차지한다.

4) 조갑

발가락과 손가락의 끝을 보호하기 위해 케라틴이라는 경단백질로 이루어진 피부 부속기관이다.

① 구조

- 조체 : 육안으로 보이는 손톱부분이다.
- 조근 : 손톱 뿌리 부분이다.
- 자유연 : 손톱 끝 부분이다.
- 조상 : 손톱 밑의 피부 부분이다.
- 조모 : 손톱 뿌리 밑에 세포분열을 통해 손톱을 만드는 부분이다.
- 반월 : 반달모양으로 희게 보이는 손톱 부분이다.

4. 한국형배농테라피의 림프

림프는 식균작용, 신체 방어 작용, 노폐물을 제거하는 역할을 의미하며, 혈장단백질, 수분, 림프구, 대식세포, 세망내피계세포, 긴사슬지방산, 죽은세포 등이 림프액의 성분이며 림프의 흐름을 원활하게 하여 부종과 노폐물을 배농(배출)시켜는 역할을 하여, 체액 균형과 감염에서 인체를 보호하는 역할을 한다.

1. 림프계의 구성

림프계는 영양분과 산소를 신체에 공급하고, 노폐물을 제거하는 역할을 하며, 림프관, 림프절, 림프액으로 구성되어 있다.

(1) 림프관

신체의 말단에서 시작하여 중심으로 연결되는 관이다. 림프관을 따라 모세림프관, 전수집림프관, 수집림프관, 림프절, 림프본관 순서로 림프액이 이동한다.

(2) 림프절

림프구들이 모이는 곳으로 신체의 말초 부분에서 림프관을 통해 모이는 집결지이다.

신체 내에는 림프절이 500여개 정도 있으며, 겨드랑이, 턱 아래, 귀 뒤, 목, 사타구니 등에 있다. 신체 내의 장기 주변에도 모여 있다.

항원을 제거 하고 이물질을 처리하며, 항원을 제거하는 그물망 역할을 한다. 림프관 사이에 위치하고 림프구와 대식세포가 있다. 면역기관의 일종으로 림프계를 구성하는 기관이다.

(3) 림프액

신체 내에는 수분이 60% 정도로 대부분은 세포 내에 있거나 혈관 안에 있다. 그러나 일부는 세포와 세포 사이에 조직액으로 고여 있다가 림프액으로 전환되어 림프계를 순환하다가 정맥으로 이어져 혈관에 섞이게 된다. 림프액의 주요 성분은 혈장 단백질, 수분, 세포 등이 있다. 사이토카인, 히스타민, 죽은 세포들, 호르몬 등이 있다.

- **사이토카인** : 외부 항원이 침입했을 때 보조 T림프구가 사이토카인을 분비한다.
- **히스타민** : 피부가 손상되면 표피층 밑에 있는 비만세포에서 분비하는 화합물질이다

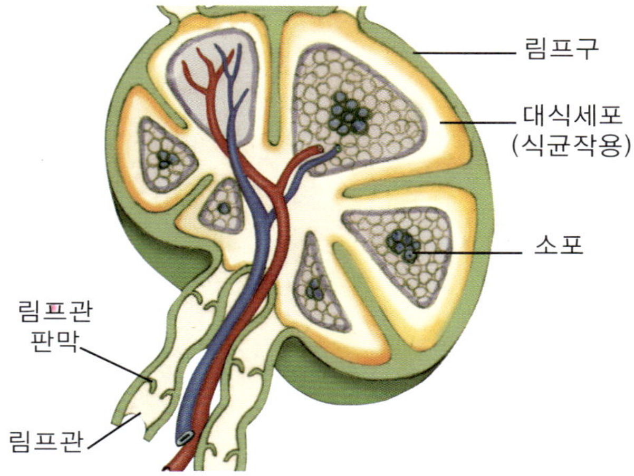

그림 1-15 림프절의 구조

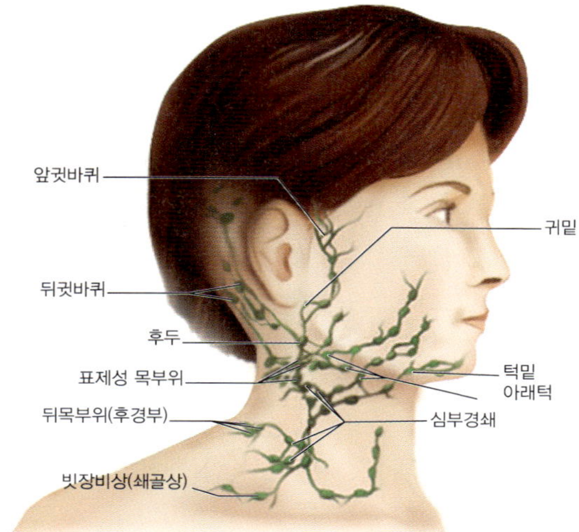

그림 1-16 각 림프절의 위치

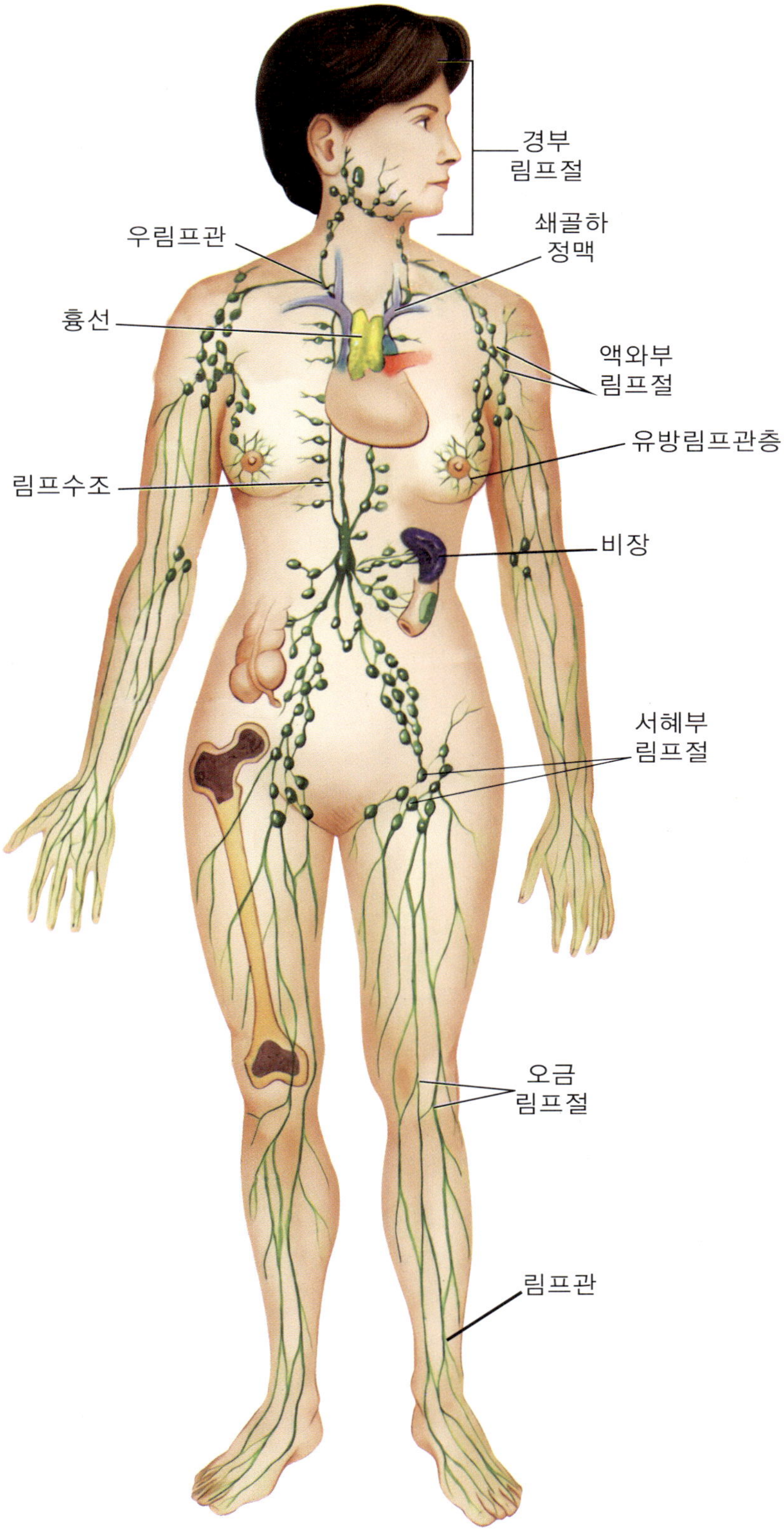

그림 1-17 각 림프절의 위치

2. 림프계의 특징

후천적 면역에는 림프구가 관여하며 세포성 면역과 체액성 면역으로 구분된다.

(1) 세포성 면역

세포독성 T세포가 병원체에 감염된 세포나 유전자 변화가 일어나 손상된 세포를 직접 파괴한다.

(2) 액성 면역

세포 외부조직에서 들어가거나 혈액에 존재하는 항원에 대한 항체를 기억세포가 생산하여 항원을 제거하는 방식이다.

항원이 침입하면 B세포가 분열, 분화하여 형질세포와 기억세포가 된다. 기억세포는 동일한 항원이 제 침입 시 형질세포로 분열, 분화되어 침입한 항원에 대한 항체를 분비한다. 침입한 항원은 형질세포에서 분비된 항체가 항원과 결합하여 제거 된다.

3. 림프의 기능

- 림프는 림프구와 림프장으로 구성된다.
- 림프구는 세포파괴 항체 형성 등 면역에 관여한다.
- 림프장은 지용성 영양분, 물질을 운반하여 항상성 유지를 한다.
- 림프장내 단백질과 조직액을 보존 관리하는 기능을 한다.
- 이물질이 침입할 경우 림프구를 증식 항원자극에 대한 항체를 만든다.
- 면역반응을 담당하여 인체를 보호하는 역할을 한다.

4. 림프액의 흐름에 영향을 주는 인자

림프액의 흐름에 영향을 주는 인자는 골격근의 움직임과 신장의 수용기, 자율신경계로 인한 수축, 장의 연동, 호흡, 림프드레나쥐 등에 의해 이동과 움직임이 촉진 된다.

① 골격근의 움직임

피부와 근육을 싸고 있는 근막사이에 대부분 존재하는 림프액은 림프관 주변의 근육이 수축함으로 인해 림프액이 짜 올려지면서, 림판지온(기능적 수축단위)의 운동성이 더욱 증가된다.

② 신장의 수용기

신장의 수용기 자극을 통해 척수신경의 반사로(reflex pathways) 림판지온(기능적 수축단위)의 운동성이 증가된다.

③ 자율신경계에 의한 수축

자율신경에 의해 지배를 받는 혈액과 마찬가지로 림판지온(기능적 수축단위)의 운동성이 증가된다.

④ 장의 운동

장의 연동운동으로 복강 내의 림프관이 자극받고 림프액이 이동을 촉진한다.

⑤ 호흡

복식호흡을 통해 림프기관을 자극해 주면 흉강 내 압력이 변화되면서 유미조를 비롯한 림프관과 장기 주변의 림프절, 하부에서 올라오는 중심부에 위치한 흉관이 자극을 받게 된다. 이로 인해 심장 쪽으로 올라 갈 수 있는 힘이 다시 한번 만들어진다.

⑥ 림프드레나쥐(Lymphdrainage)

부드럽고 가벼운 마사지는 피부를 신장(stretching)시켜 림프관에 있는 앵커링 필라멘트(Anchoring filaments)를 당겨주고 림프 시스템으로 흡수되도록 도와준다. 또한 피부를 가볍게 자극하면 림판지온(기능적 수축단위)의 운동성이 더욱 활발히 수축하며, 피부를 신장(stretching)시키는 부드럽고 가벼운 마사지는 림프관의 평활근을 자극하여 전기적·기계적인 반응을 일으켜 림프관의 활동성을 증가 시킨다.

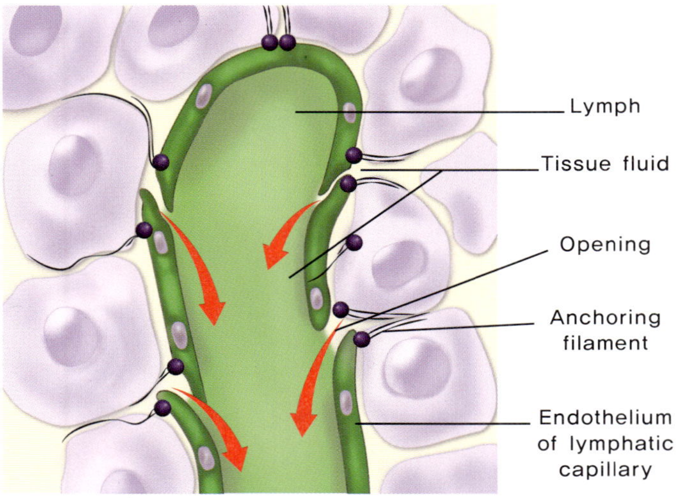

그림 1-18 림프드레나쥐

⑦ 배설계

세포는 생명활동에 필요한 에너지를 얻기 위해 영양소를 분해하면 이산화탄소, 물 암모니아 등의 노폐물이 발생된다. 이산화탄소는 주로 폐를 통해 배출되고, 물은 땀이나 오줌으로 배출된다. 배설계는 세포호흡으로 발생한 노폐물을 제거하는 역할을 한다.

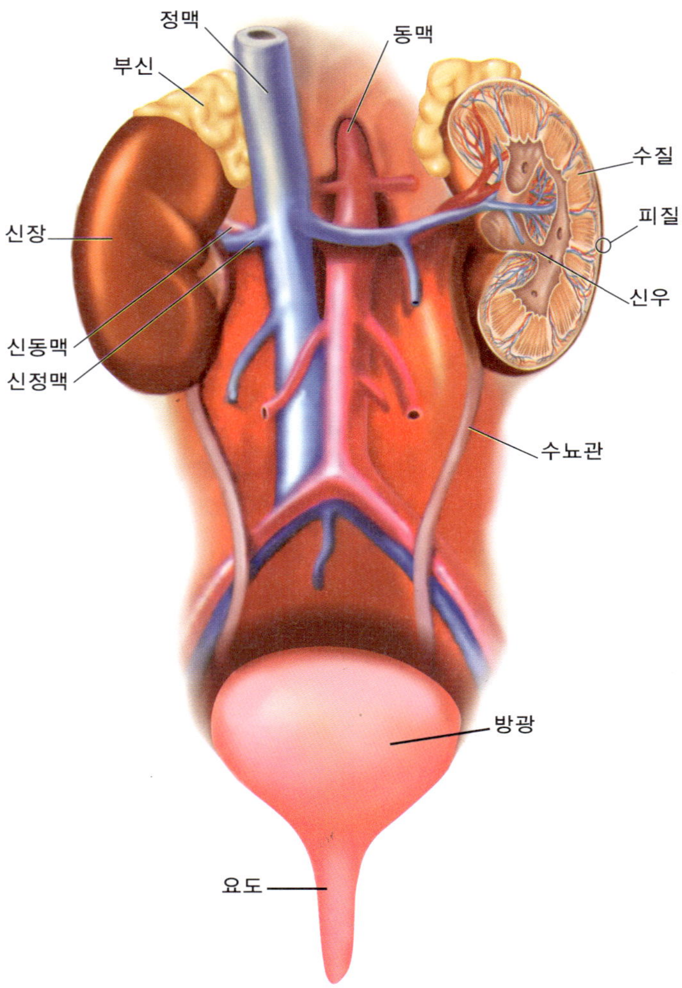

그림 1-19 배설계의 구조

5. 한국형배농테라피의 조건 및 주의사항

1. 테크닉 전 갖추어야 할 조건

- 피부의 구조와 기능에 대한 이해와 습득이 필요하다.
- 고객의 심리상태를 고려하여야 한다.

2. 테크닉 시 갖추어야 할 조건

- 부위에 따른 압력의 조절이 필요하므로 반드시 정확한 테크닉을 숙지하여야 한다.
- 연결된 동작으로 진행하여야 한다.
- 리듬감 있게 동작을 구사하여야 한다.
- 적절한 횟수와 순서로 테크닉을 사용하여야 한다.
- 정확한 손모양과 손동작으로 테크닉을 구사해 한국형배농테라피 순환원리에 대한 효과의 오차범위를 줄여야 한다.
- 손가락은 강압이라는 압력을 가지고 있으므로 손바닥(수근, 수장사지), 척부의 제일 안쪽 부드러운 부분을 활용하여 압력의 힘을 분산시켜 가동범위를 제한한다.

3. 주의사항

임상을 기준한 평균적 주의 사항은 다음과 같다. 단, 개인의 상태에 따라 차이가 있을 수 있으므로 필히 고객과의 충분한 상담 후 관리를 요한다.

- 성형수술시 : 10일 이후 관리 가능(수술한 부위 제외)
- 주사약물시 : 1개월 후 관리 가능(필러, 보톡스 등)
- 자가지방시 : 2~3개월 후 관리 가능
- 딱지 지는 시술시 : 1~2주 후 관리 가능(프락셀, IPL:Intense Pulsed Light 등)
- 딱지 없는 시술시 : 바로 관리 가능(울쎄라, 써마지, 토닝레이즈 등)
- 실 리프팅시 : 30일 후 관리 가능

PART Ⅱ
한국형배농테라피 실무

Chapter 1. 일반 · 예민&성형시술 후 피부관리
2. 부종 피부의 관리

한국형배농테라피에서 적용되는 손의 부위와 명칭

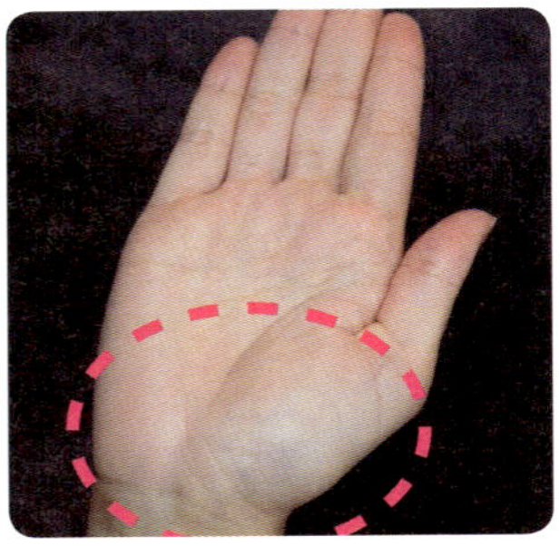

수근부위

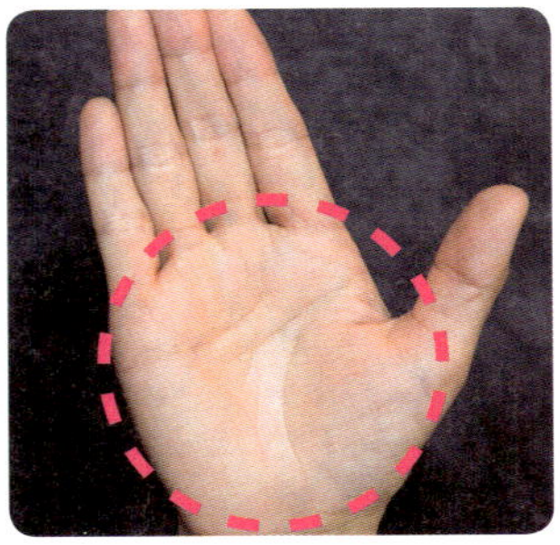

수장사지

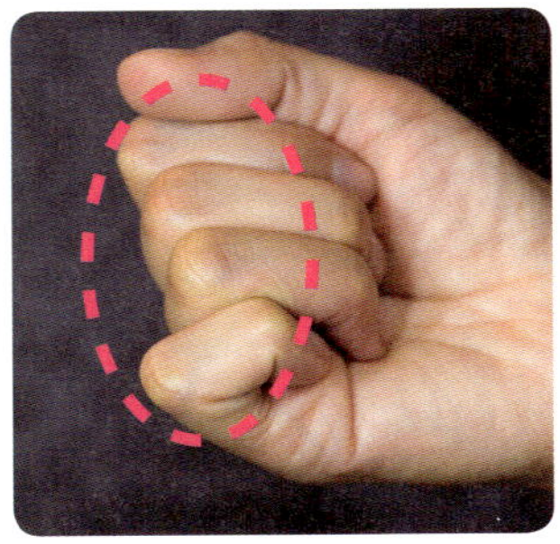

지과부위

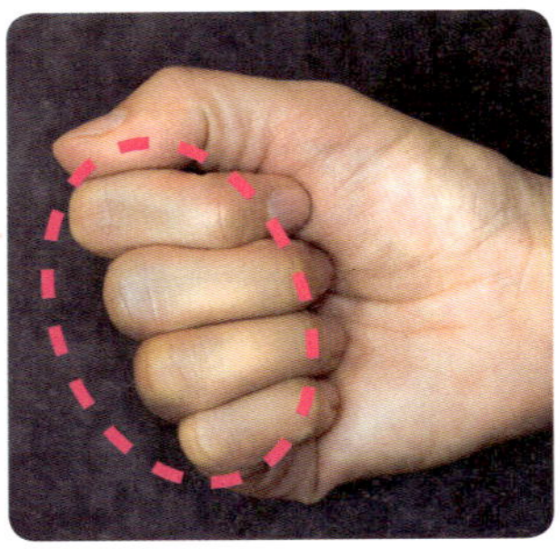

지과면

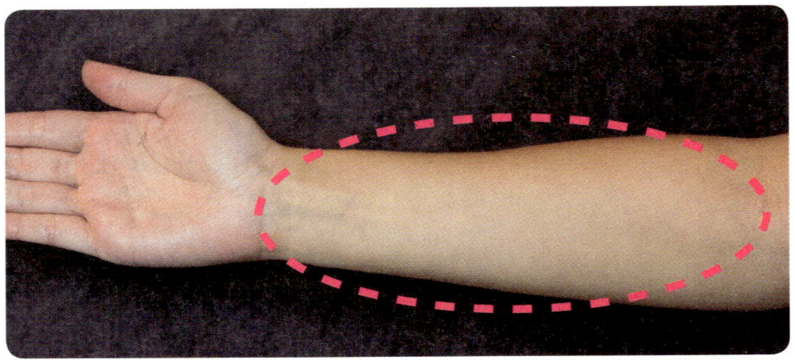

척부

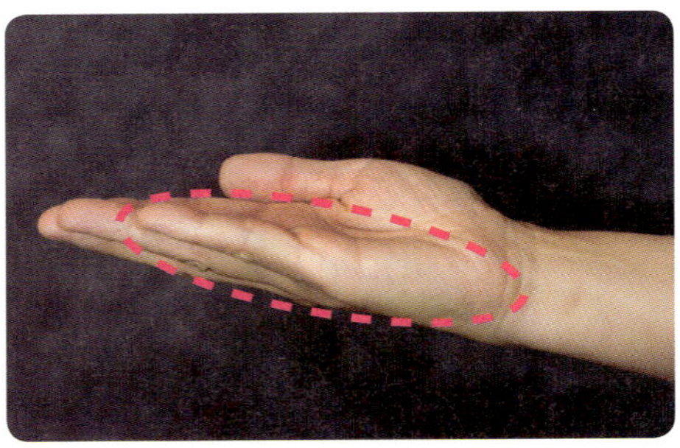

소지축

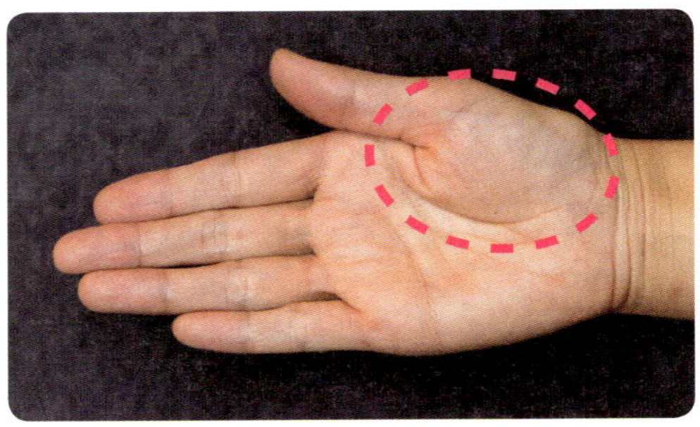

모지구

한국형배농테라피에서 사용하는 마사지 기호

누르기 / 쓸어주기 (방향) / C자 쓸어 주는 동작 / 손목회전 / 나선형 돌리기 / 바이브 레이션 / 튕겨주기 / 찝기동작 / 박수치기

1. 크림도포전

❶ 정중앙에서 시작하여 아래의 사진과 같이 머리의 중앙에서 시작하여 오른쪽 왼쪽을 번갈아 가며 사지로 두피를 원을 그리듯 가볍게 쓸어준다.

❷ 두 손을 이용하여 두피를 원을 그리듯 가볍게 쓸어준다.

❸ 헤어라인부터 시작하여 전체적으로 꼼꼼히 지압한다. 마지막으로 백회를 5회 누르기를 한다.

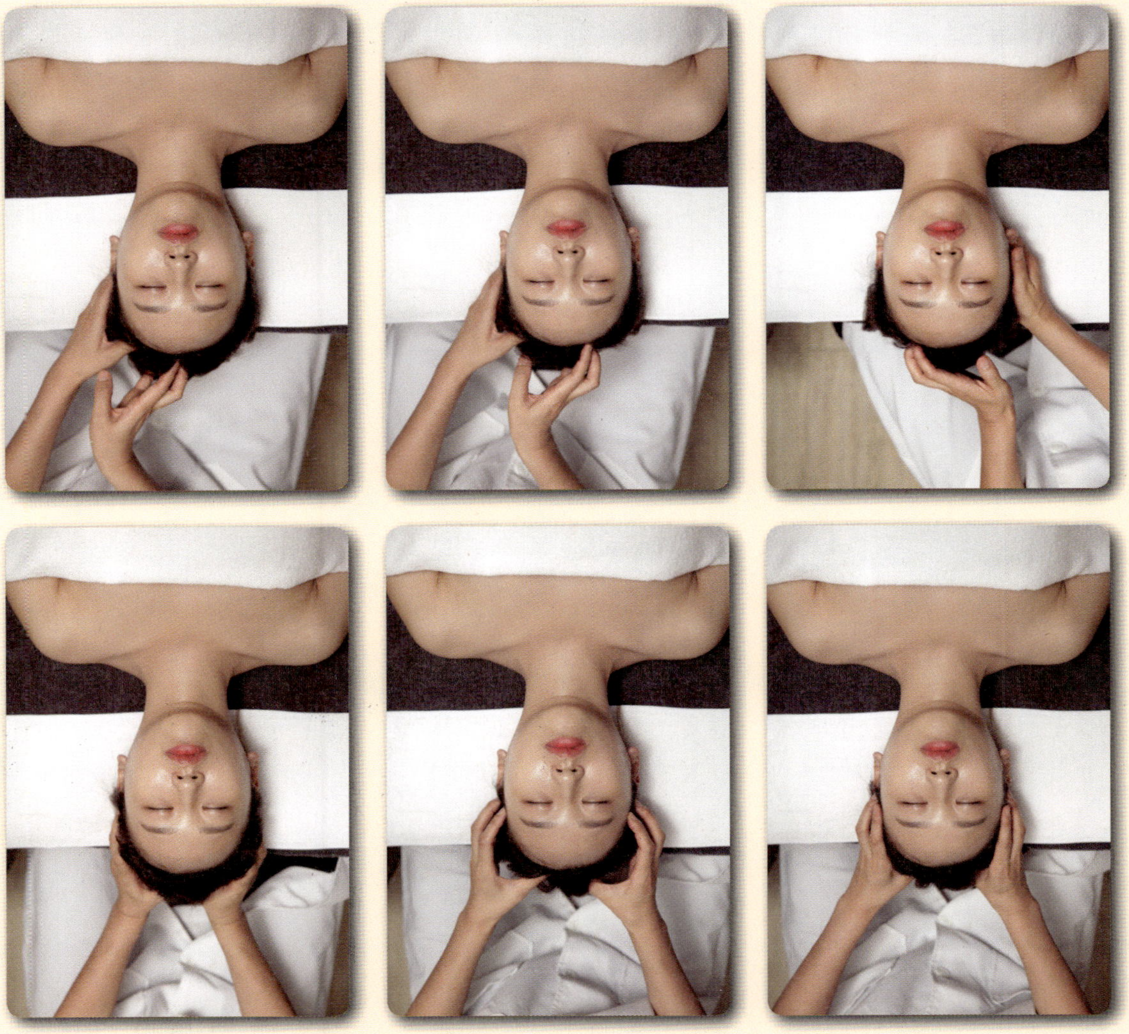

2. 크림도포

❶ 턱 → 이마 → 뺨 순으로 크림을 부드럽게 도포한다.

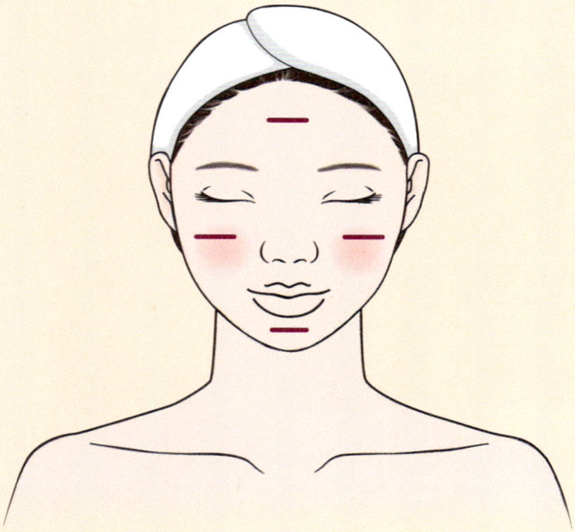

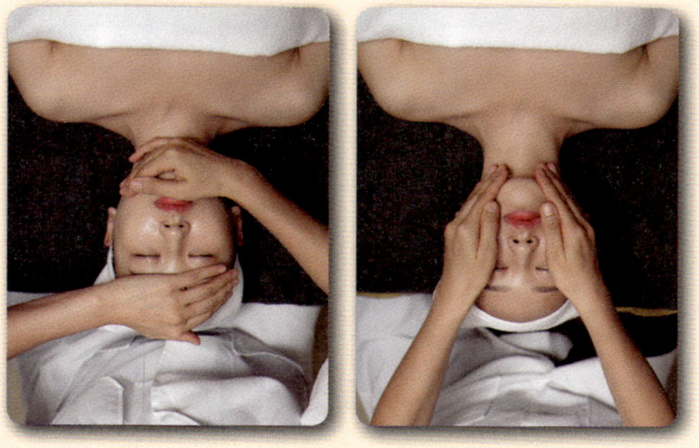

❷ 데콜테 부위에 크림을 도포한 후, 준비자세를 취한다.

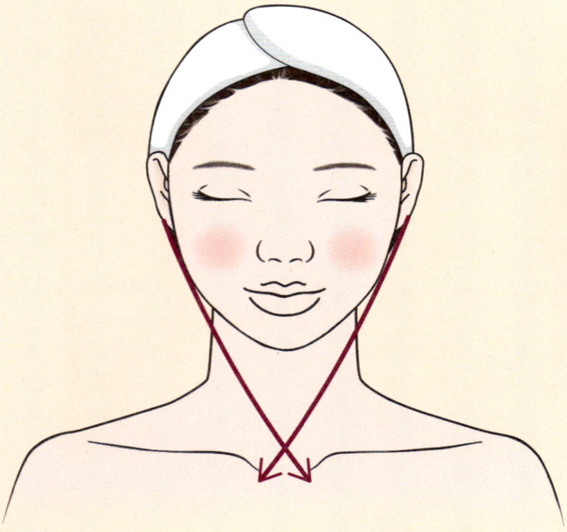

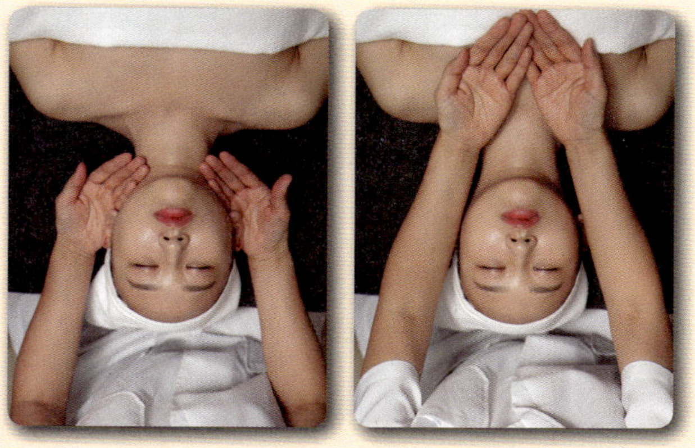

3. 데콜테

❶ 앞 가슴부위를 수장사지로 좌·우 교대로 가볍게 쓸어준다.(3회)

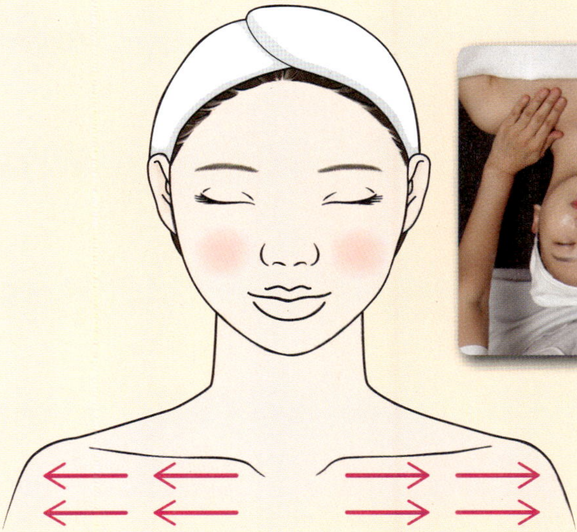

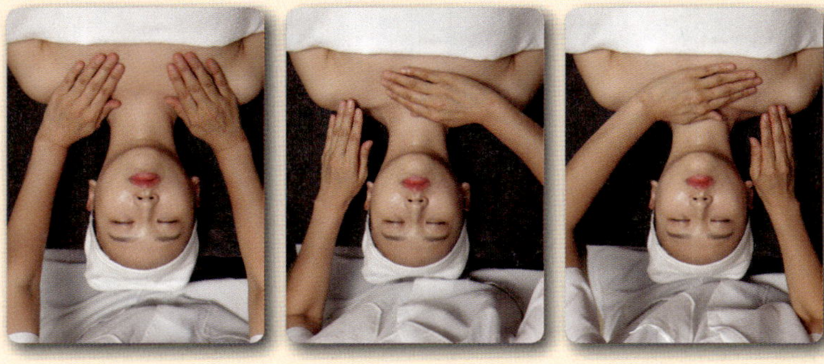

❷ 두 손을 포개서 한 쪽씩 윗 가슴부위를 나선형으로 쓸어주며 어깨를 감싸준다.(4회)

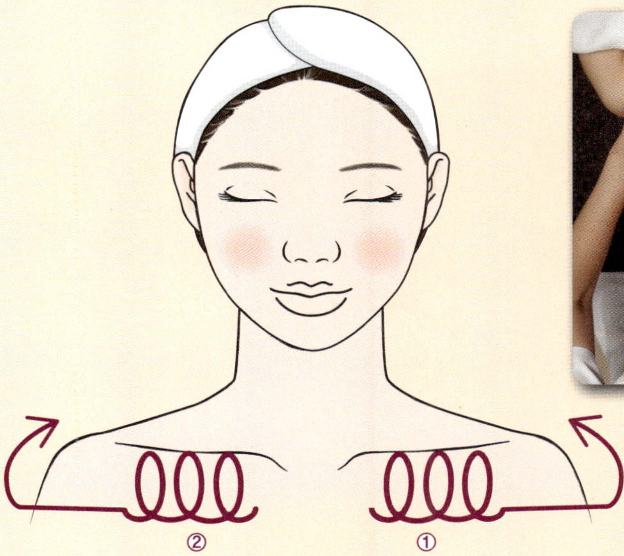

❸ 윗 가슴부위를 두 손을 이용하여 수장사지로 나선형으로 쓸어주며 어깨를 감싸준다.(3회)

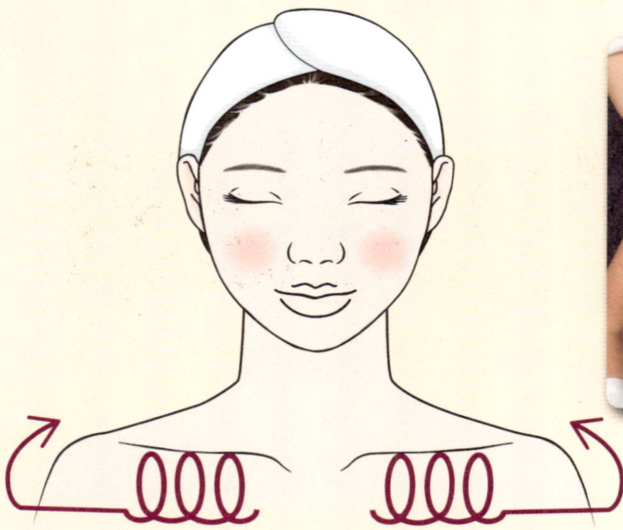

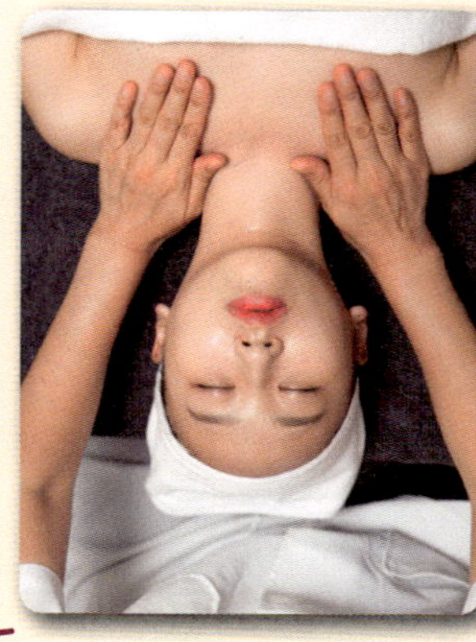

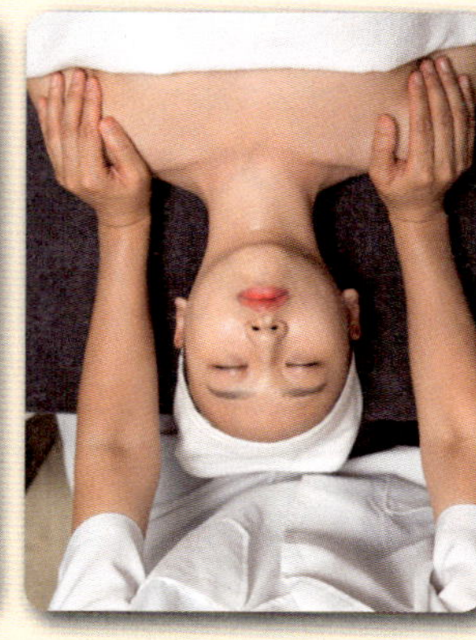

❹ 가슴골을 양 손으로 번갈아 가며 쓸어 내린다.(3회, 임맥 쓸어 내리기)

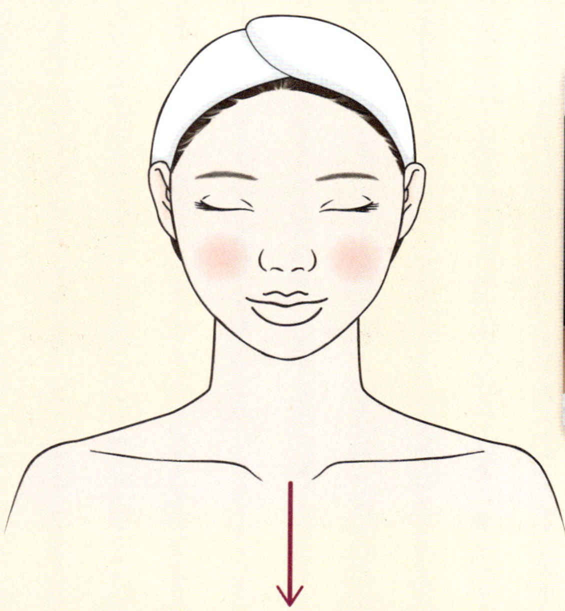

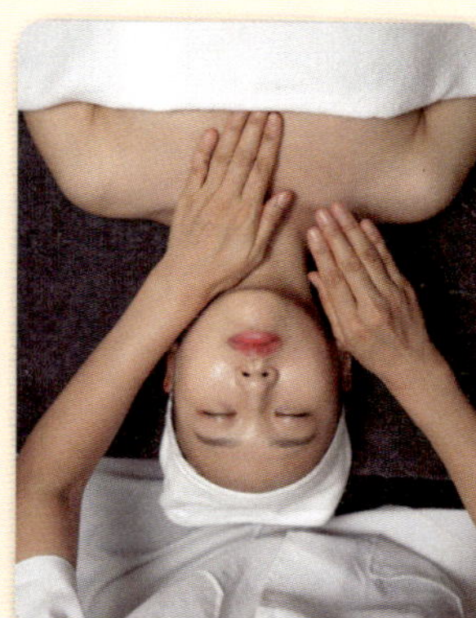

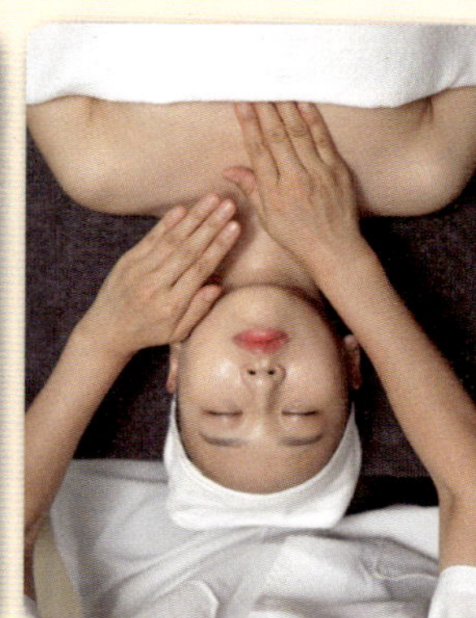

❺-1 양 손을 교대로 번갈아 가며 늑골을 쓸어준다.(4회)

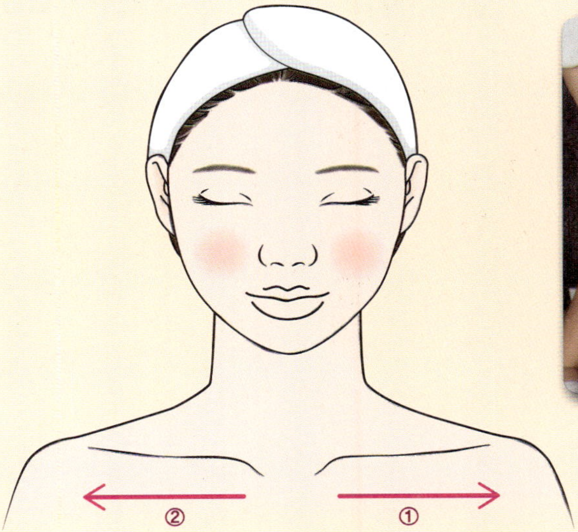

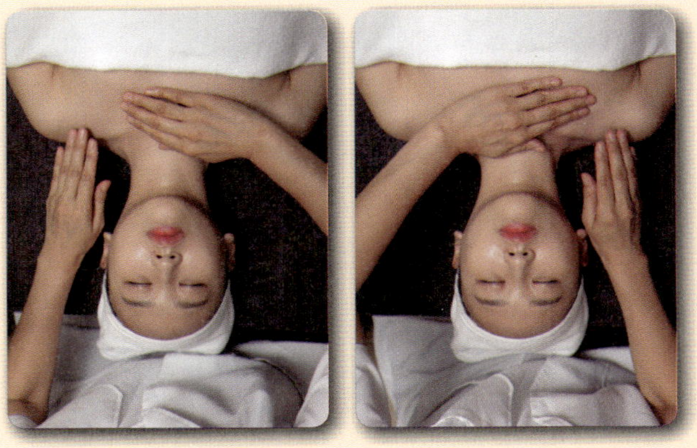

❺-2 한 손씩 고객의 손을 위로 올리고, 액와 부위를 돌려준다.(5회)

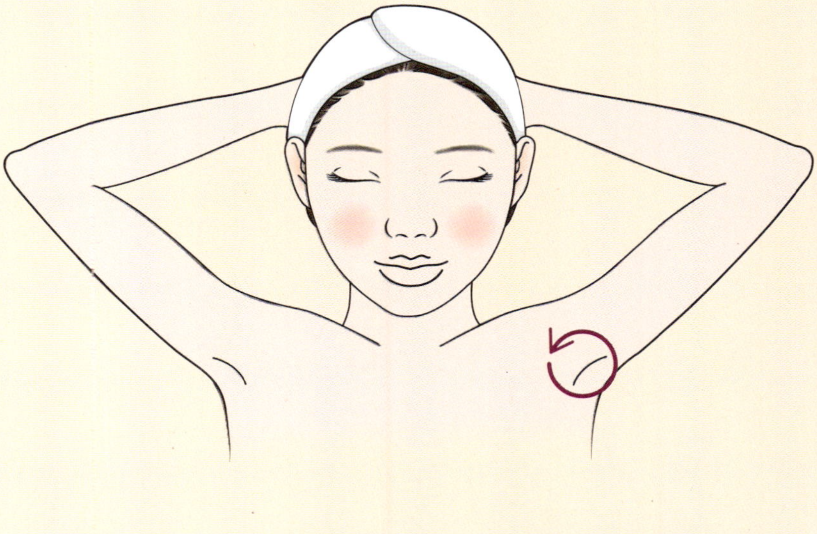

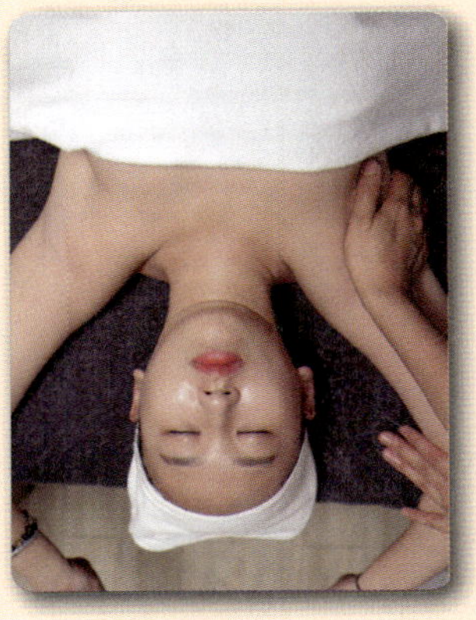

❺-3 상지 부위를 쓸어준 후, 액와 돌리기를 한다.(4회)

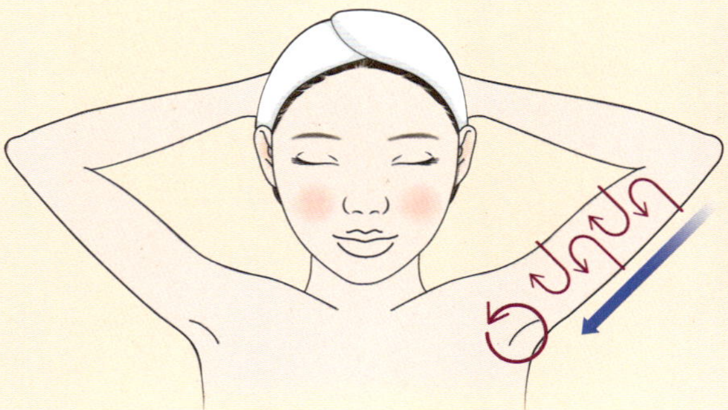

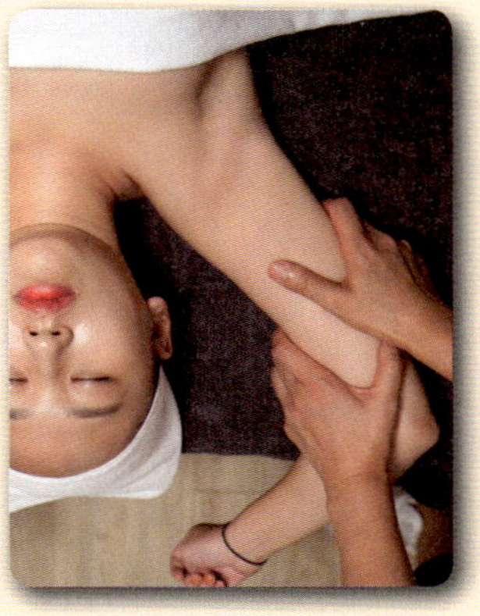

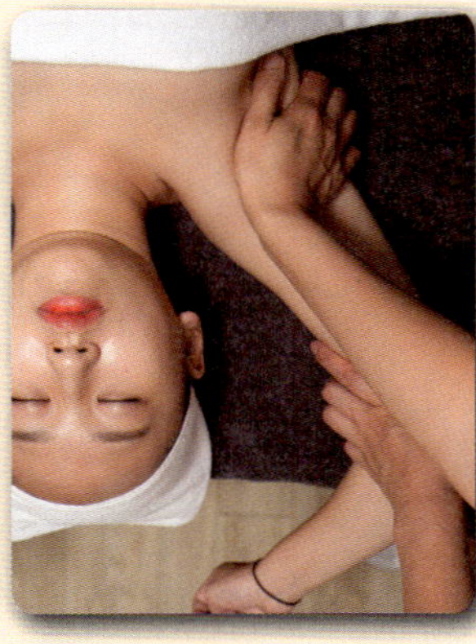

※ 주의사항

데콜테와 액와를 온습포로 닦는다.

❻ 두 손으로 기립근에서 뒷목까지 가볍게 쓸어준다.(5회)

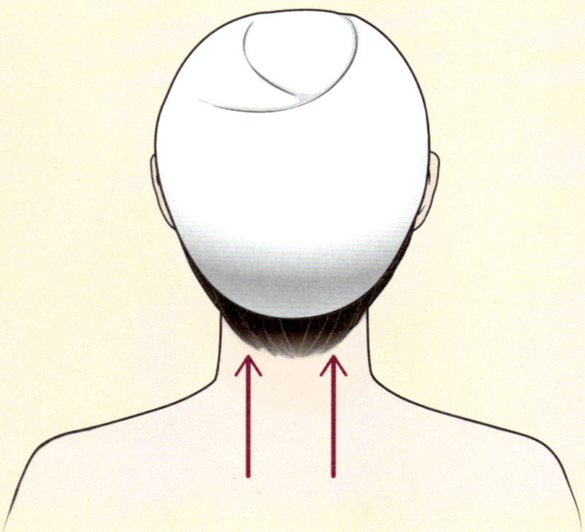

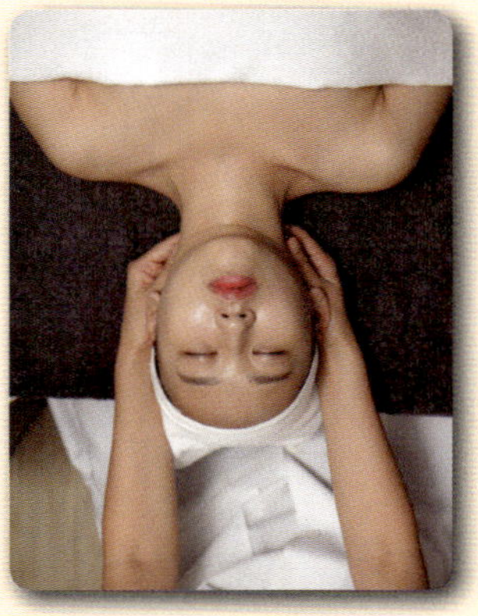

❼ 뒷목을 양 손으로 번갈아 쓸어준다.(5회)

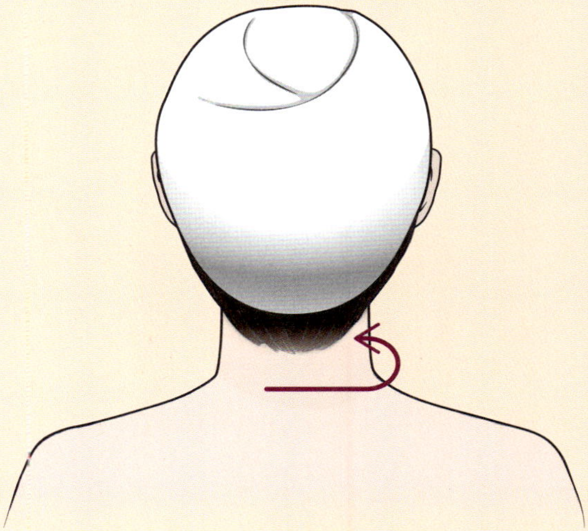

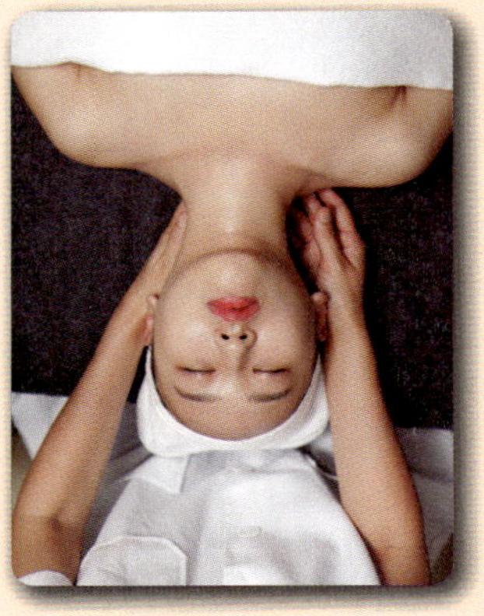

❽ 뒷목을 양 손으로 엄지와 검지로 집어준다.(3회)

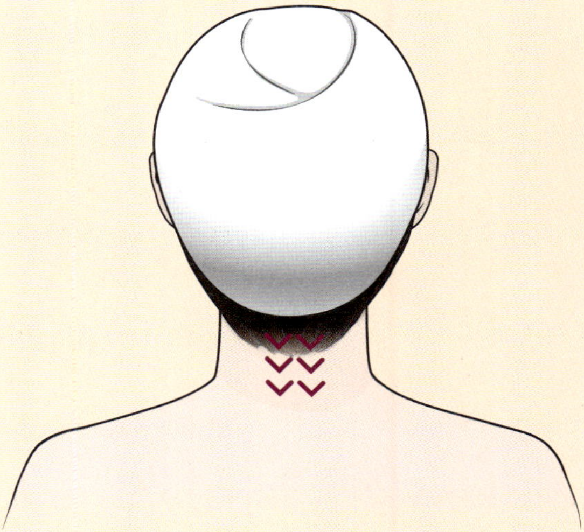

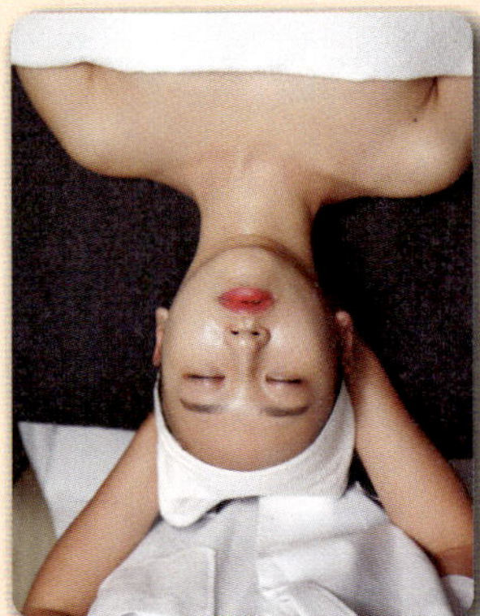

❾ 뒷목을 양 손으로 아래에서 위로 쓸어준다.(5회)

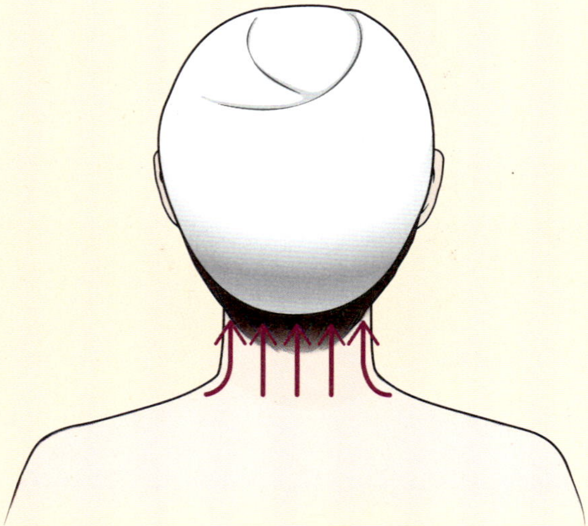

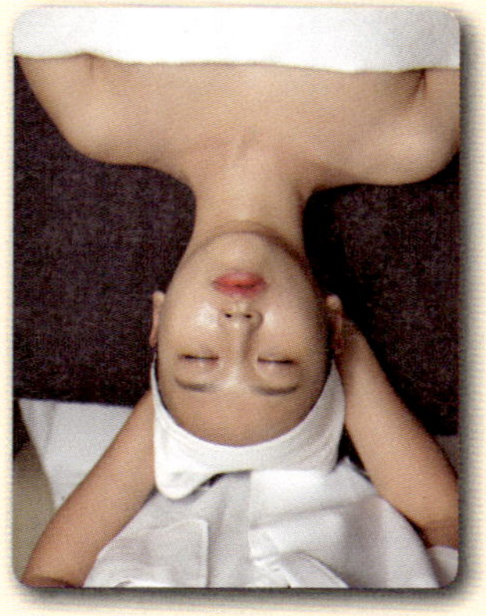

❿ 머리를 옆으로 돌린 후, 한 손씩 목 옆선을 지과면으로 쓸어내린다.(5회)

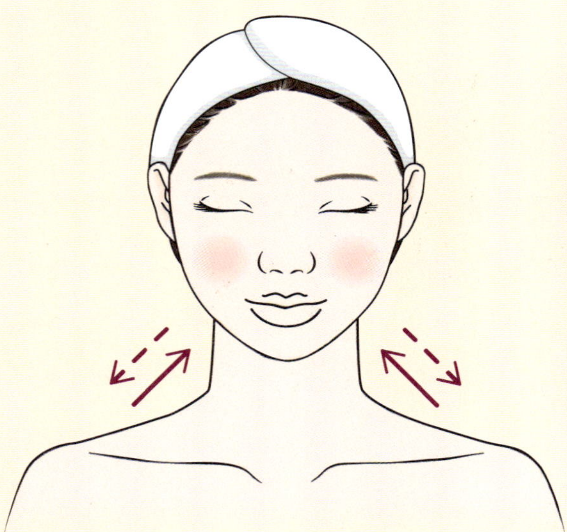

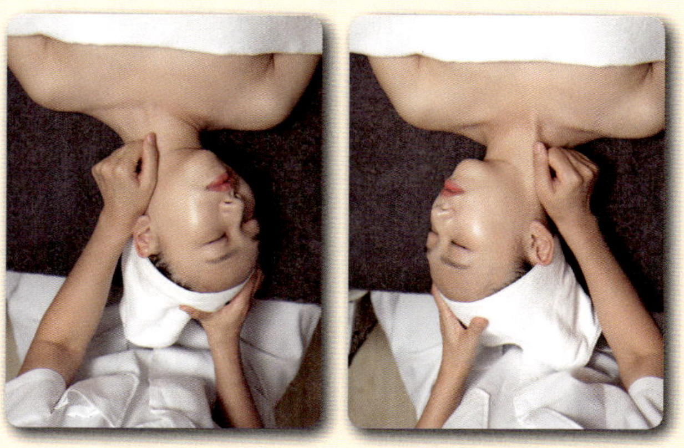

4. 얼굴 앞면

❶-1 얼굴 앞면을 하기 위한 준비자세를 취한다.

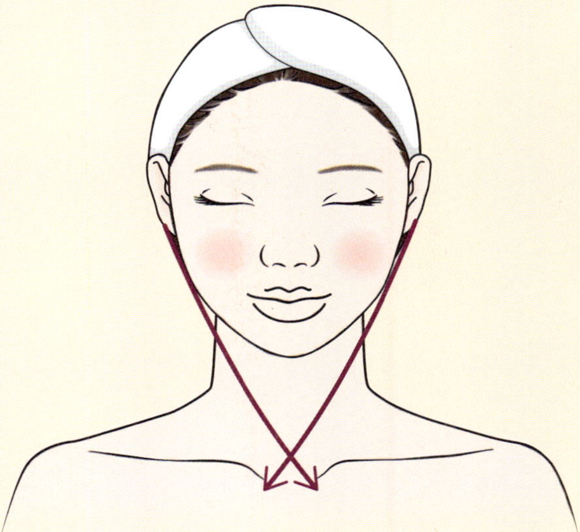

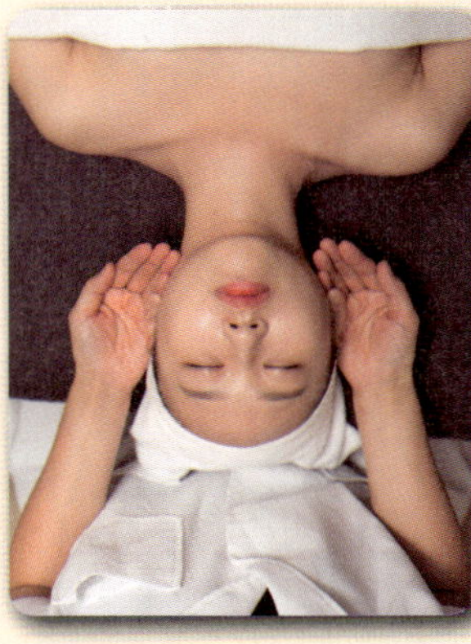

❶-1~❼-2
동영상 학습

❶-2 귓볼 뒤에서 네 손가락으로 반원을 그린다.(5회)

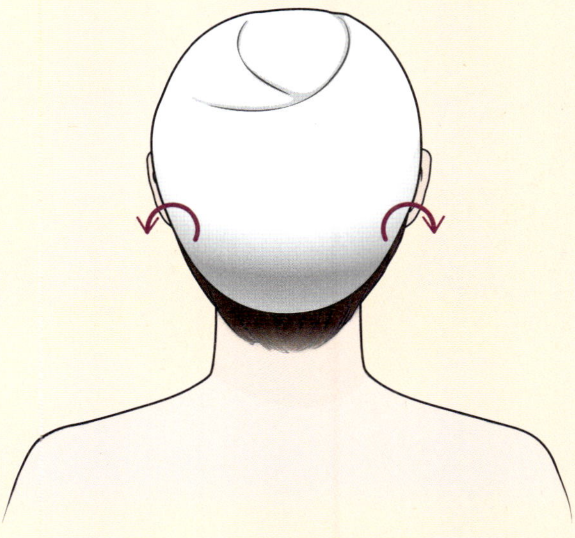

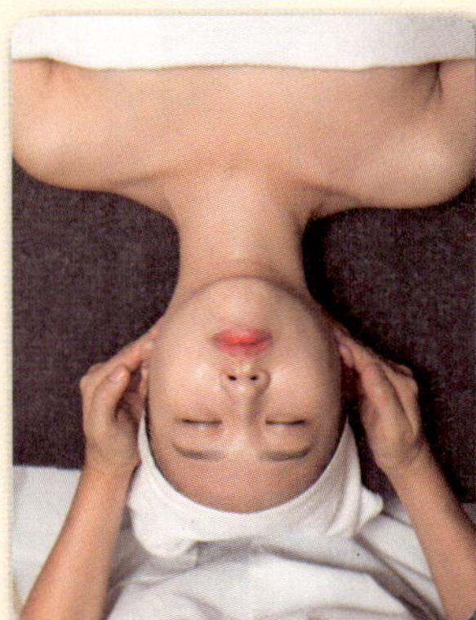

❶-3 목 중간부위를 네 손가락으로 반원을 그린다.(5회)

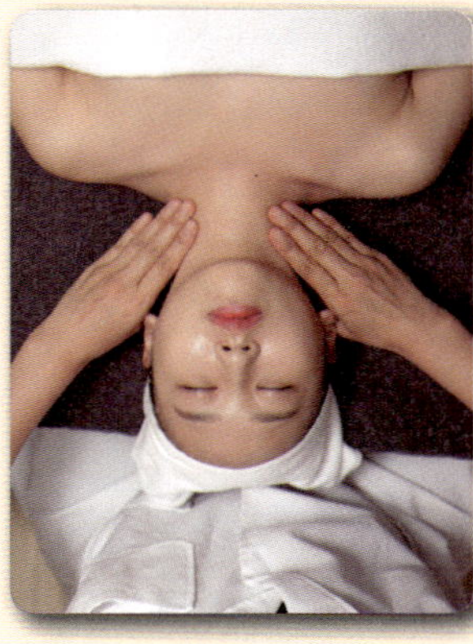

❷-1 귓볼 뒤 부위에서 지과면으로 반원을 그린다.(5회)

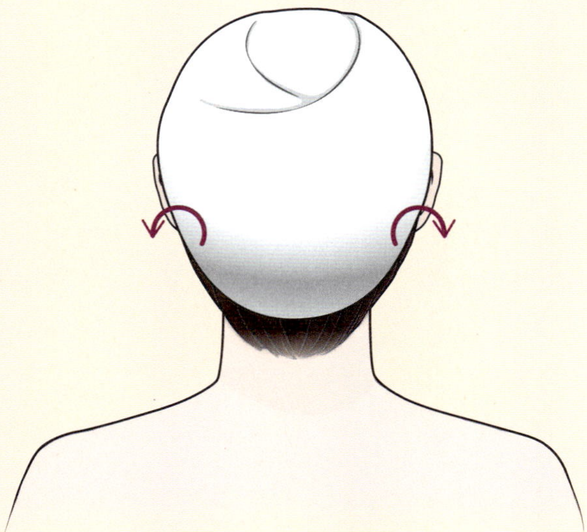

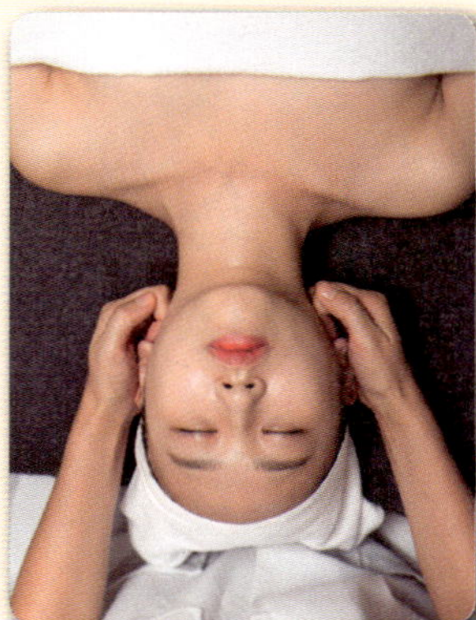

❷-2 목의 위에서 아래방향으로 지과면을 이용하여 쓸어준다.(①, ②, ③ 왕복2회)

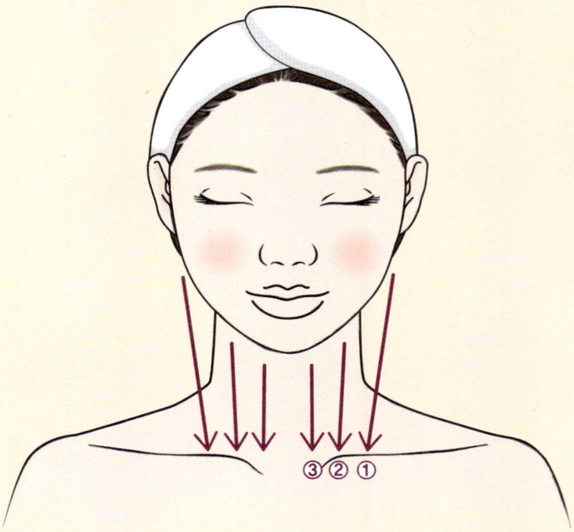

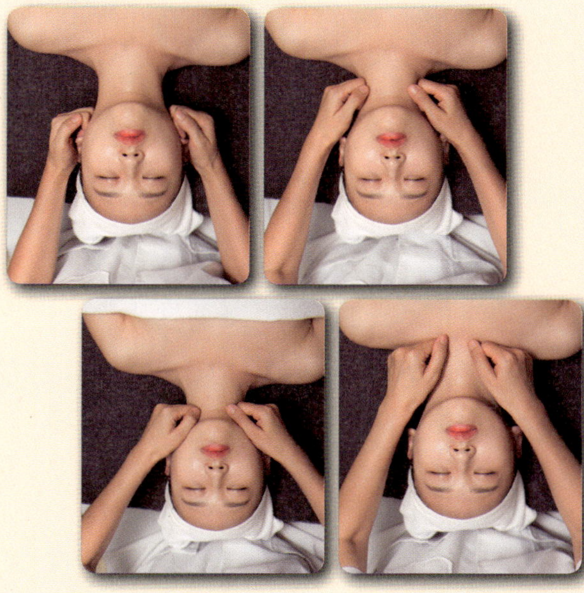

❸ 귓볼 앞 부위에서 모지구로 반원을 그려준다.(3회)

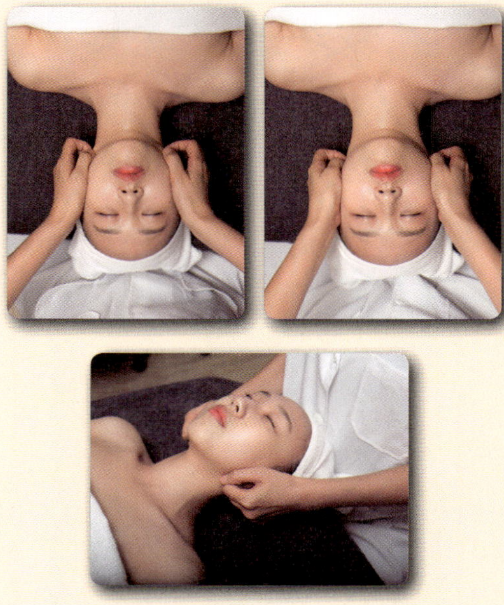

❹ 목을 지과면으로 쓸어준다.(4회)

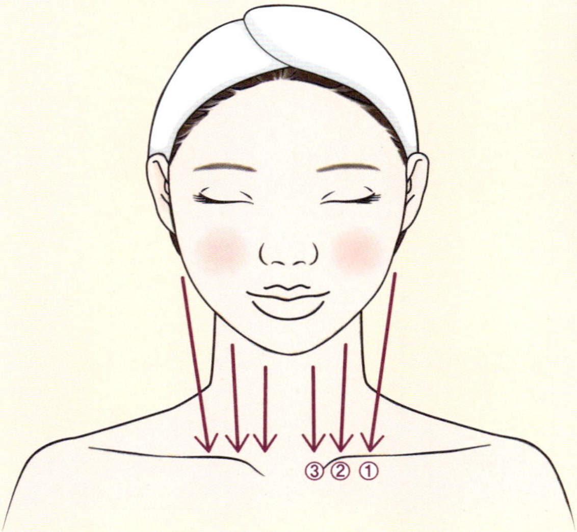

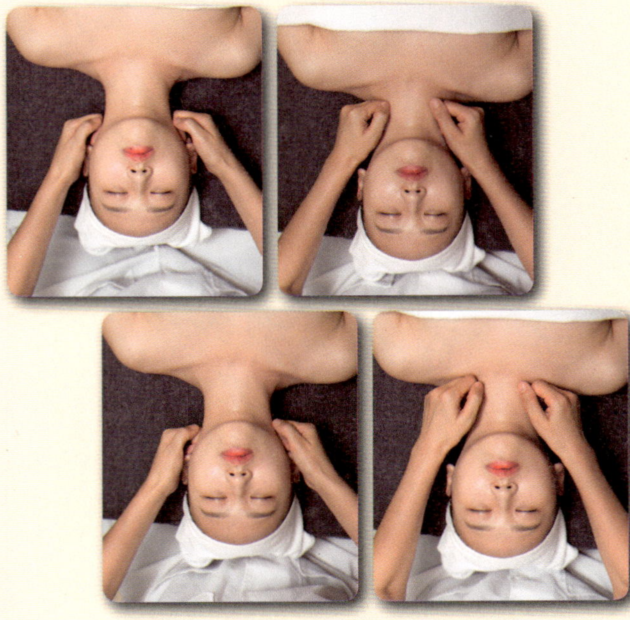

❺ 귓볼 뒤 부위에서 지과면으로 반원을 그려준다.(5회)

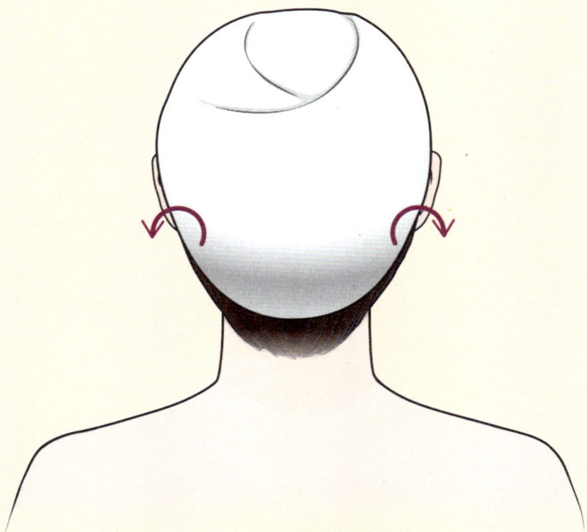

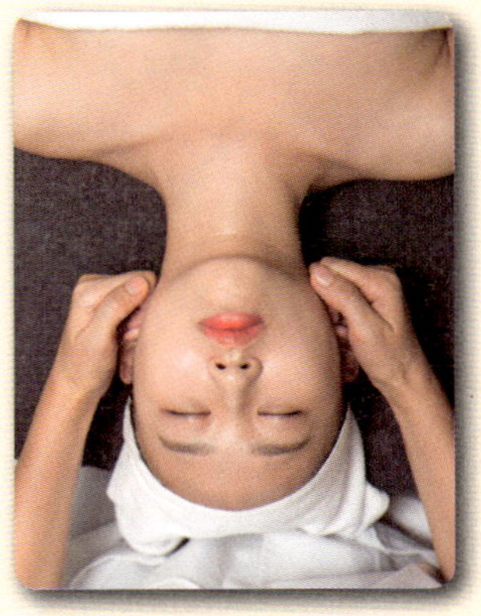

❻ 목을 지과면으로 쓸어준다.(4회)

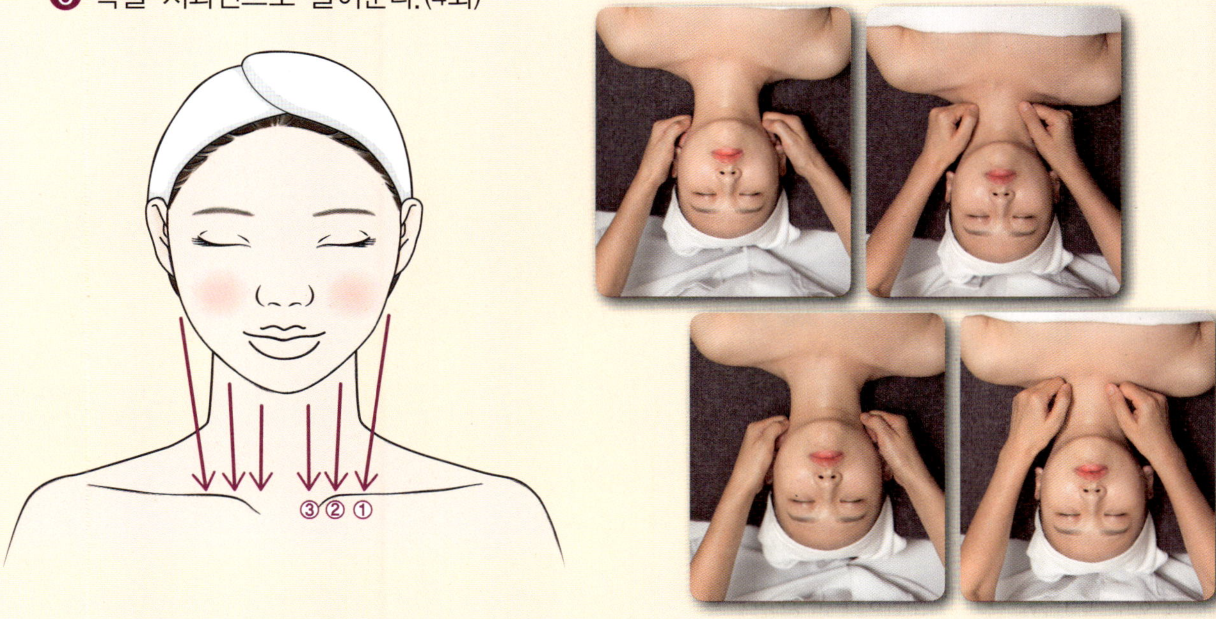

❼-1 턱 밑을 모지구를 이용하여 나선형으로 굴려준다.(2회)

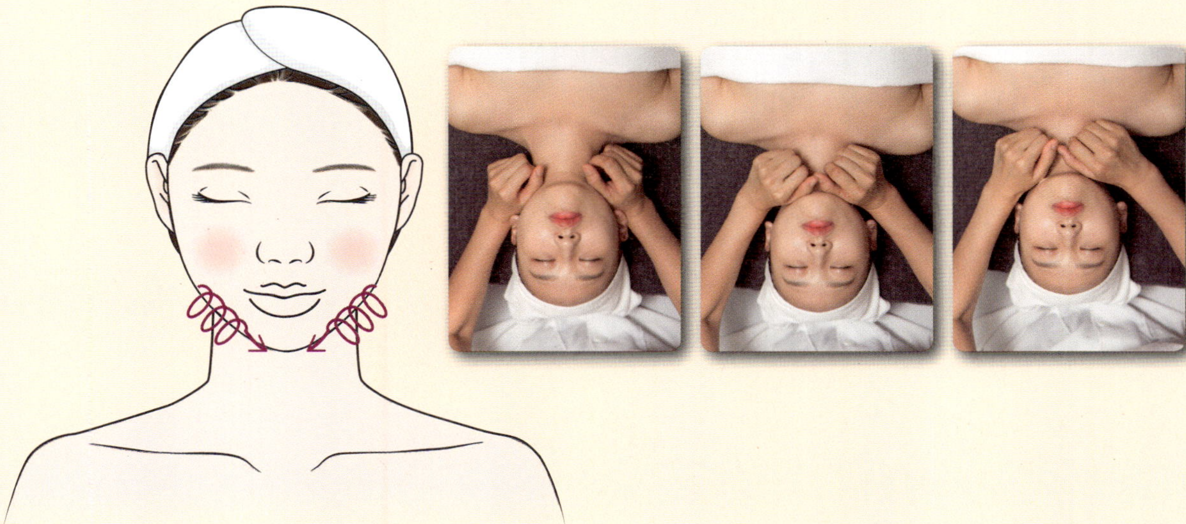

❼-2 한 손으로 반대손의 엄지를 잡고, 모지구로 턱 중앙의 아래부분을 나선형으로 굴려준다.(5회)

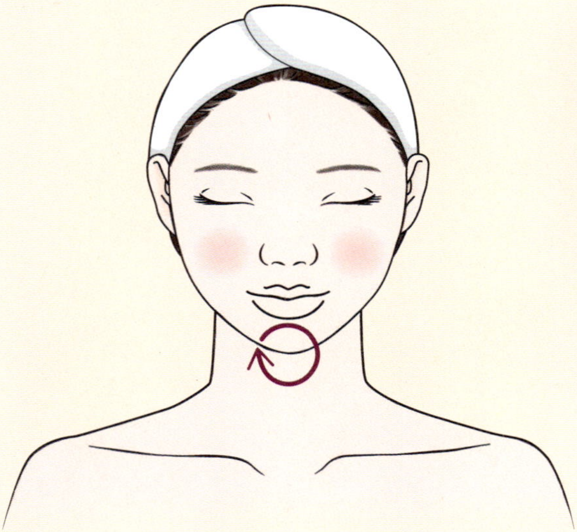

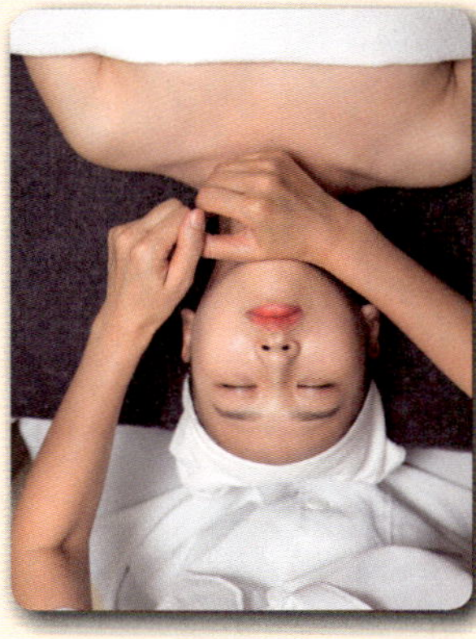

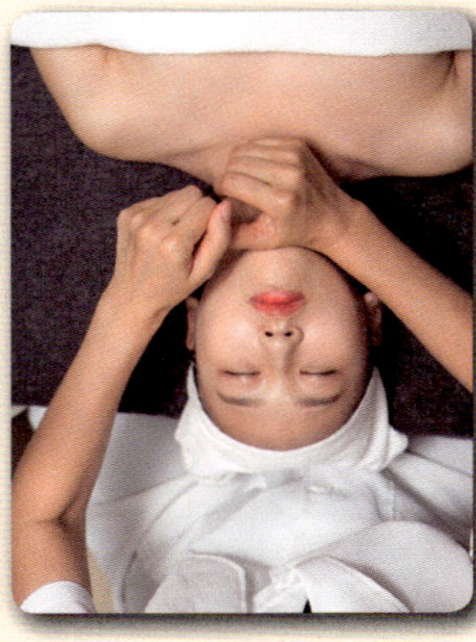

❽ 귓볼 뒤 부위에서 지과면으로 반원을 그려준다.(5회)

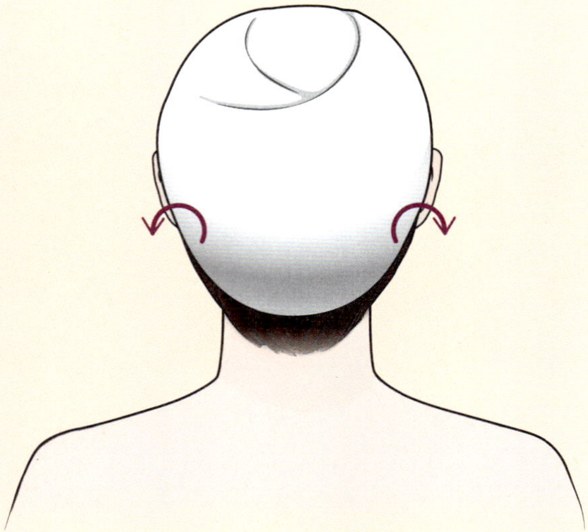

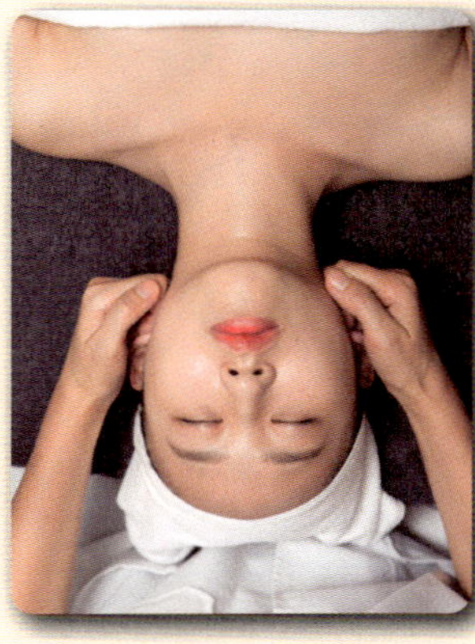

❾ 목 부위를 지과면으로 쓸어준다.(4회)

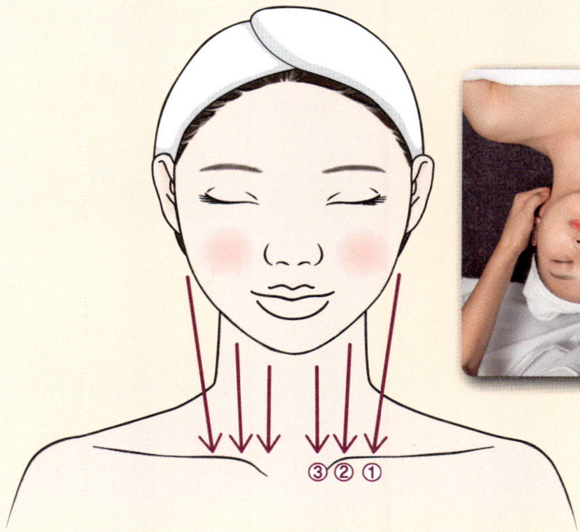

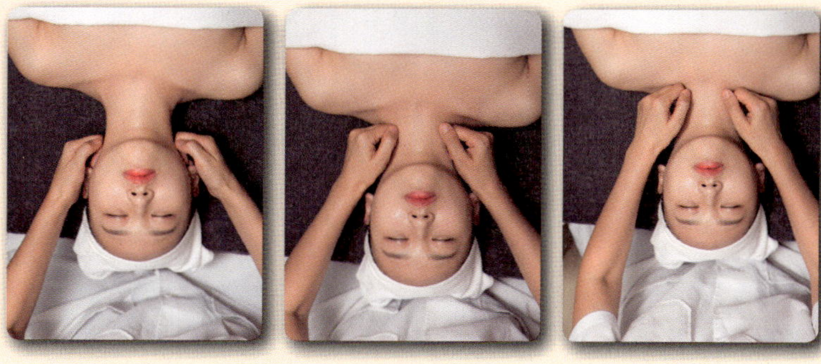

❿ ①턱중앙에서 턱끝까지 모지구로 쓸어준 후, 턱끝에서 모아주듯 반원을 그려준다.(1회)

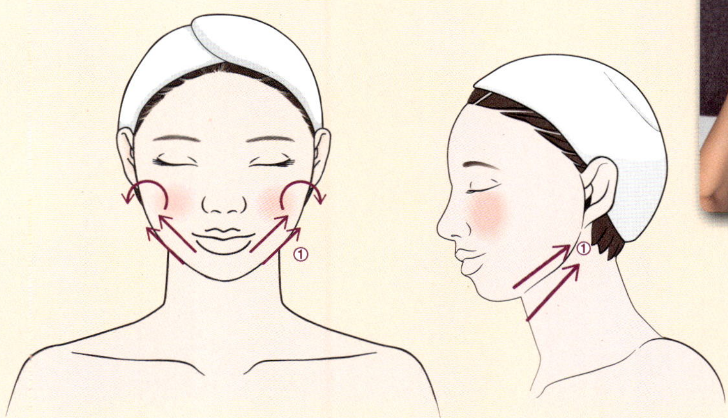

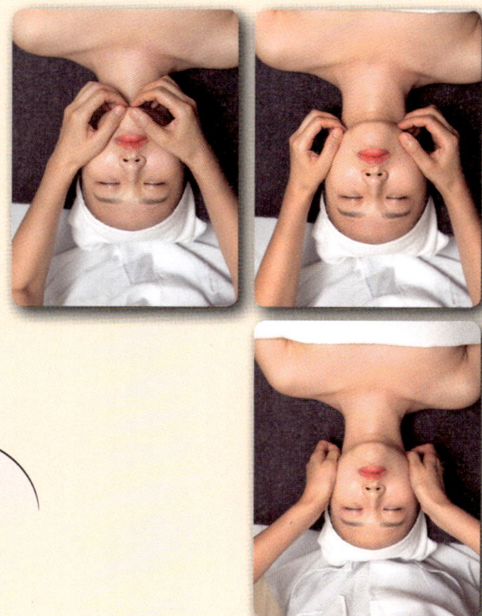

⑪ ①입술중앙부위에서 귓볼까지 모지구로 쓸어준 후, 귓볼에서 모지구로 모아주듯 반원을 그려준다.

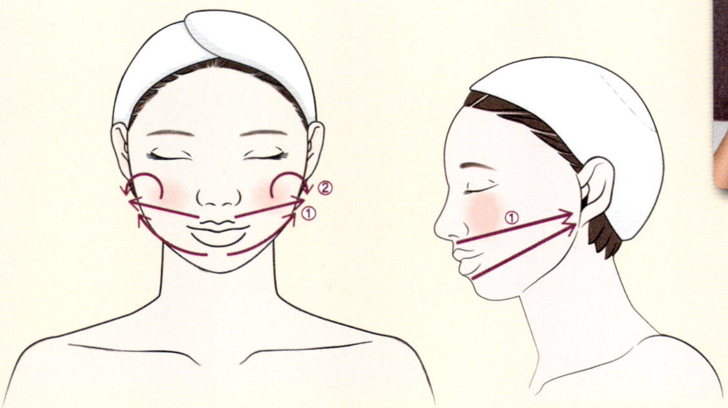

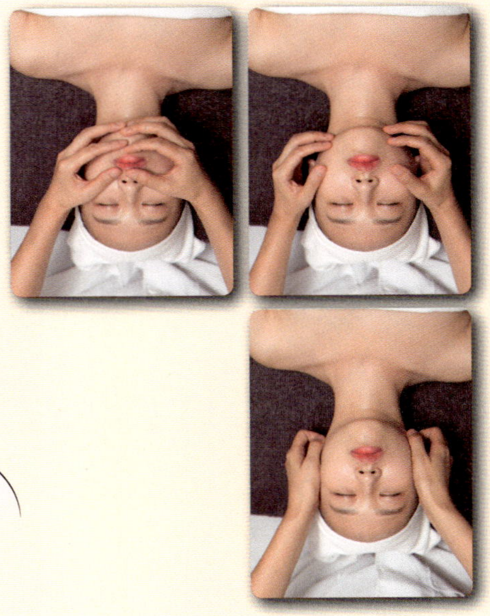

⑫ ①눈 밑에서 관자놀이까지 모지구로 쓸어준 후, 관자놀이에서 모지구로 모아주듯 반원을 그려준다. (1회)

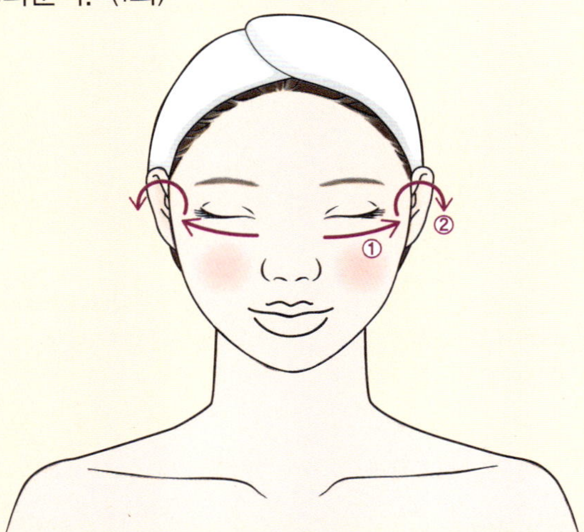

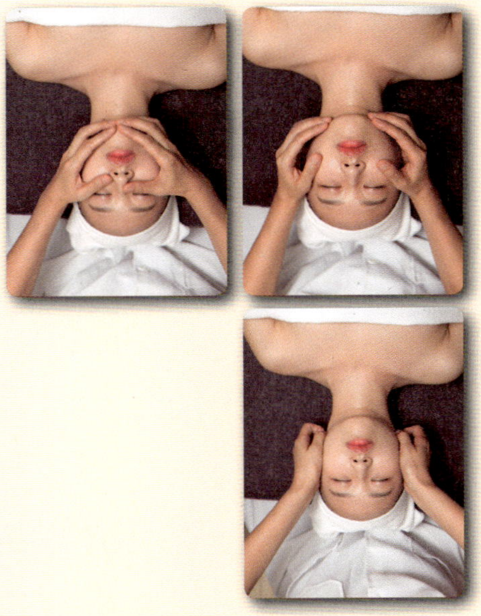

⑬ 이마에서 턱끝까지 모지구로 쓸어내린 후, 반원을 그린다.(1회)

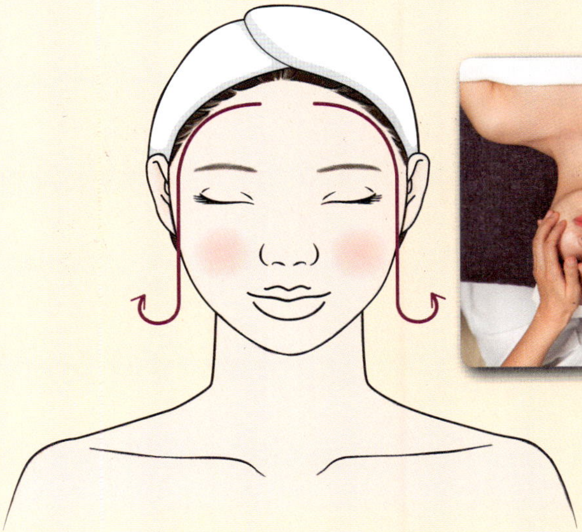

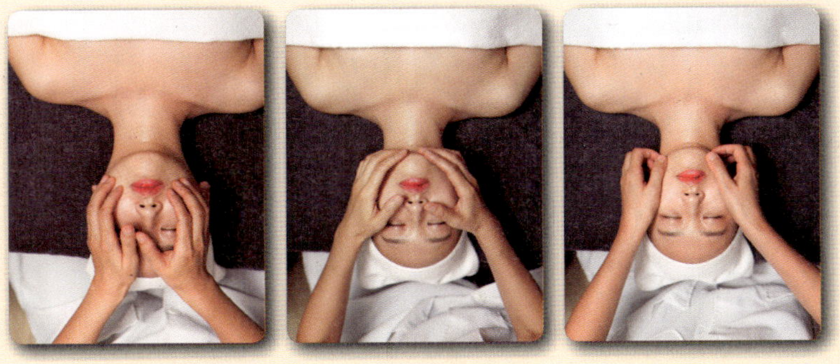

⑭ 귓볼 앞 부위에서 모지구로 반원을 그린다.(3회)

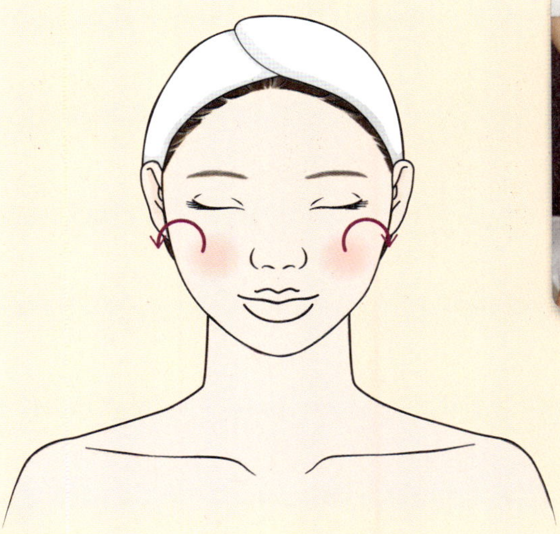

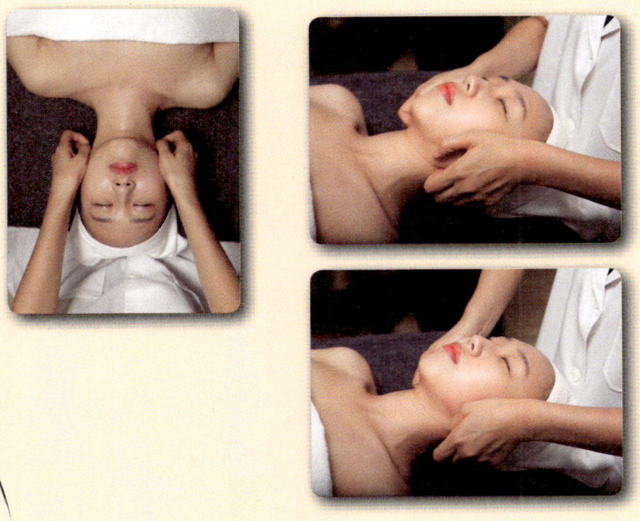

⑮ 눈 주위를 네손가락을 이용하여 양 손으로 가볍게 쓸어준다.(3회)

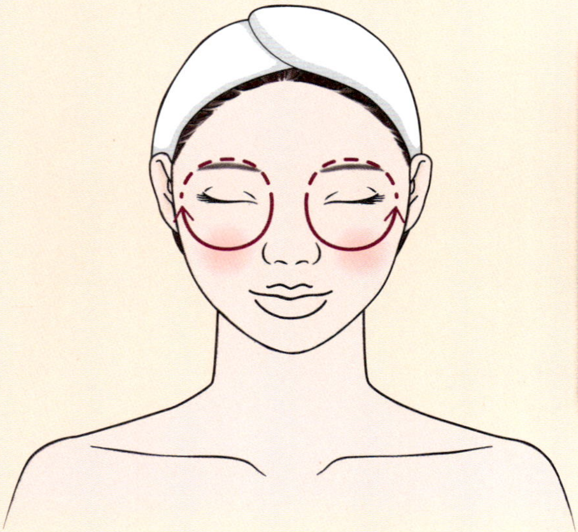

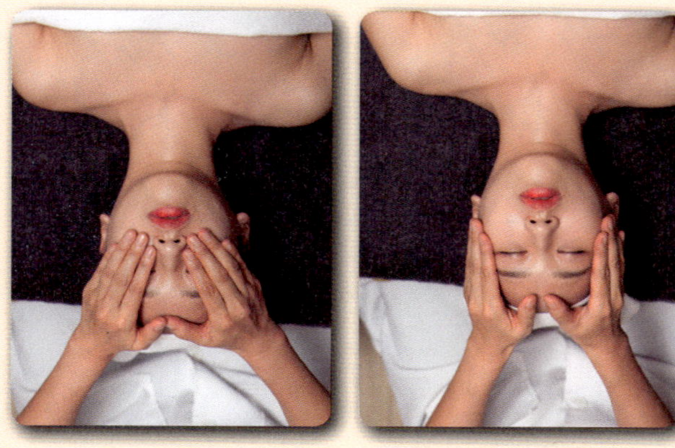

⑯ 관골을 모지구로 감싸주듯 쓸어준다.(1회)

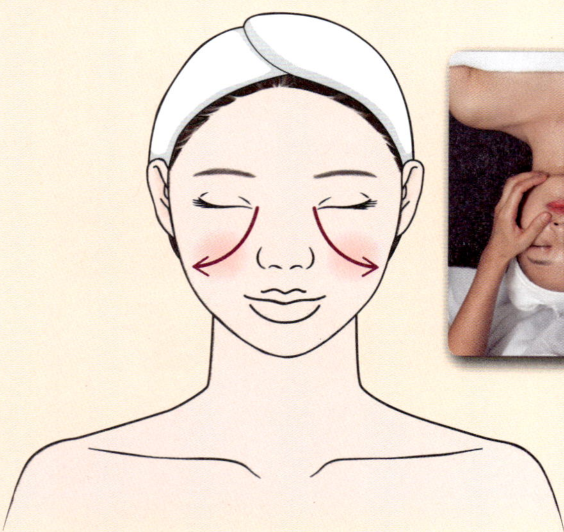

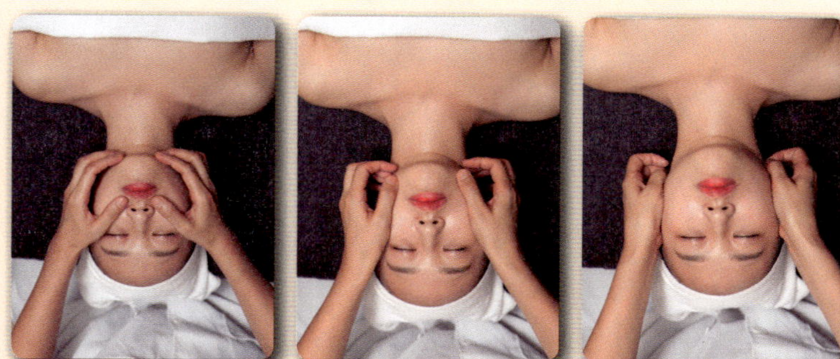

⑰ 귓볼 앞 부위에서 모지구로 반원을 그린다.(3회)

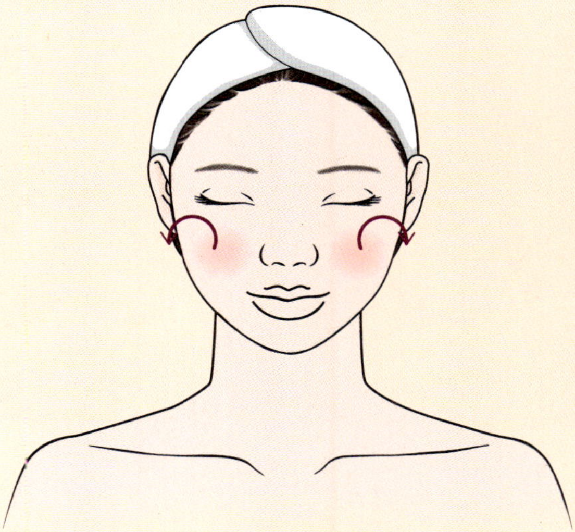

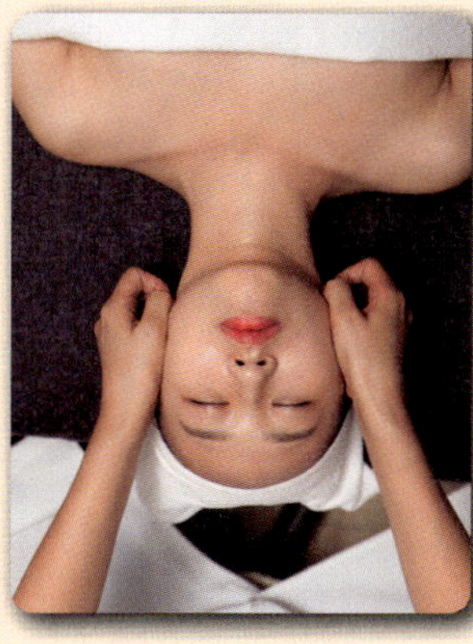

⑱ 귓볼 뒤 부위에서 지과면으로 반원을 그린다.(5회)

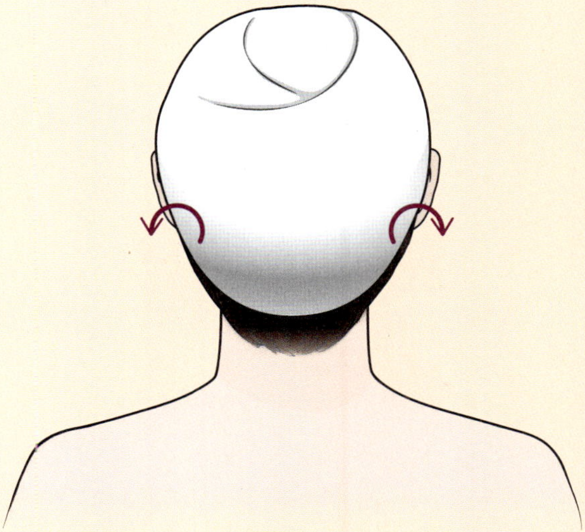

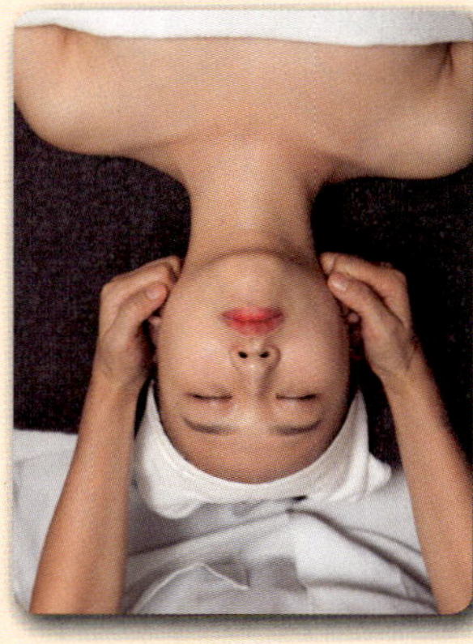

⑲ 목의 윗쪽에서 아랫방향으로 지과면을 이용하여 쓸어내려준다.(왕복 2회)

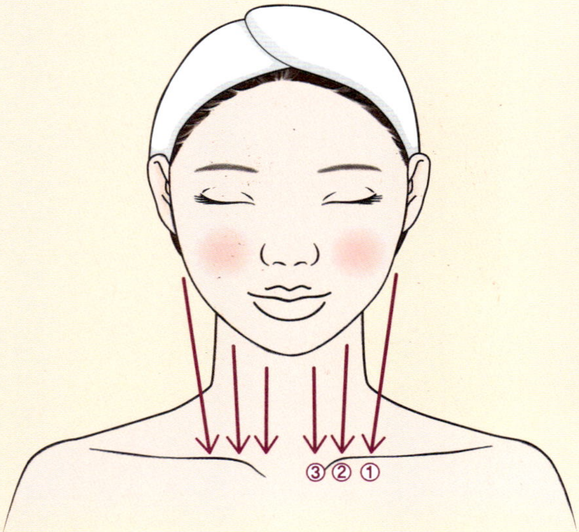

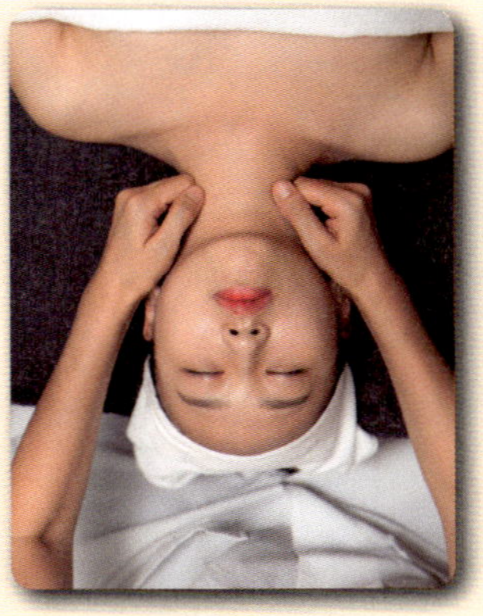

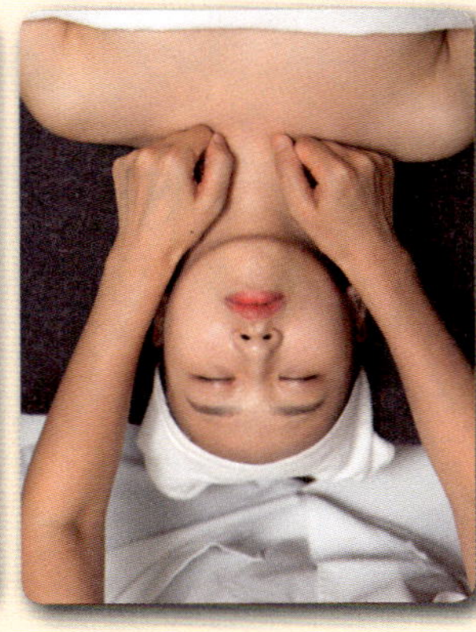

⑳ 귓볼 앞 부위에서 모지구로 반원을 그린다.(3회)

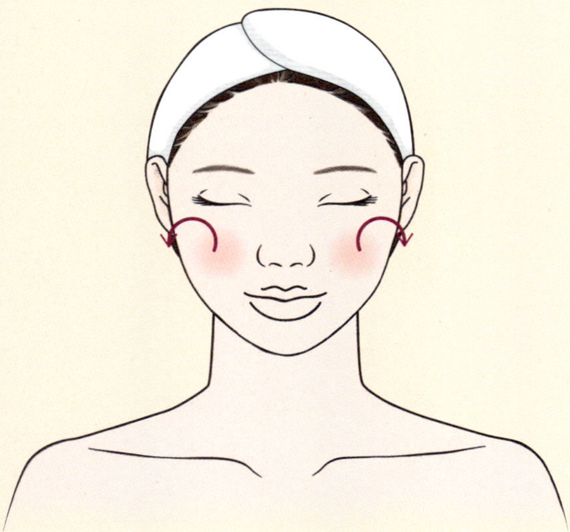

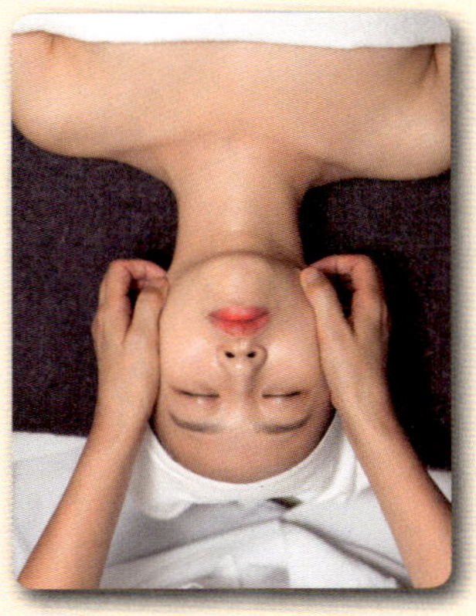

㉑ 귓볼 뒤 부위에서 지과면으로 반원을 그린다.(5회)

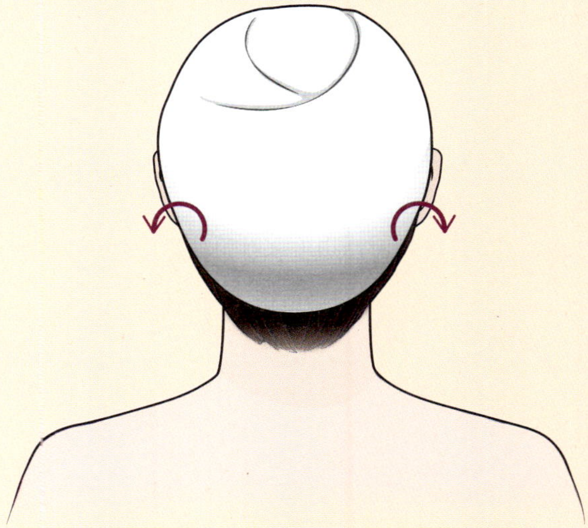

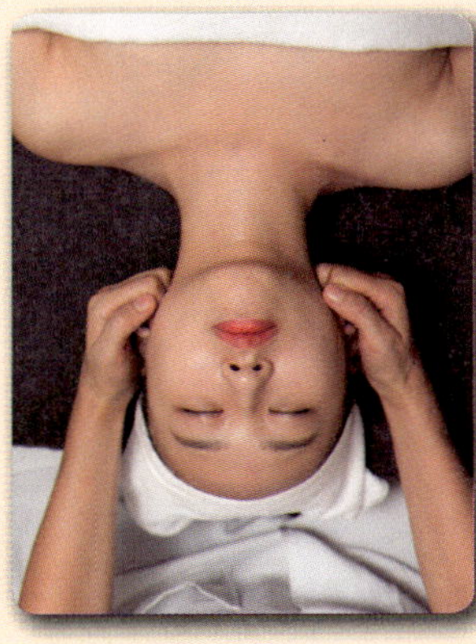

㉒ 양 손을 이용하여 목부위를 지과면으로 쓸어내린다.(4회)

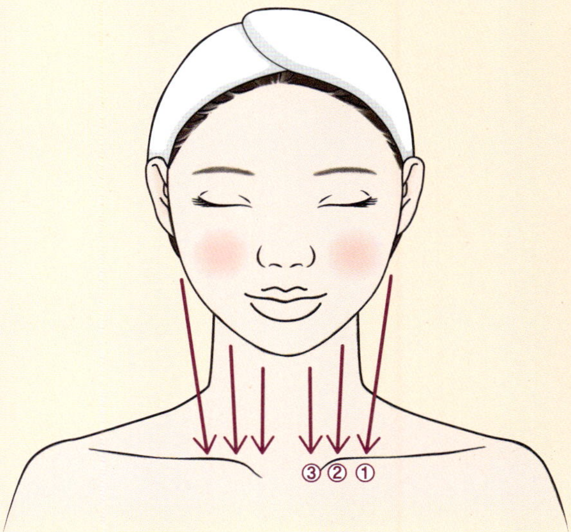

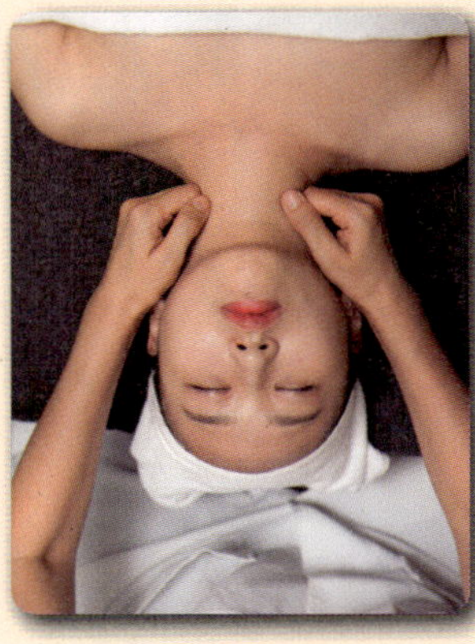

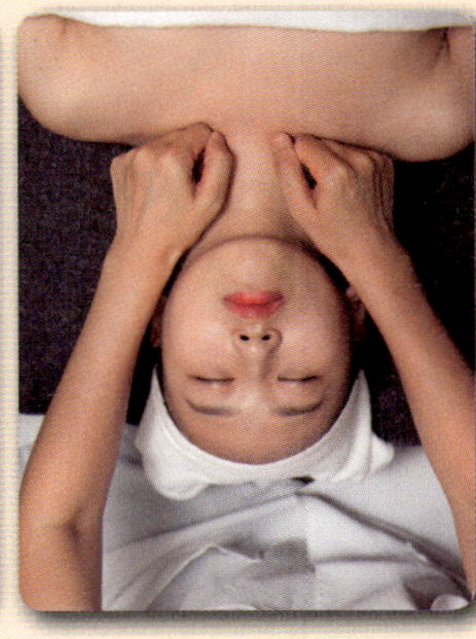

㉓-1 턱선에서 수근을 이용하여 나선형으로 굴려준다. (1회)

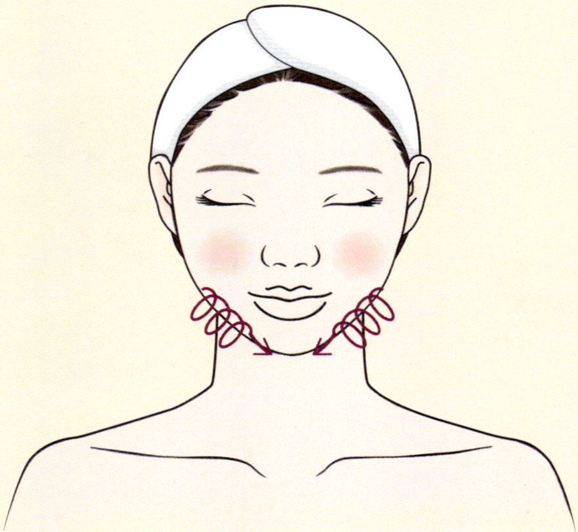

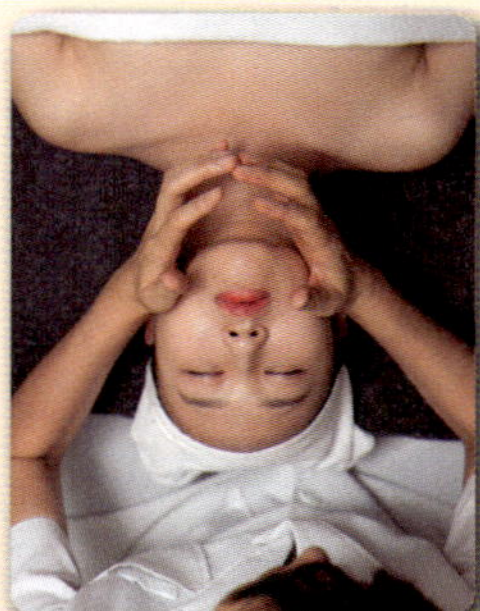

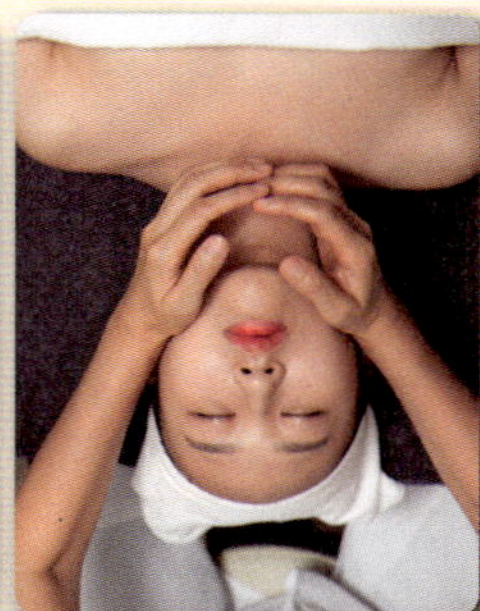

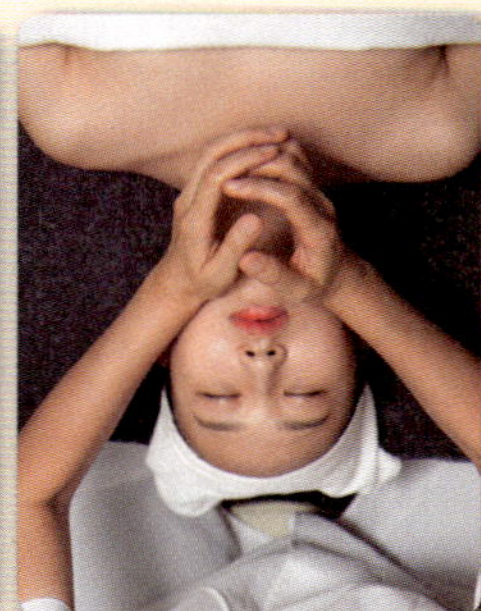

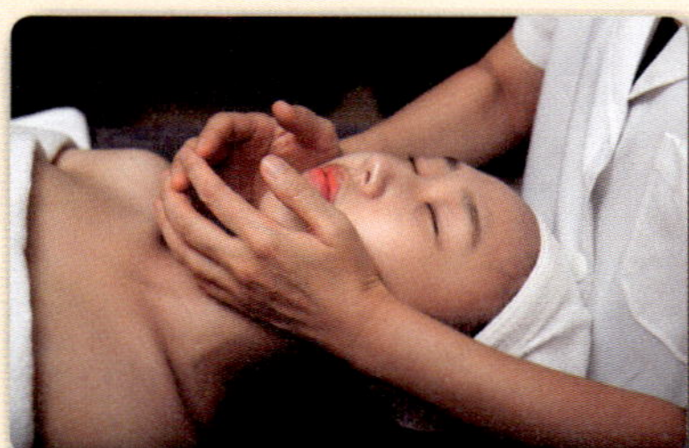

㉓-2 한 손으로 반대손의 엄지를 잡고, 모지구로 턱 중앙의 윗부분을 나선형으로 굴려준다. (10회)

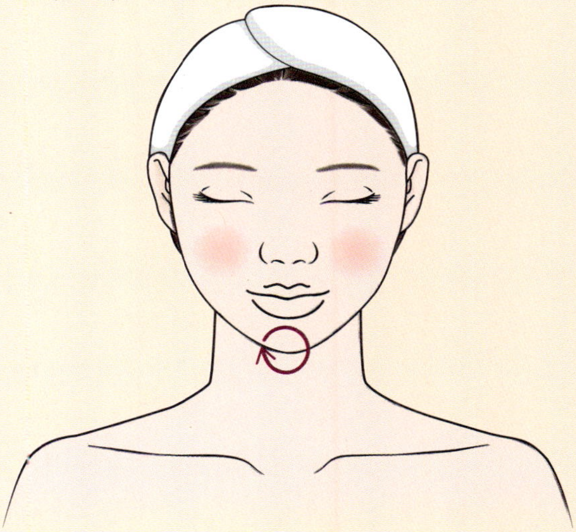

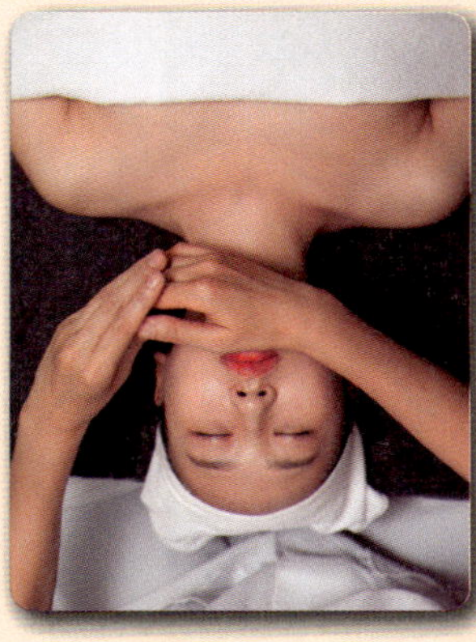

㉔-1 볼에서 입꼬리까지 수근을 이용하여 나선형으로 굴려준다.(1회)

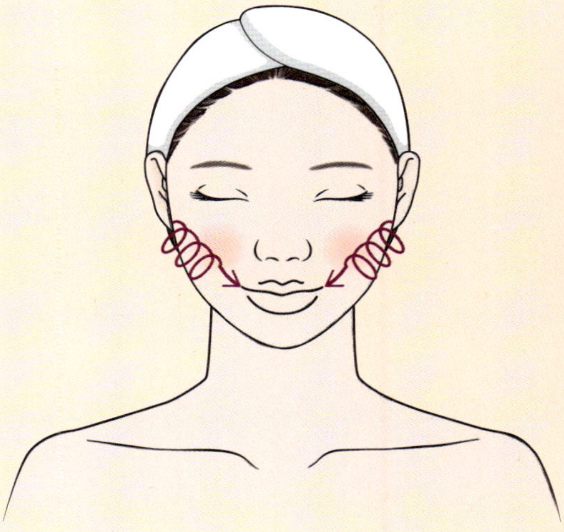

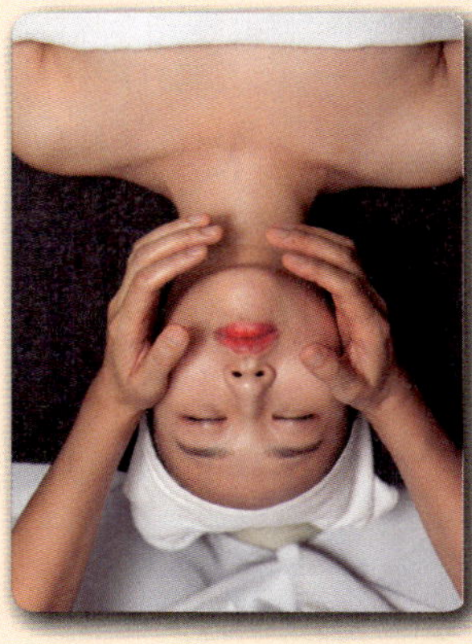

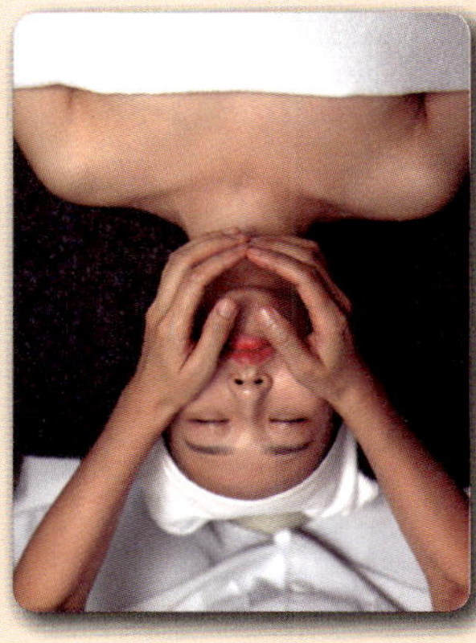

㉔-2 입꼬리에서 깍지를 끼고 수근을 이용하여 원모양으로 굴려준다.(5회)

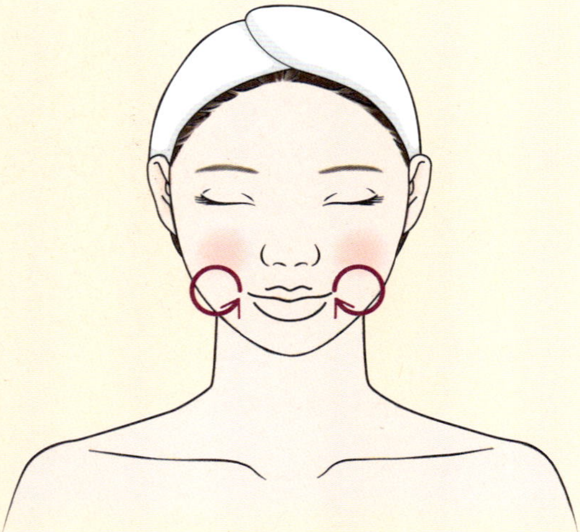

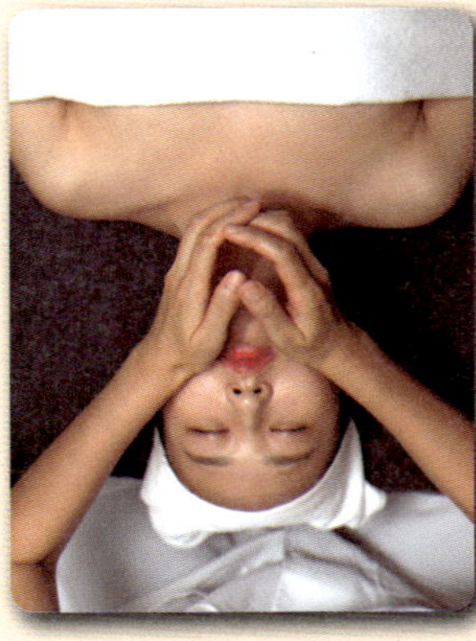

㉕-1 두 손을 이용하여 관자놀이에서 콧방울까지 수근을 굴려준다.(1회)

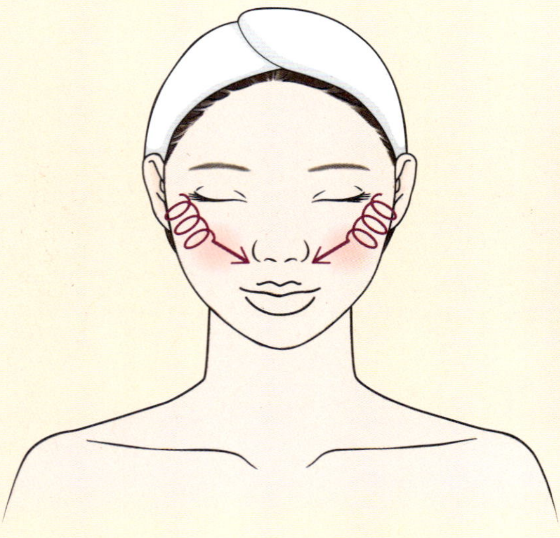

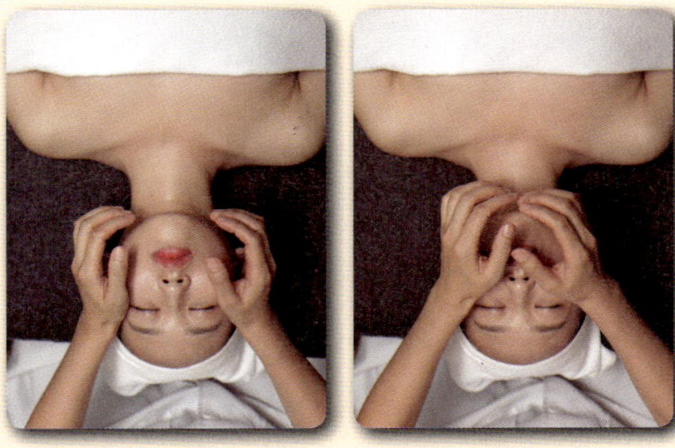

㉕-2 코 옆면을 깍지 끼고 수근을 이용하여 원모양으로 굴려준다.(5회)

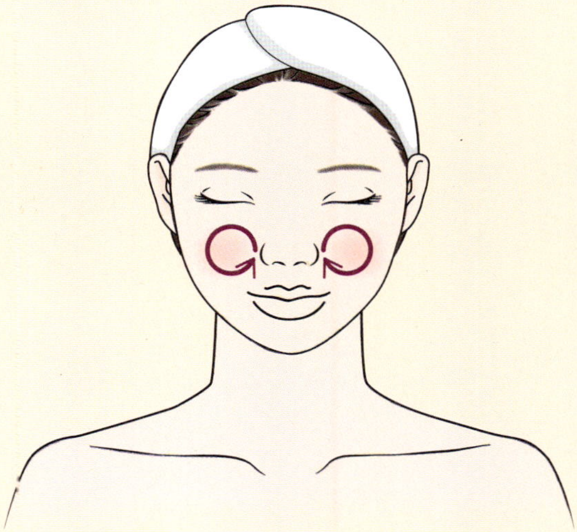

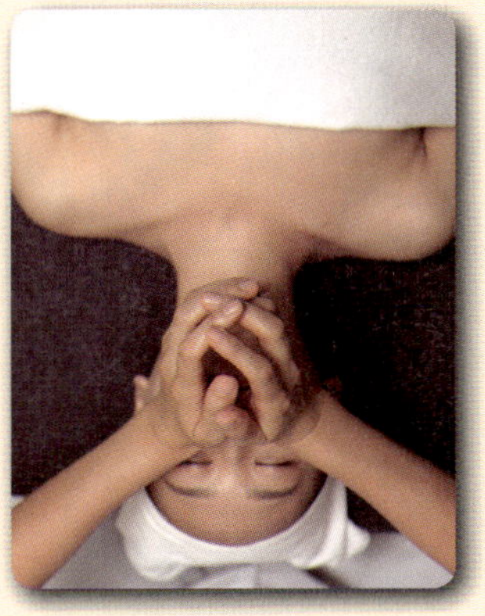

㉖ 입꼬리에서 두 손을 깍지 끼고 수근을 이용하여 원모양으로 굴린다.(5회)

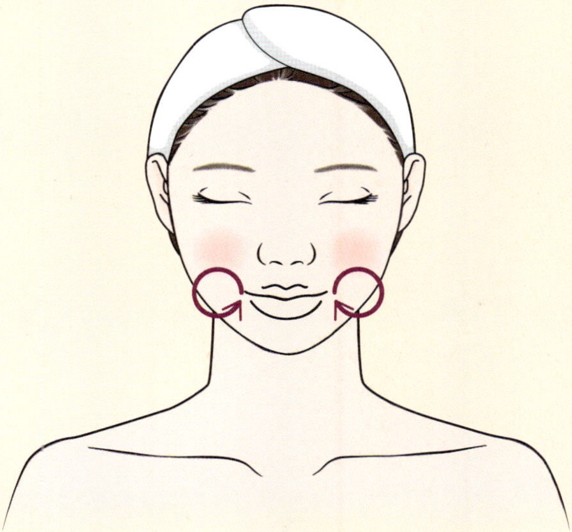

㉗ 턱에서부터 광대뼈까지 깍지 끼고 수근을 이용하여 원모양으로 굴려준다.(3회)

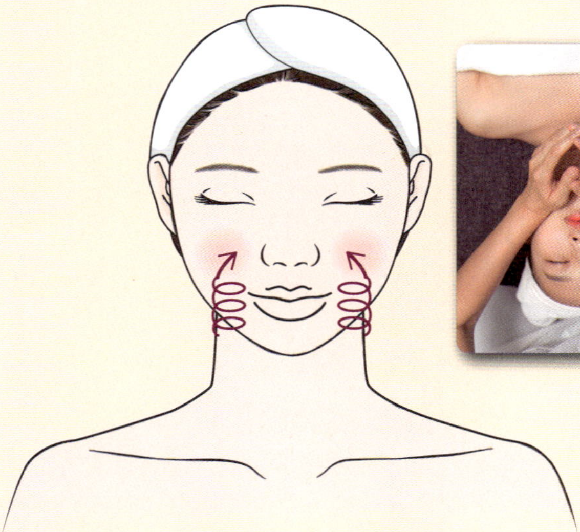

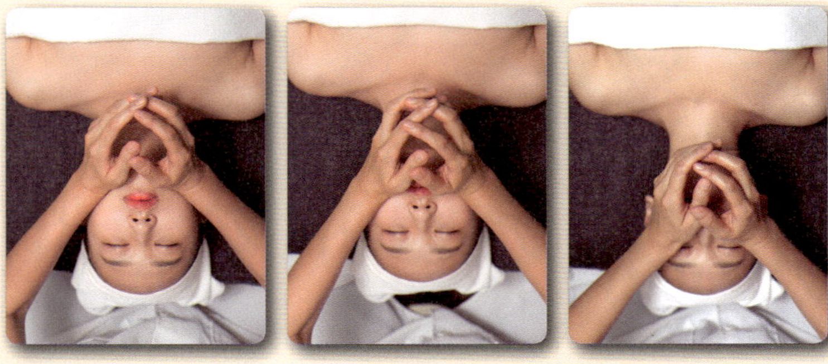

㉘ 코벽을 소지측으로 쓸어준다.(5회)

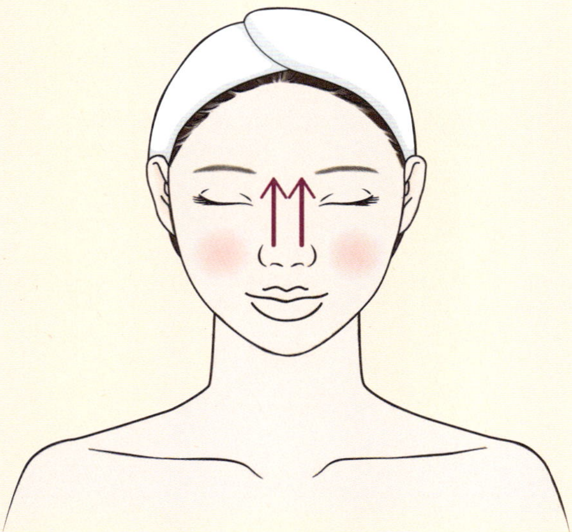

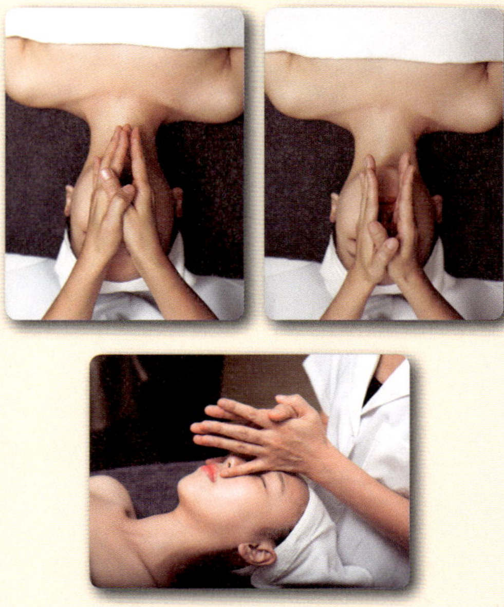

㉙ 콧등에서 이마까지 척부로 쓸어준다.(5회)

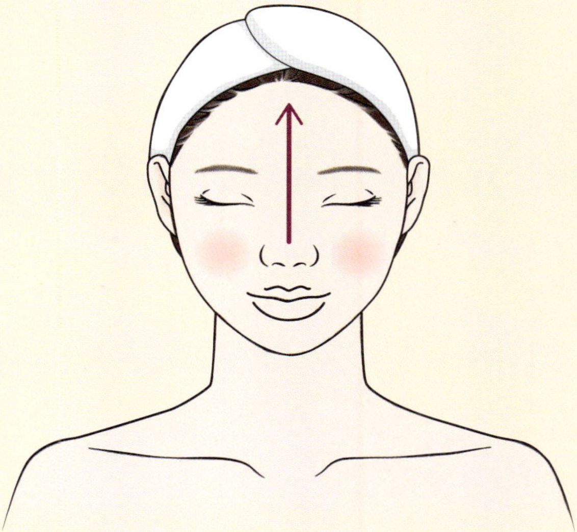

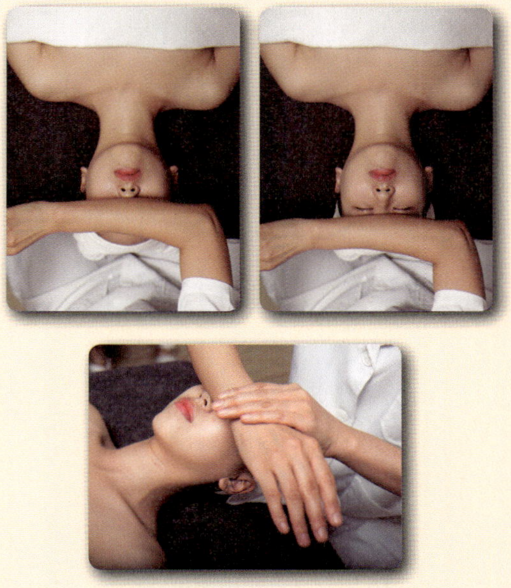

㉚ 양쪽 눈썹을 한쪽씩 척부로 굴리며 쓸어준다.(2회)

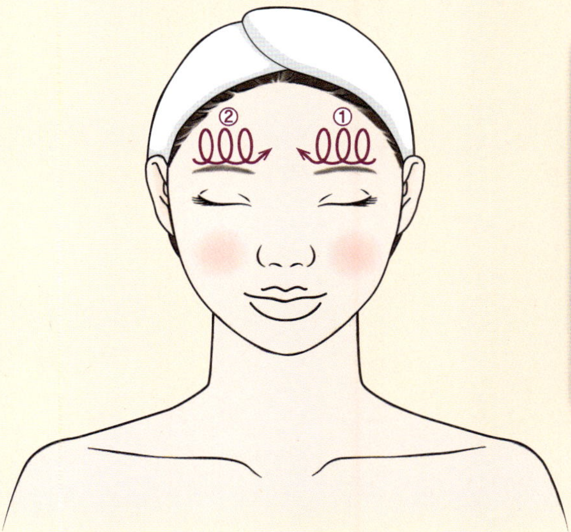

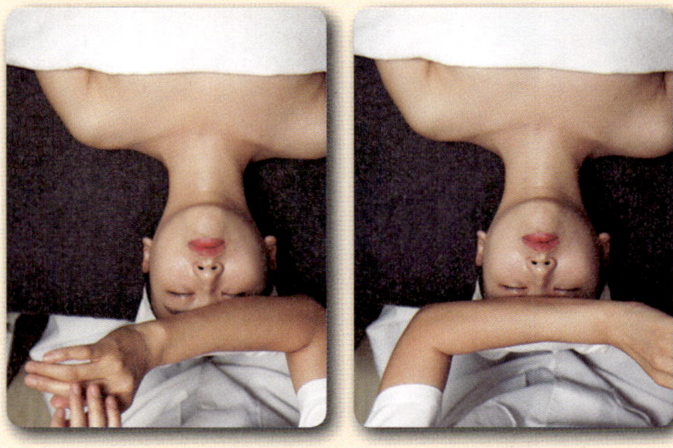

㉛ 이마의 반쪽을 척부로 3회 쓸어준 후, 볼 부위를 원모양으로 굴려주고 턱에 걸친다.(1회) 반대쪽도 동일하게 실시한다.

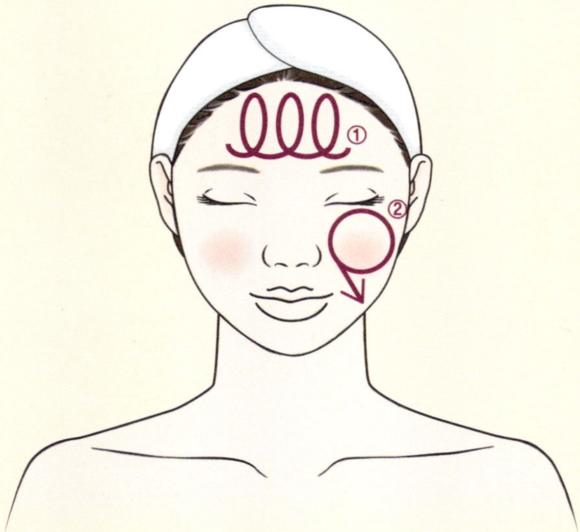

①

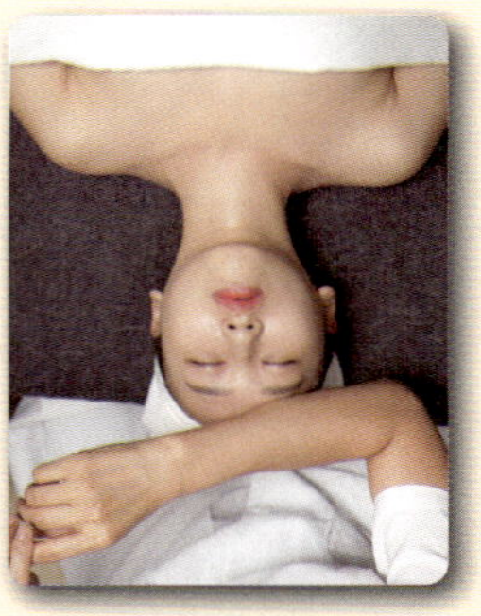

②

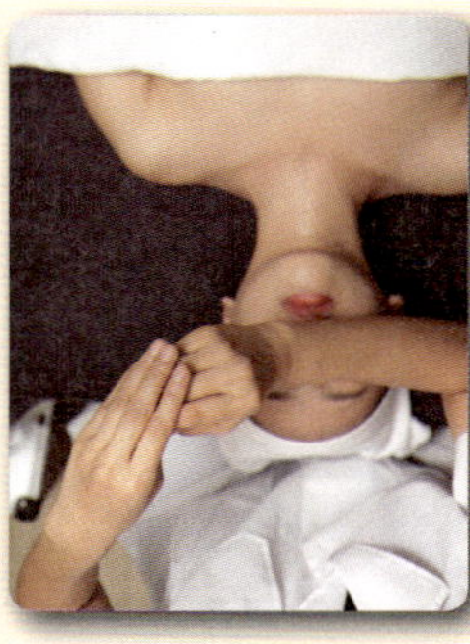

③

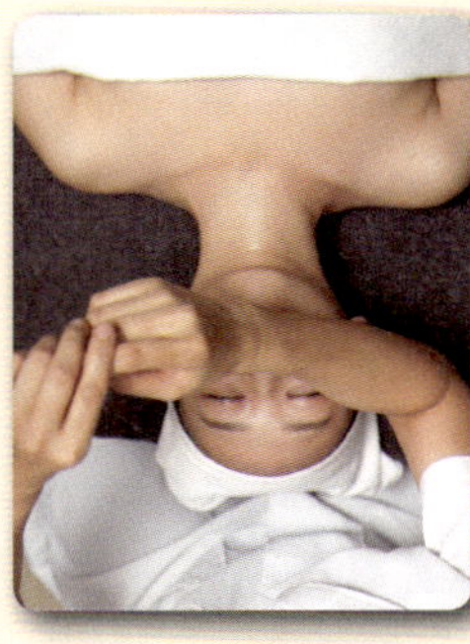

④

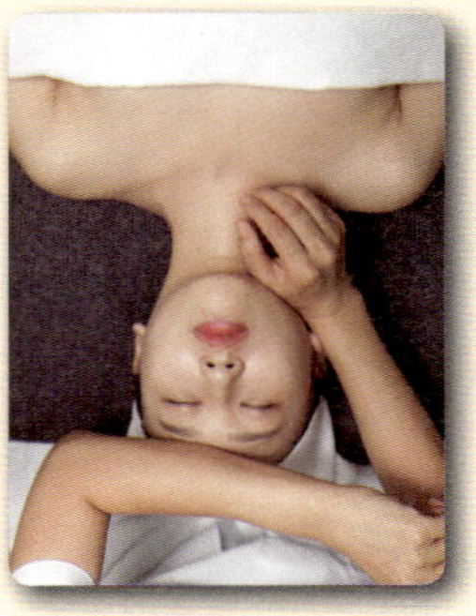

⑤

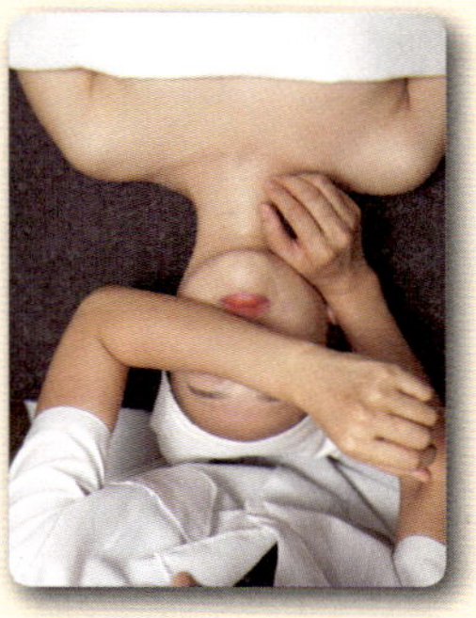

⑥

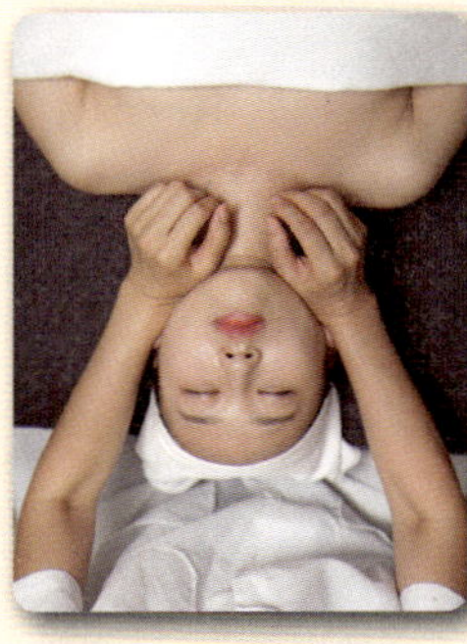

㉜ 뺨과 인중사이, 인중과 턱 밑사이를 척부로 지그재그를 그리며 쓸어준 후 턱선에 걸친다. (1회)

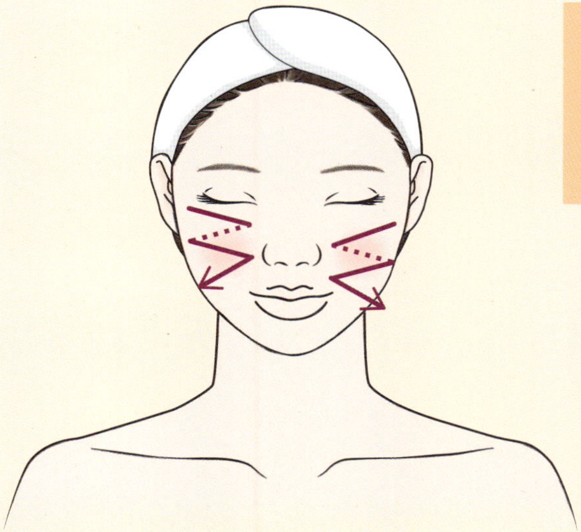

> **※ 주의사항**
>
> 이 동작은 성형시술 후 관리에서는 부작용이 생길 수 있으므로 적용하지 않는다.

①

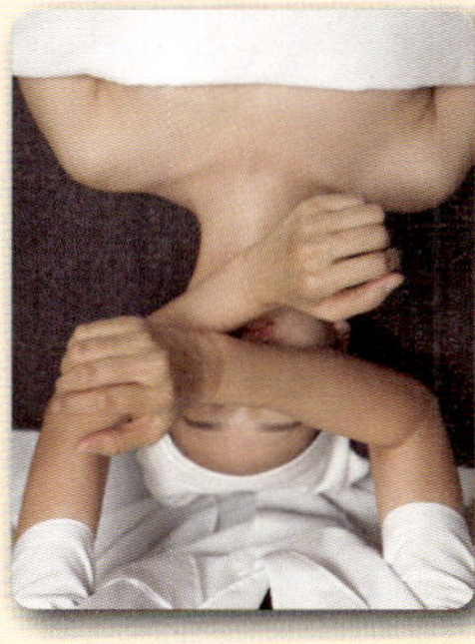

②

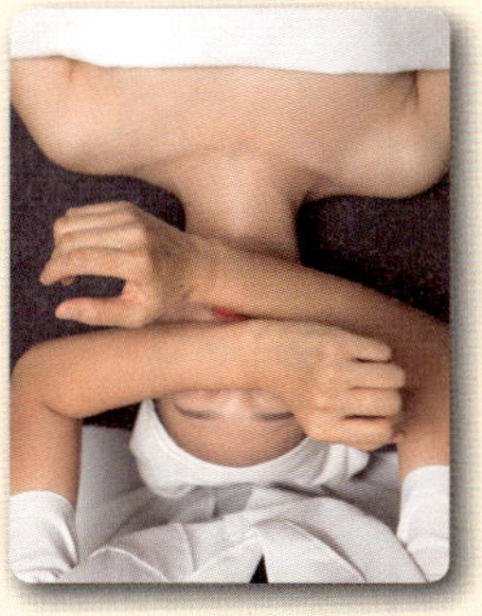

③

④

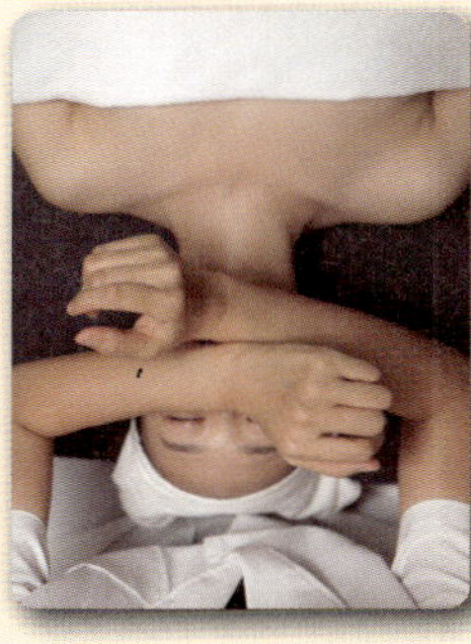

⑤

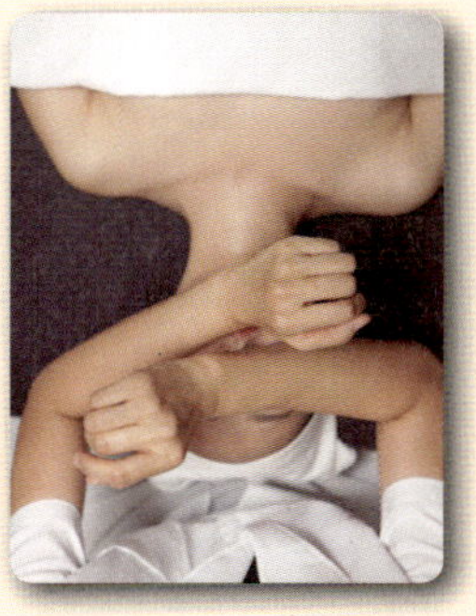

⑥

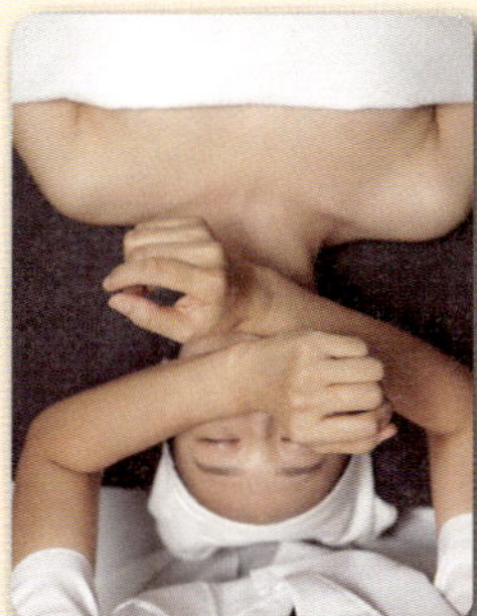

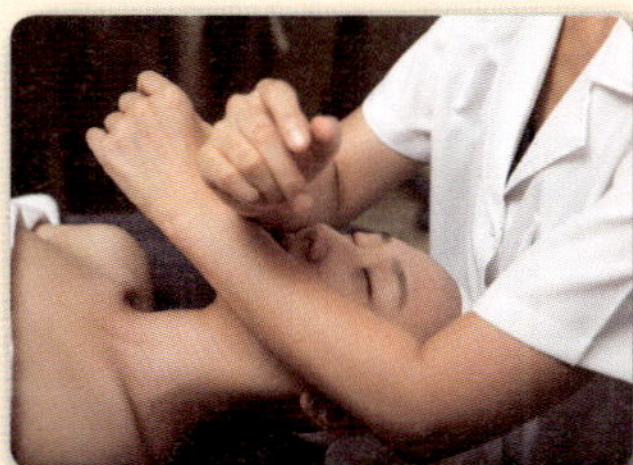

32~36 동영상 학습

㉝ 두 손을 턱선에서 볼까지 손바닥이 위를 본 상태에서 손목을 회전하여 얼굴선을 쓸어준다. (1회)

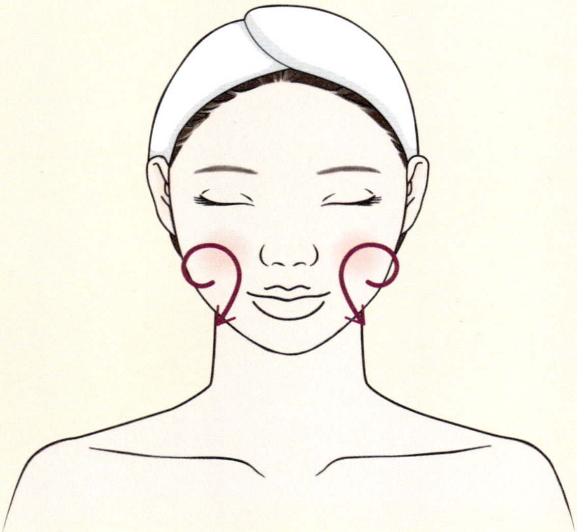

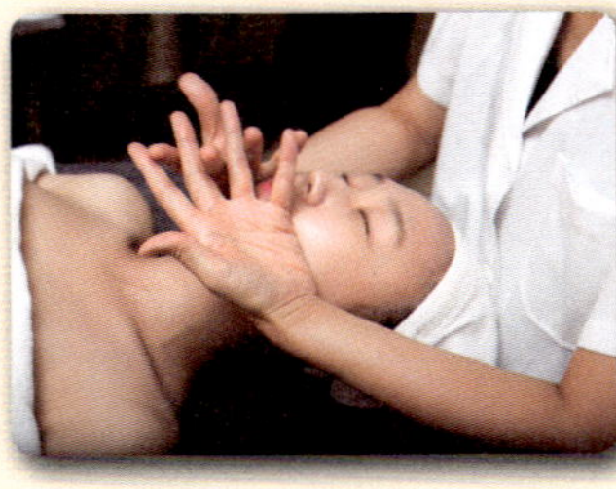

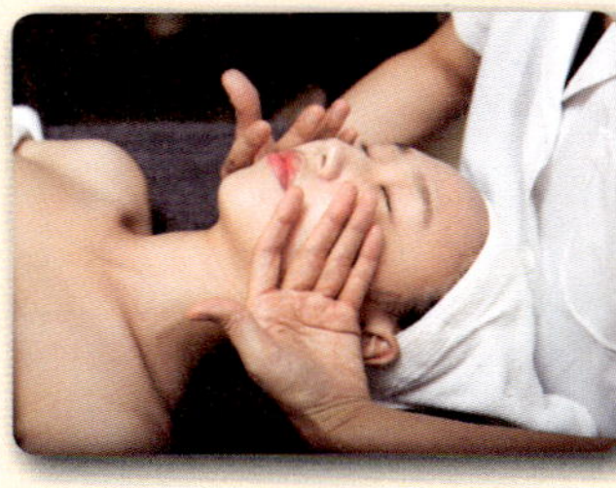

①

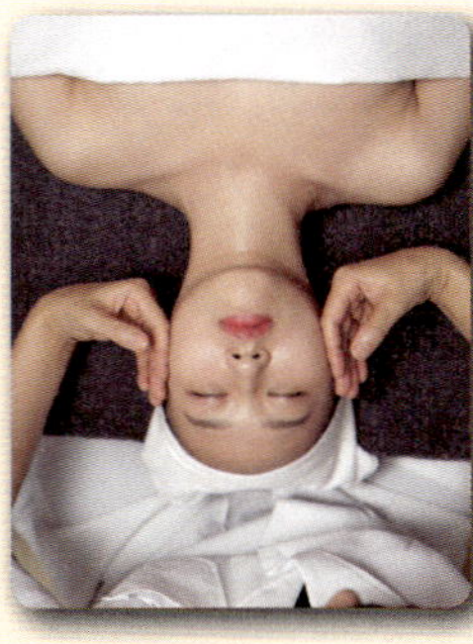

②

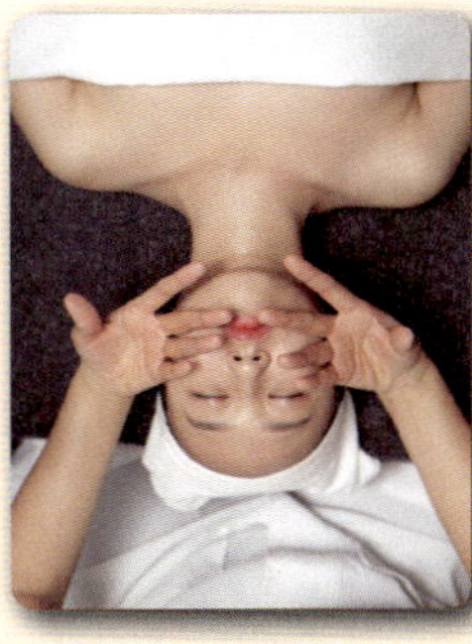

③

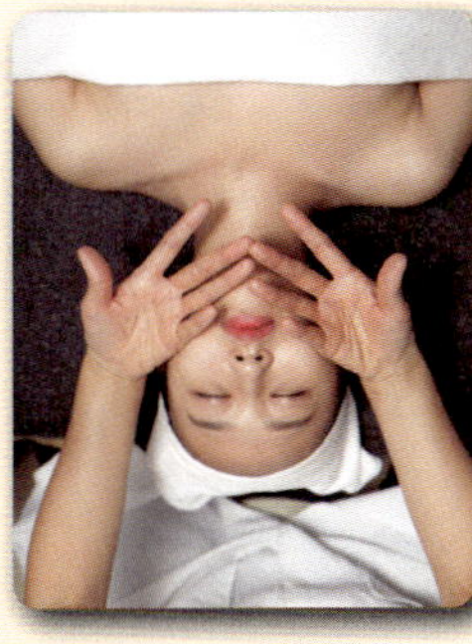

④

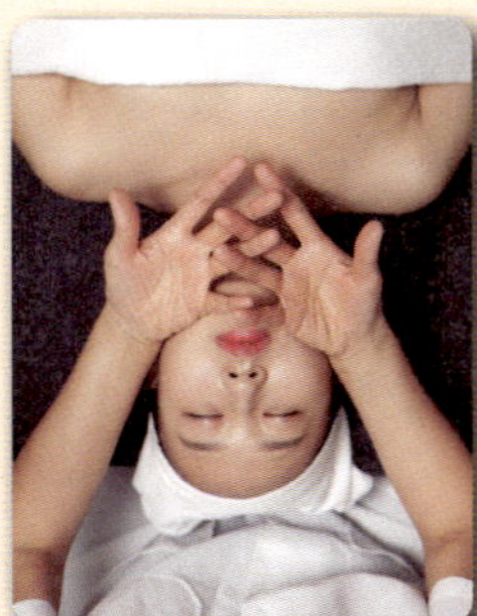

⑤

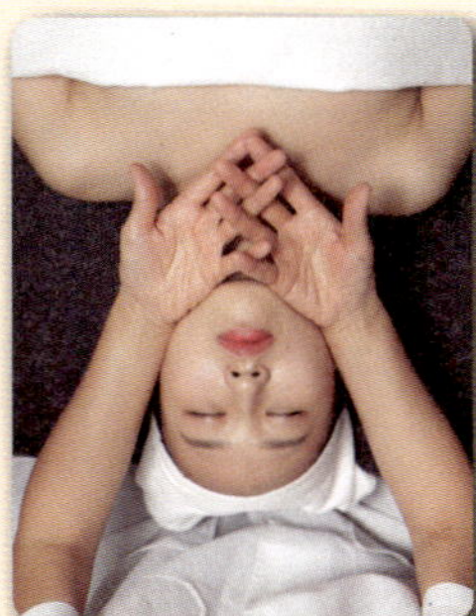

⑥

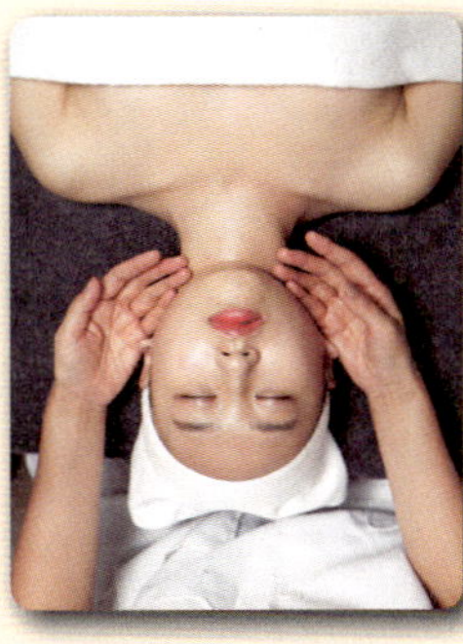

⑦

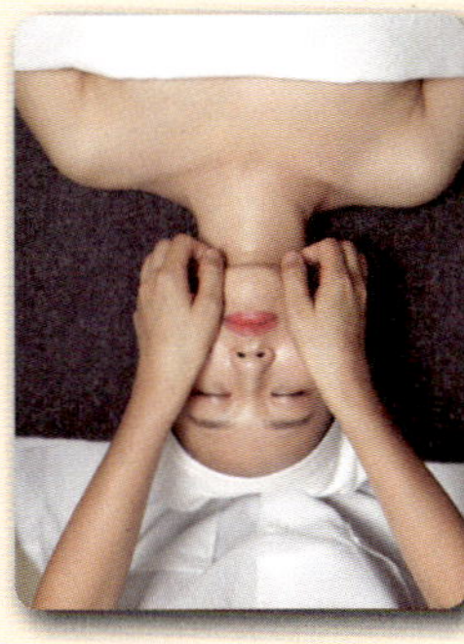

㉞ 귓볼 앞 부위에서 모지구로 반원을 그린다.(3회)

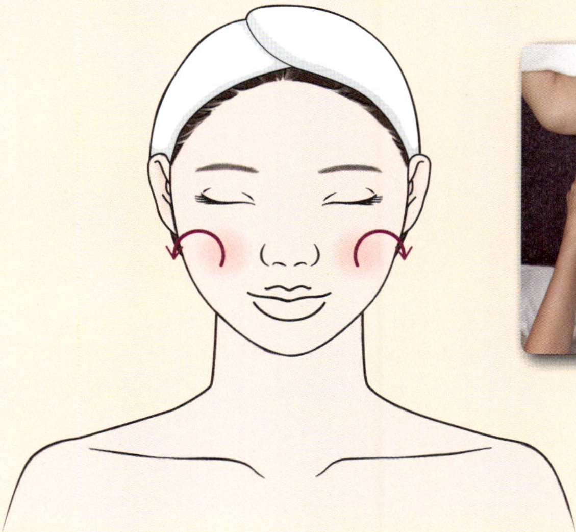

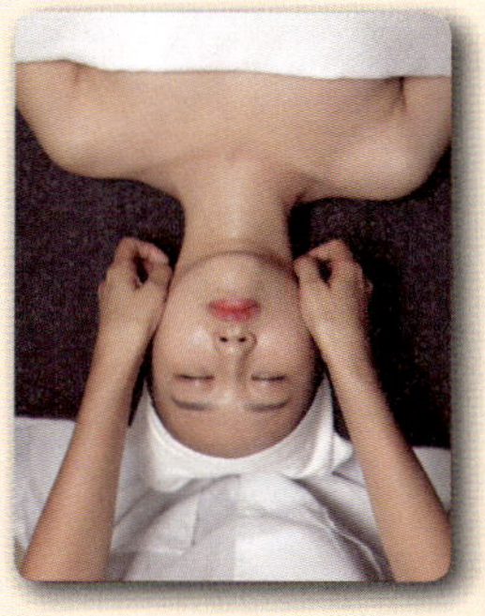

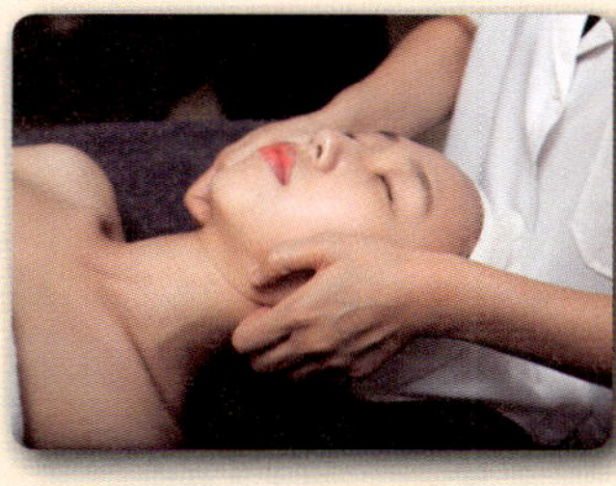

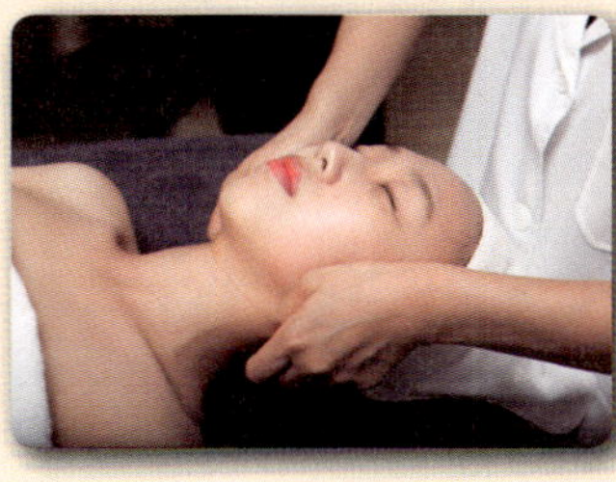

㉟ 귓볼 뒤부위에서 지과면으로 반원을 그린다.(5회)

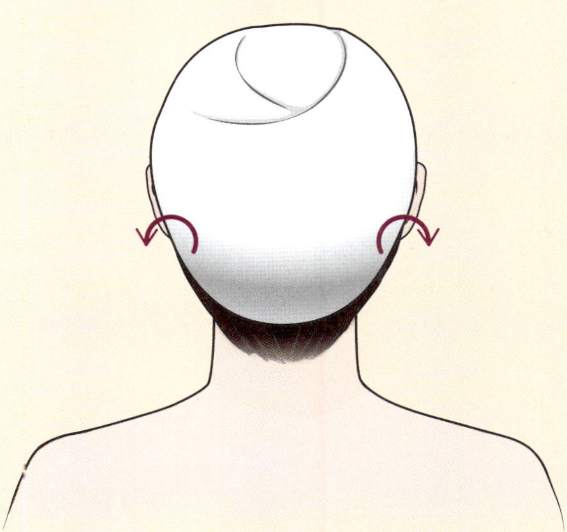

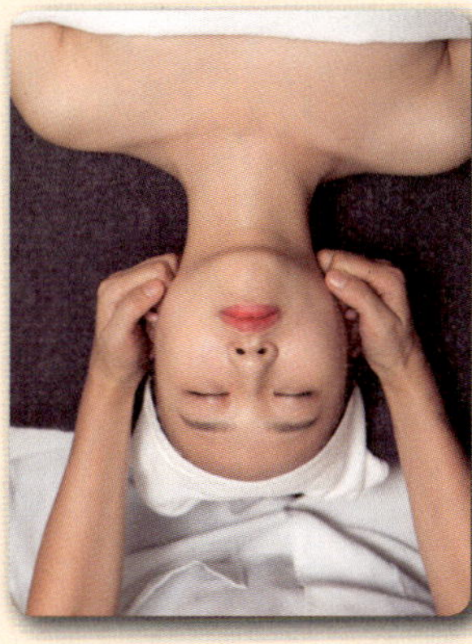

㊱ 목의 위에서 아랫방향으로 지과면을 이용하여 쓸어준다.(①, ②, ③왕복 2회)

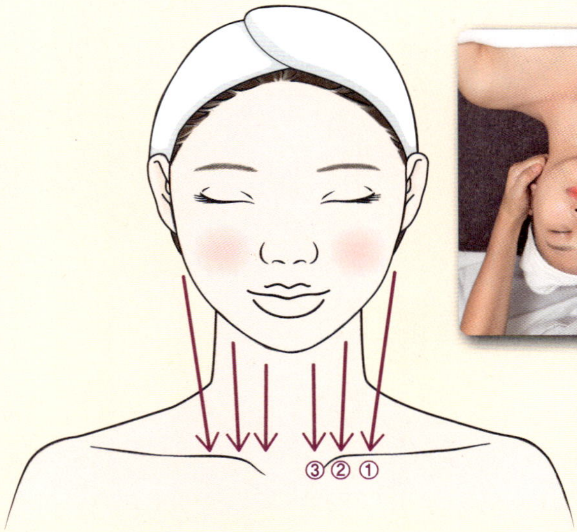

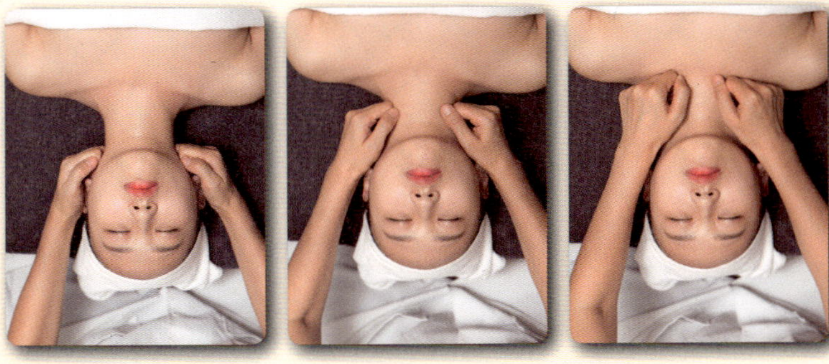

5. 얼굴 옆면

❸❼ ①한 손은 측면에서, 한 손은 턱에서 이마까지 수장사지로 쓸어 올려주고 다시 ②한 손은 측면으로 쓸어 내린다.(1회) 반대쪽도 동일하게 실시한다.

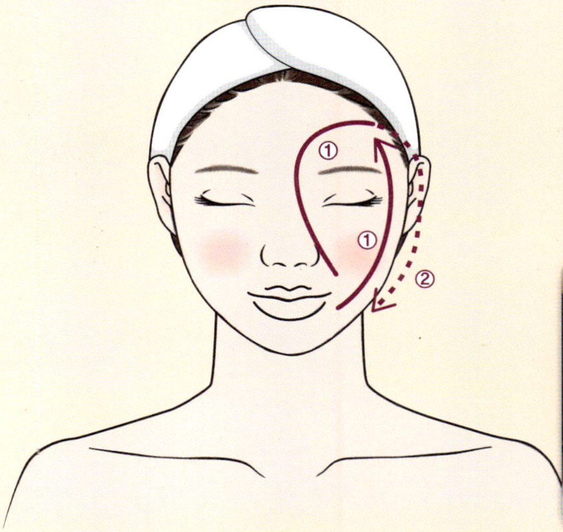

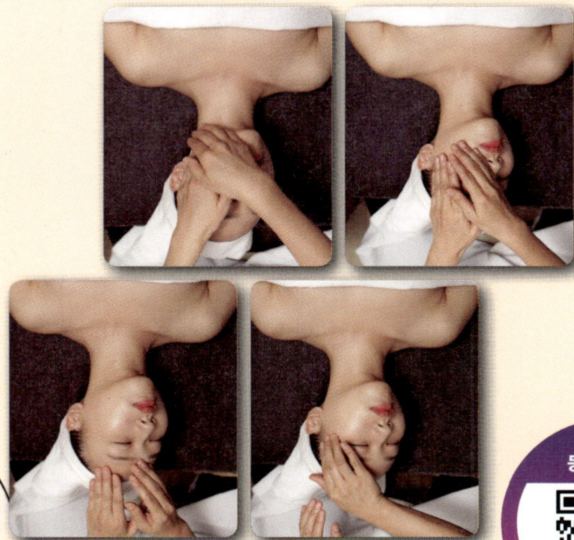

37~39
동영상 학습

❸❽ ①한 손은 이마에서 측면까지 수장사지로 쓸어내린다. 한 손은 ②턱에서부터 측면으로 쓸어 올려준다.(1회) 반대쪽도 동일하게 실시한다.

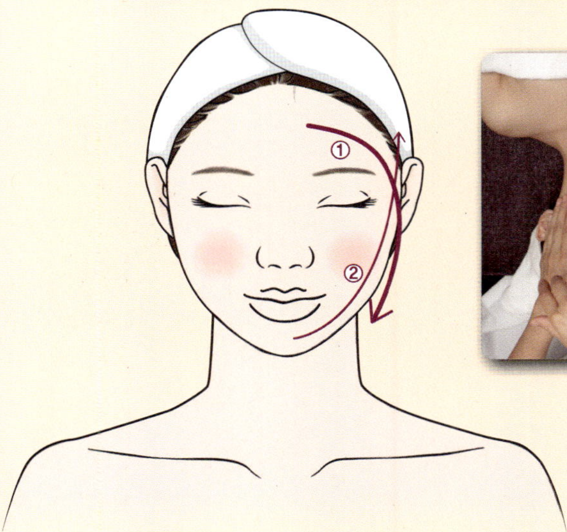

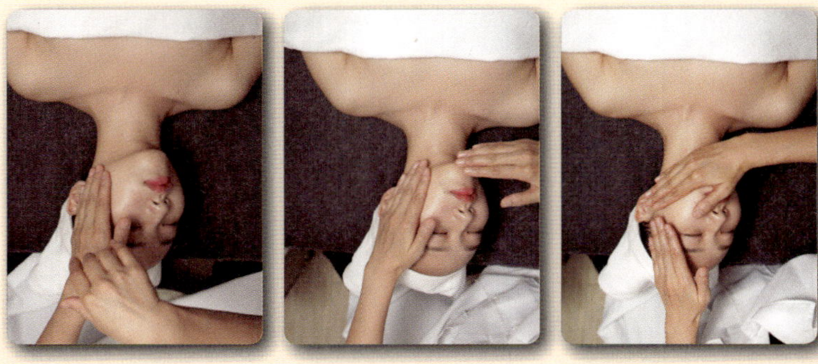

❸❾ ①볼에서 ②목부위까지 수장사지로 한 손씩 이어가며 쓸어준다.(2회) 반대쪽도 동일하게 실시한다.

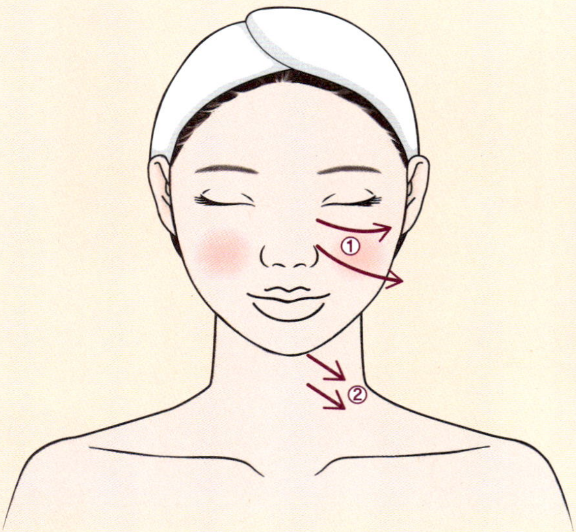

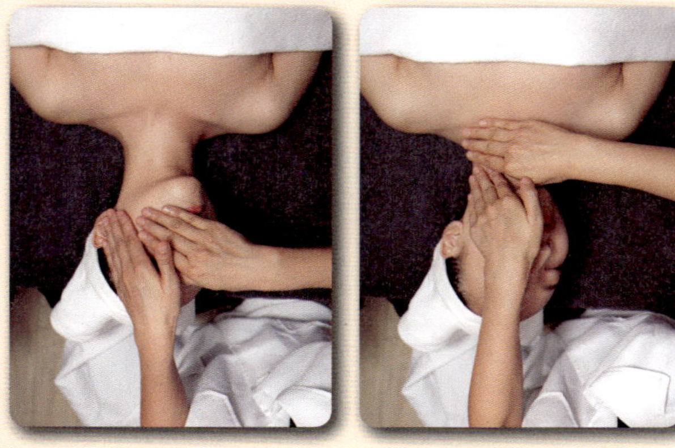

❹⓿ 한 손은 ①이마에서 측면으로 수장사지를 이용하여 쓸어준다. 반대손은 ②턱에서부터 측면으로 수장사지로 쓸어 올린다. 이어서 ③볼부위를 수장사지로 쓸어준다.(1회)

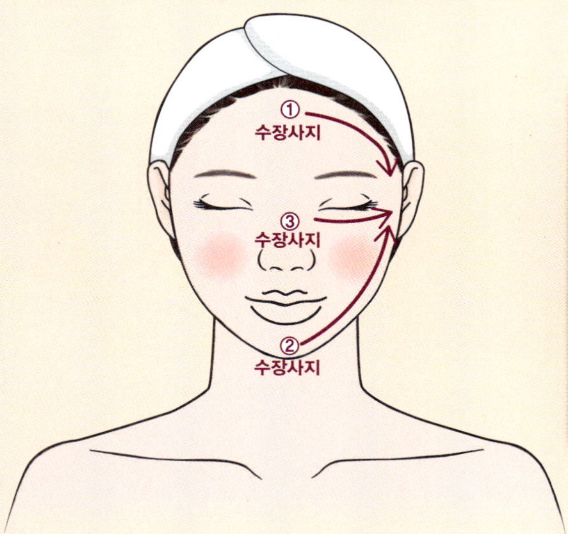

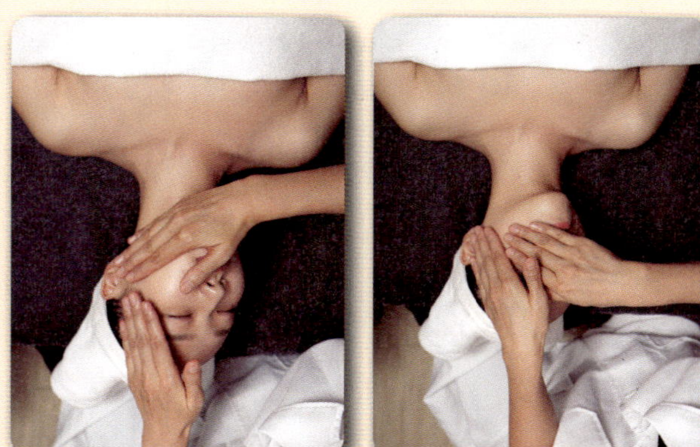

❹❶ 한 손은 ①이마에서 측면으로 수장사지를 이용하여 쓸어준다. 반대손은 ②턱에서부터 측면으로 척부로 쓸어 올린다. 이어서 ③볼부위를 수장사지로 쓸어준다.(1회)

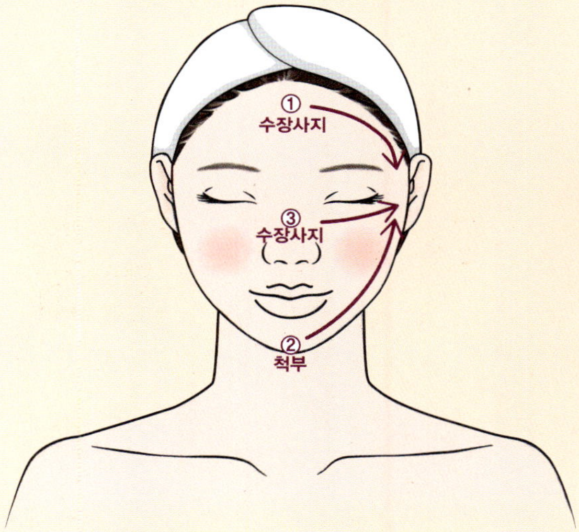

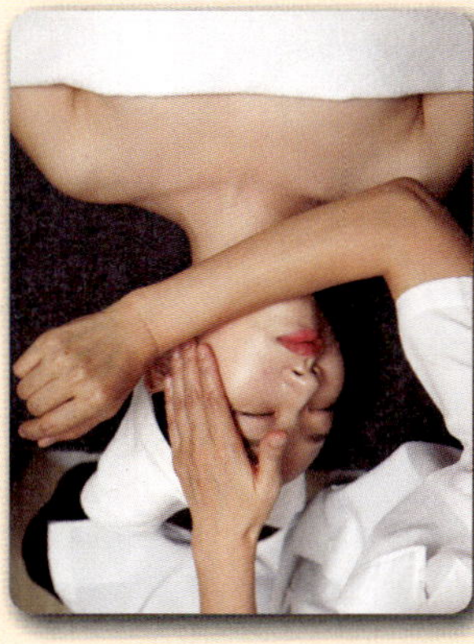

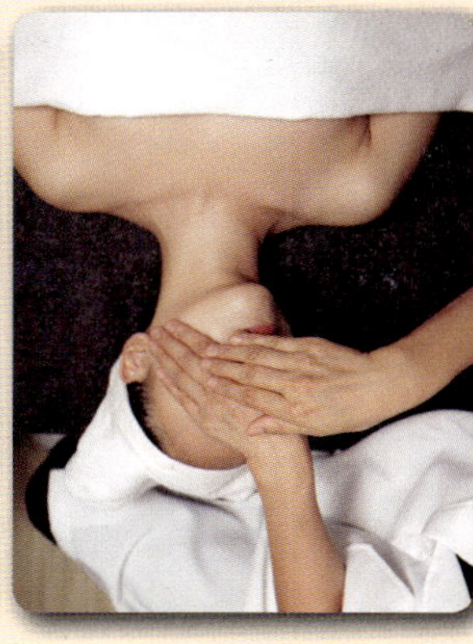

❹❷ 그림 ❹❶과 같은 방법으로 시행하나, ①이마는 척부로, ②턱선은 척부로, ③볼은 수장사지로 쓸어준다.(1회)

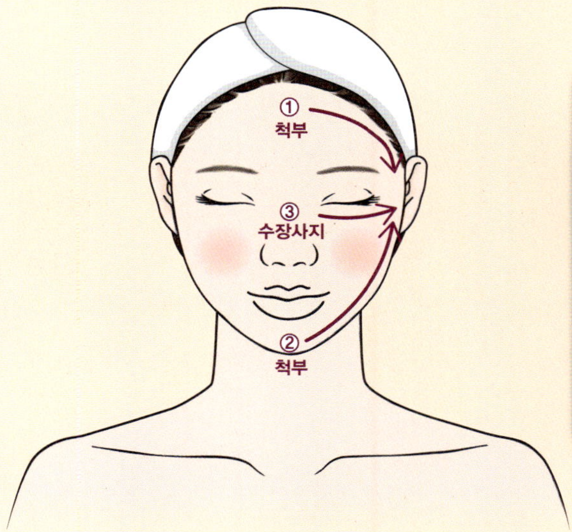

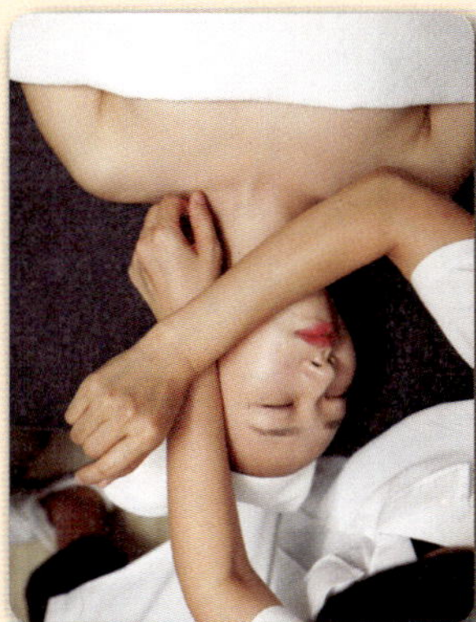

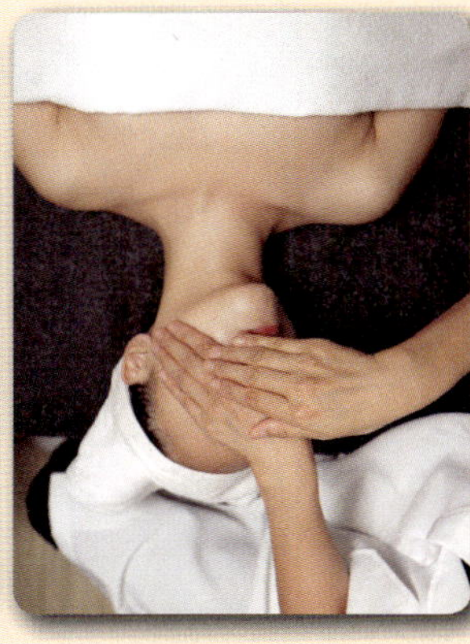

㊸ 양 손을 이용하여 ①코에서 귀 방향으로 한 손씩 수장사지로 쓸어준다. 이어서 ②목부위를 수장사지로 쓸어준다. (3회)

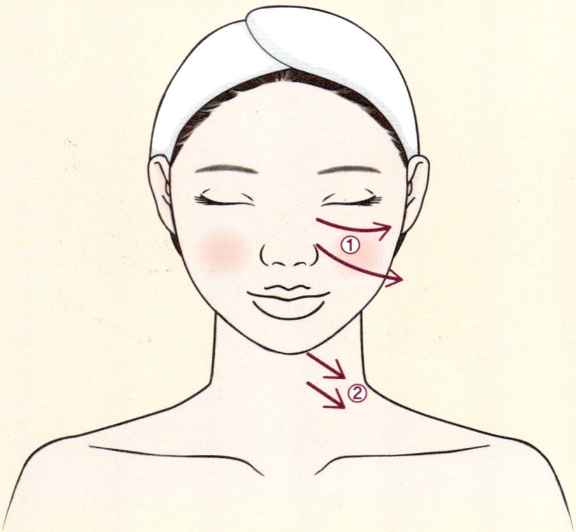

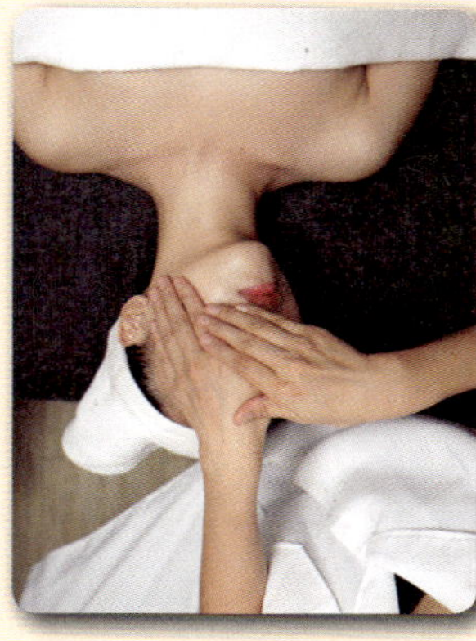

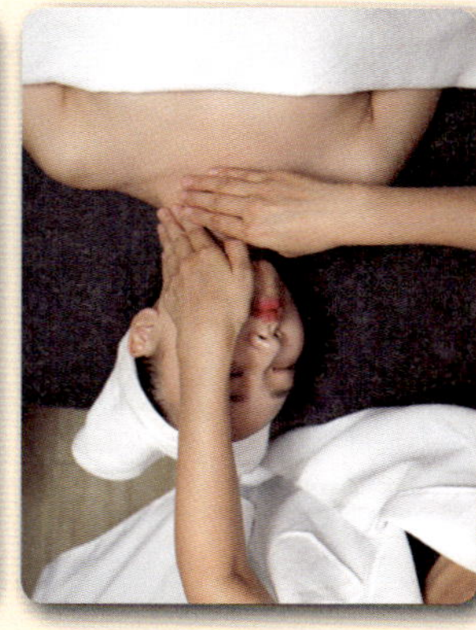

㊹ 한 손은 측면, 한 손은 코 옆을 지나 이마에서 측면을 따라 수장사지로 쓸어 내린다. (1회) 반대쪽도 동일하게 실시한다.

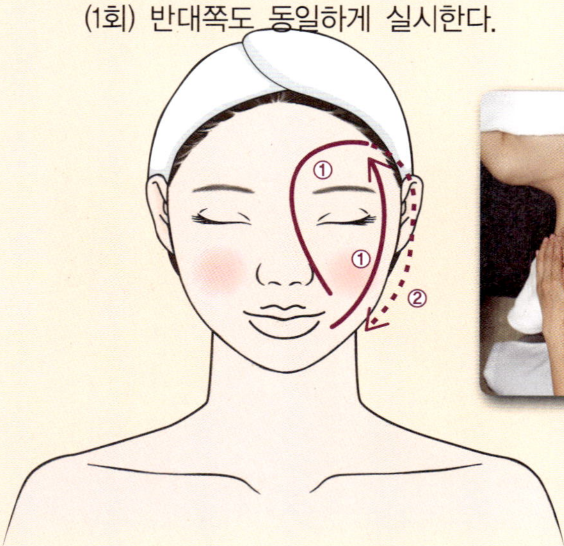

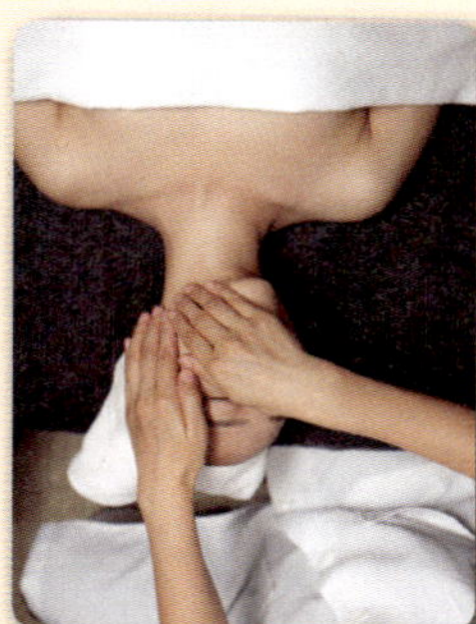

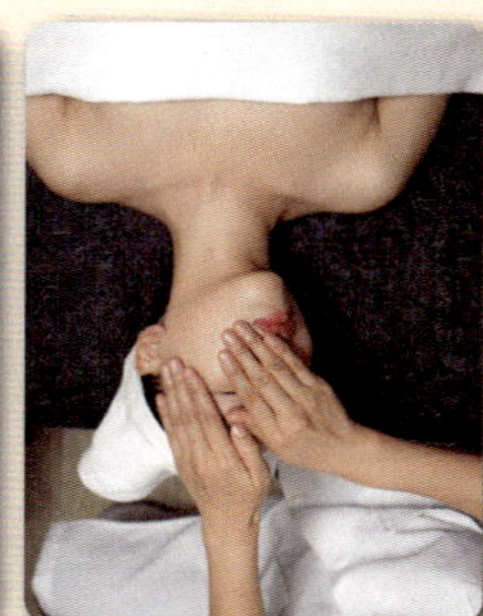

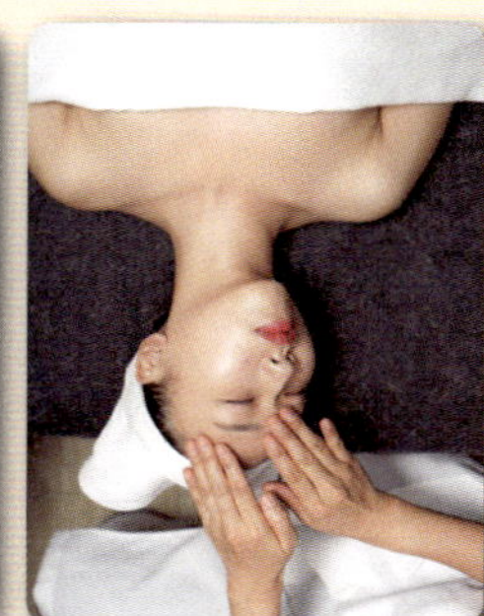

㊺ ①볼 부위를 척부로 압력없이 쓸어준다. 반대손으로 ②턱선을 소지측으로 쓸어준다. (1회) 반대쪽도 동일하게 실시한다.

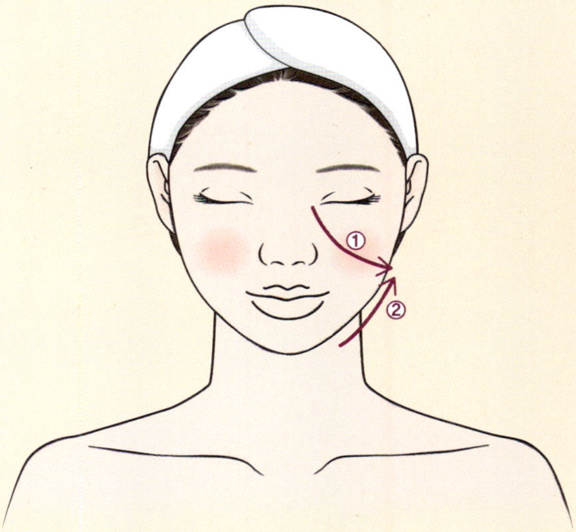

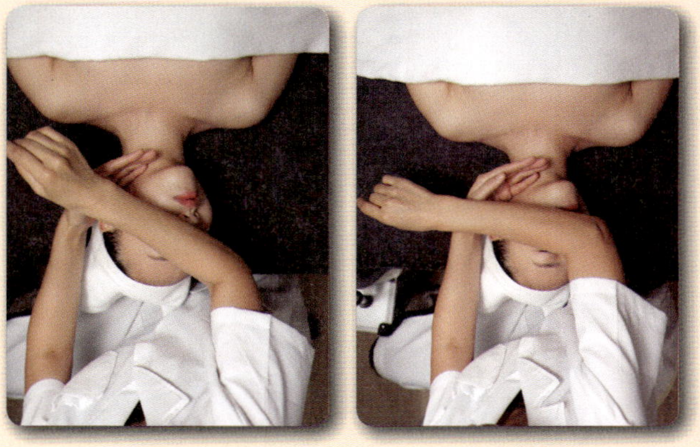

㊻ 한 손을 이용하여 턱선을 모지구로 쓸어준다.(5회)

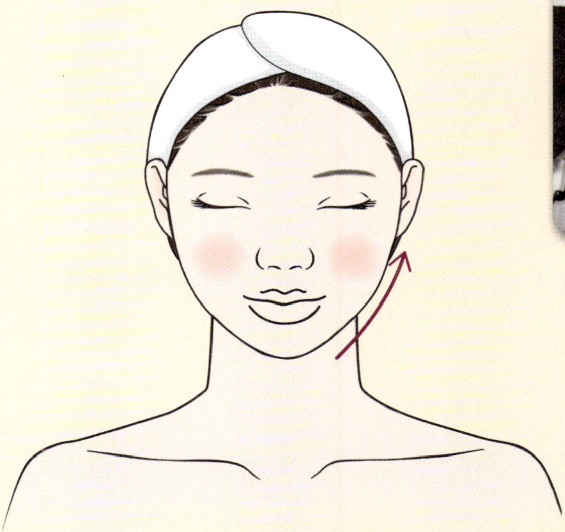

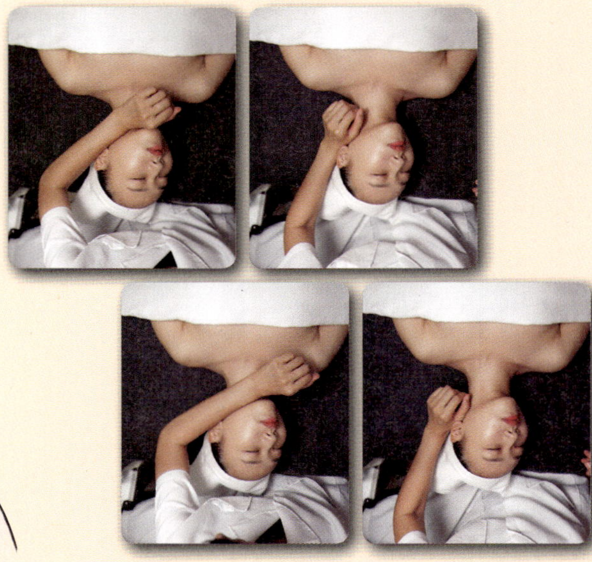

㊼ ㊻번의 반대손으로 수근을 이용하여 귀 주위를 바이브레이션 한다.(1회)

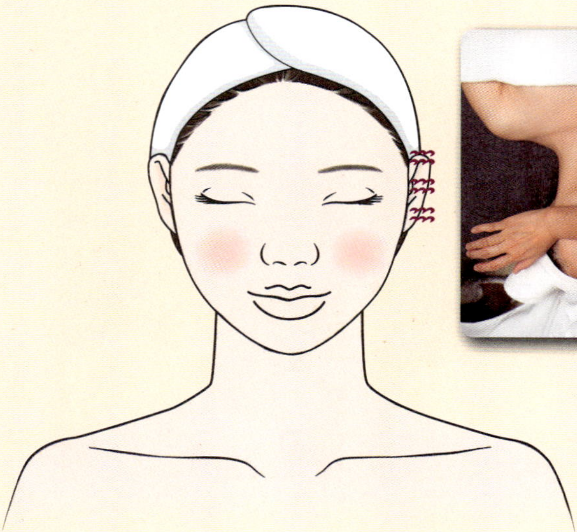

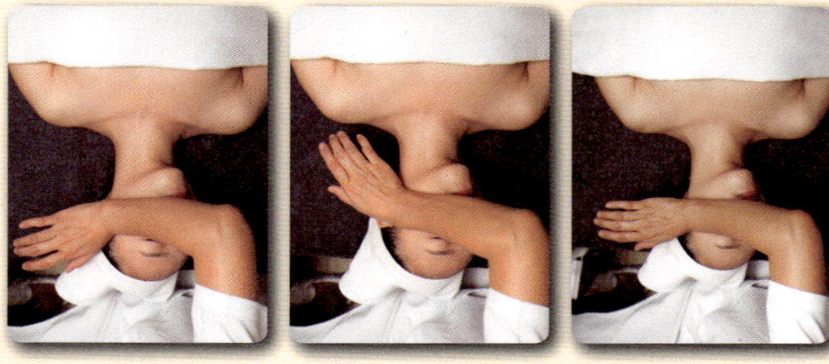

㊽ 한 손으로 반대 손의 손목을 잡고 눈 주위를 척부로 원을 그리며 굴린다.(4회)
연결하여 턱선에서 귀쪽까지 쓸어준다.(4회)

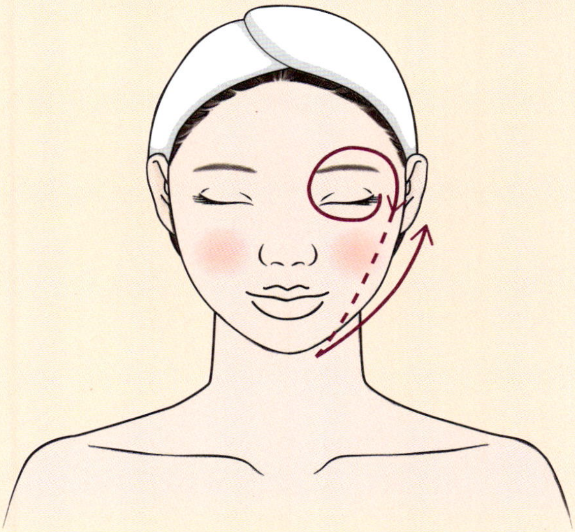

① 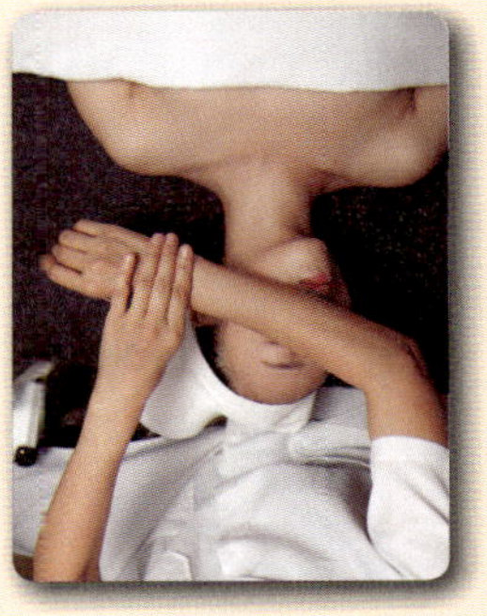
② 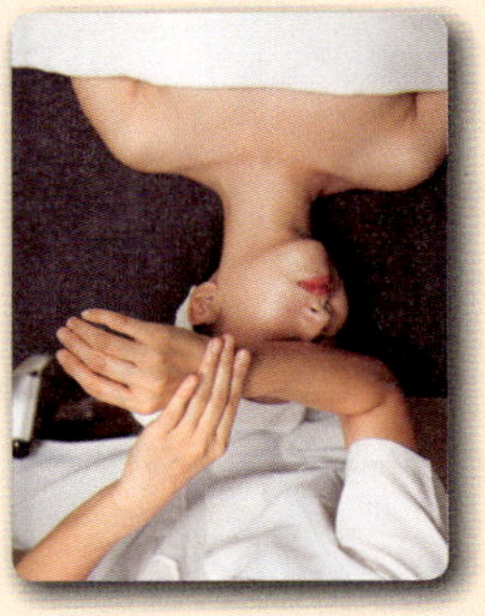
③ 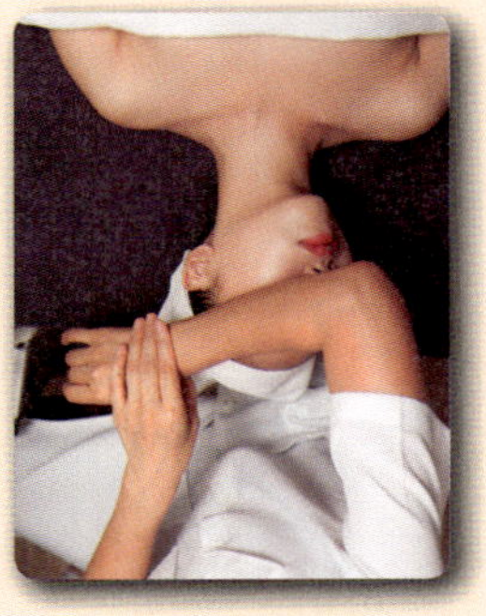
④ 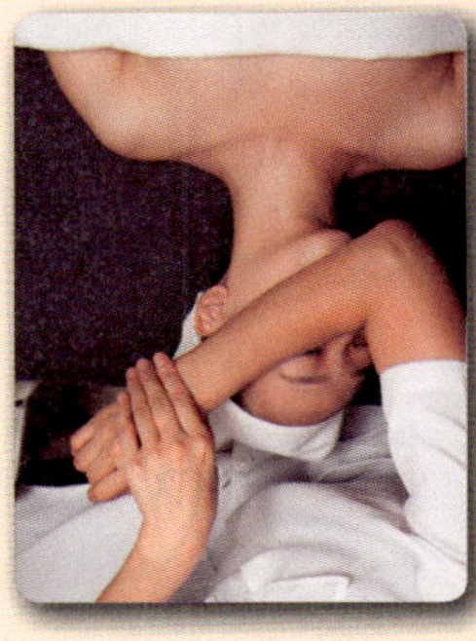
⑤ 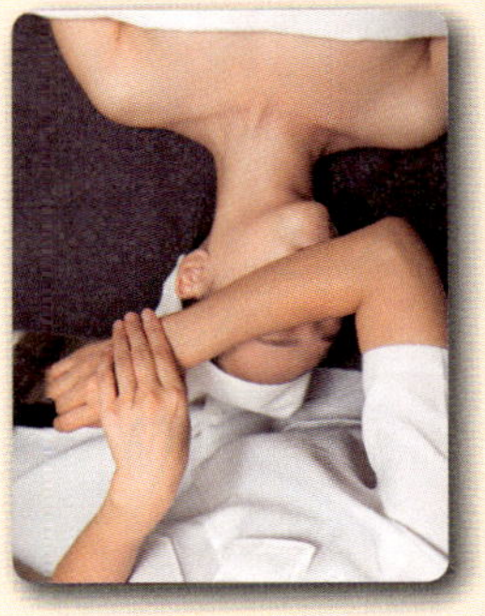
⑥ 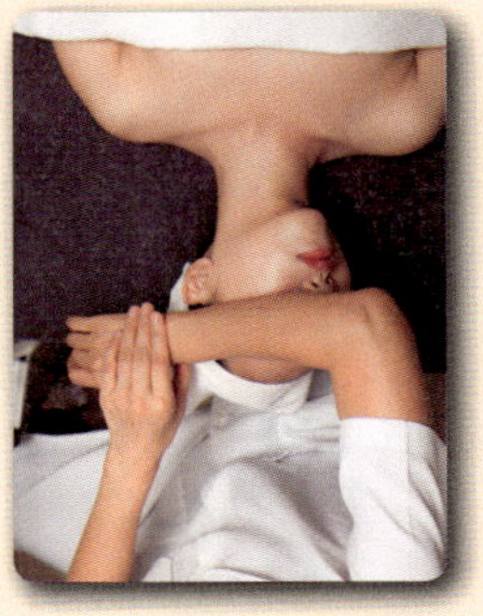
⑦ 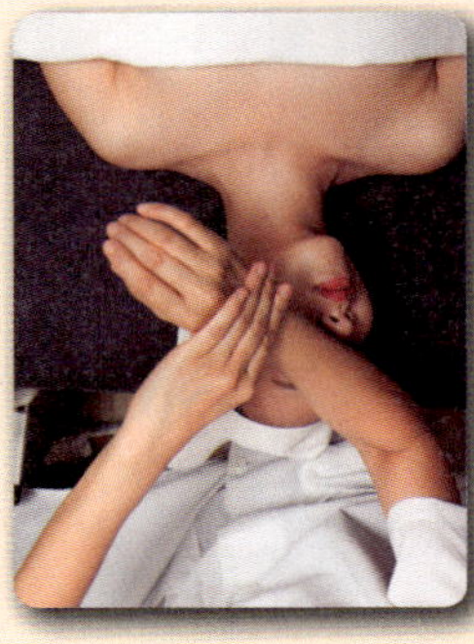
⑧ 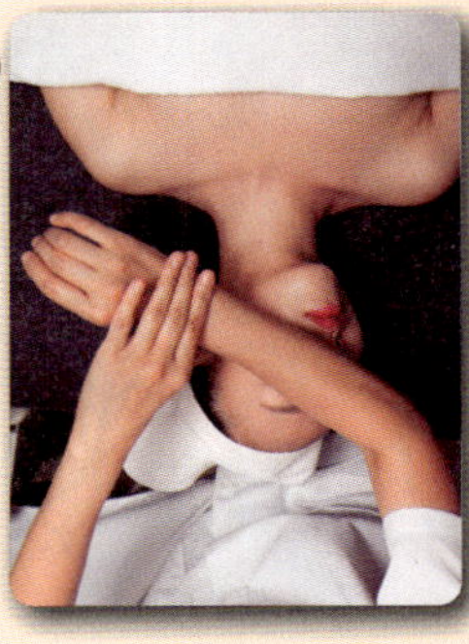

㊾ 한 손은 측면, 한 손은 코 옆을 지나 이마에서 측면으로 수장사지를 이용하여 쓸어 내린다. (1회) 반대쪽도 동일하게 실시한다.

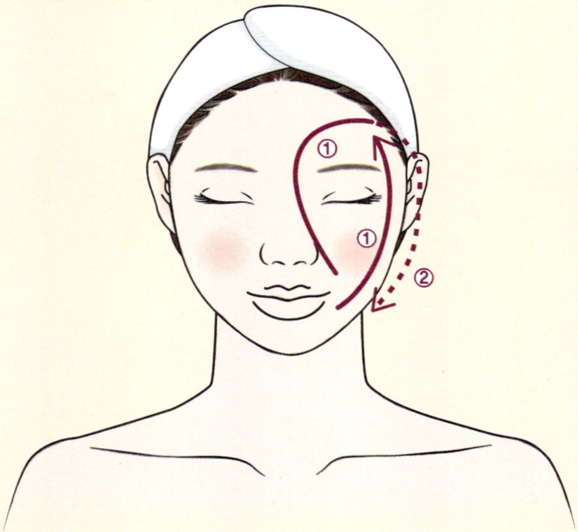

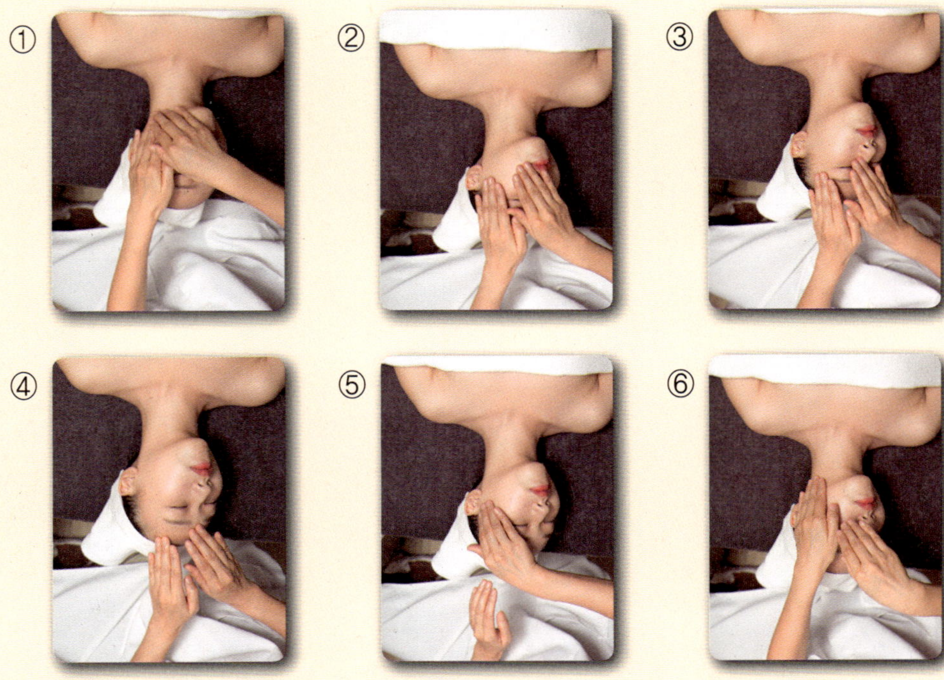

50 ①이마에서 측면을 따라 척부로 쓸어내리고 ②턱선에서 귀방향으로 척부로 쓸어 올린다. (1회)

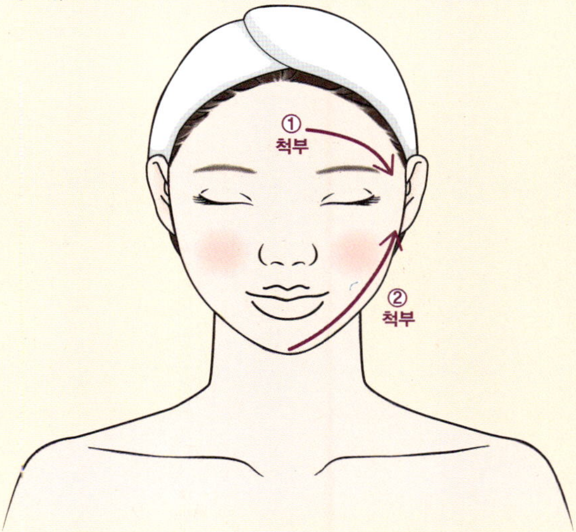

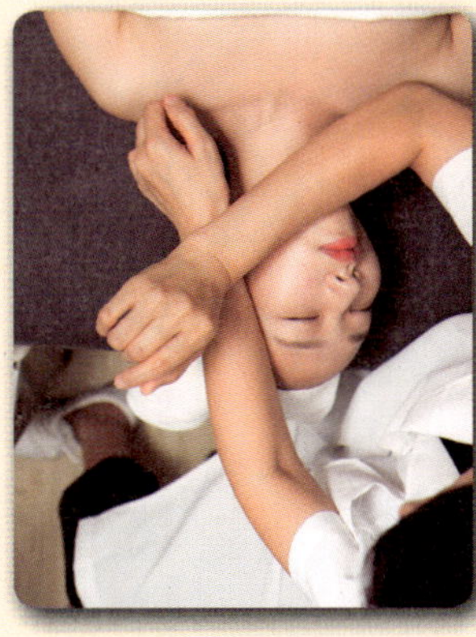

51 양 손을 이용하여 볼부위부터 목까지 수장사지로 쓸어 내려준다.(4회)

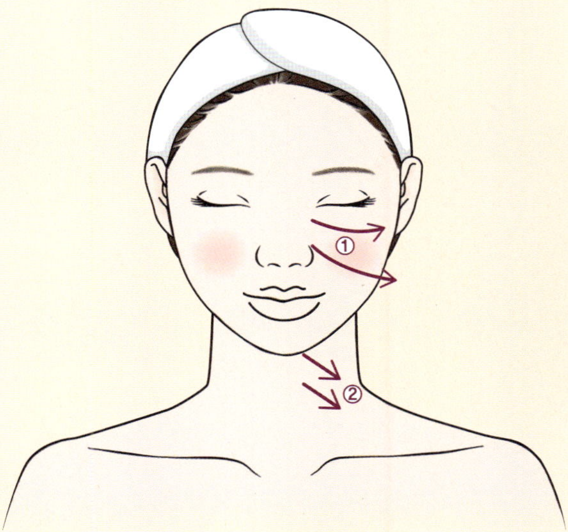

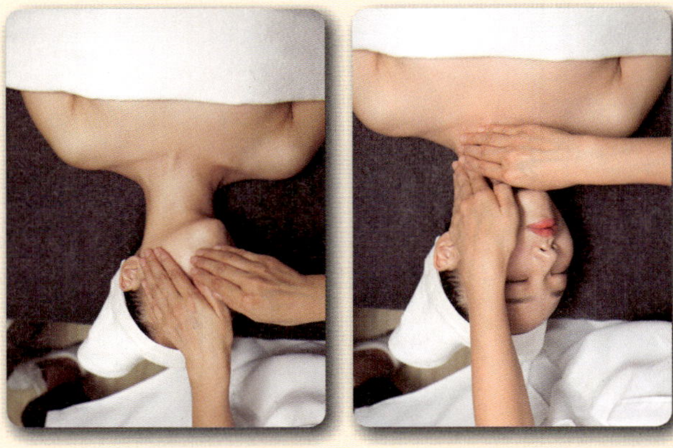

52 한 손은 ①이마에서 측면으로 수장사지를 이용하여 쓸어준다. 반대손은 ②턱에서부터 측면으로 척부로 쓸어 올린다. 이어서 ③볼부위를 수장사지로 쓸어준다.(1회)

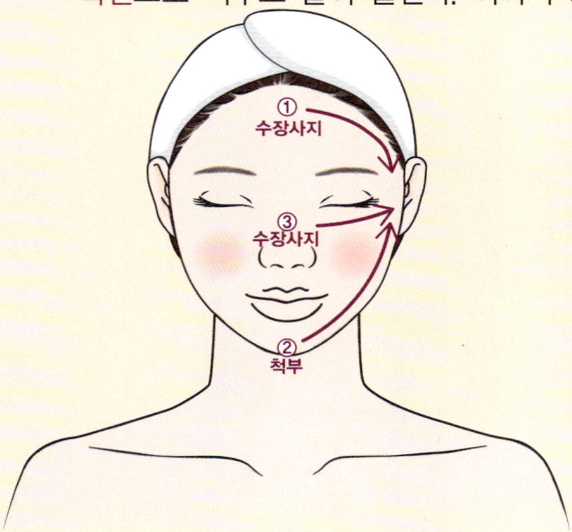

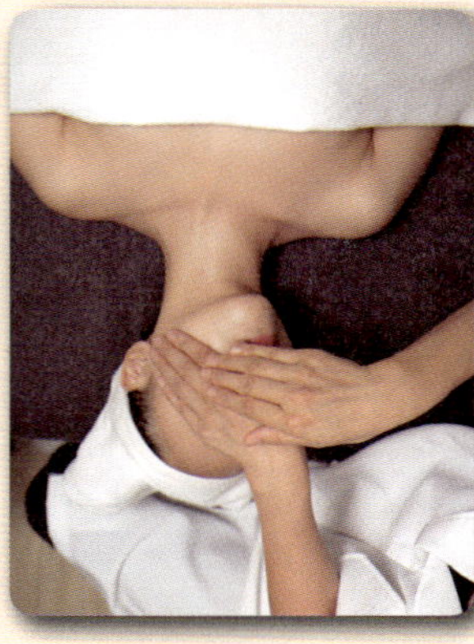

❺❸ 한 손은 ①이마에서 측면으로 척부를 이용하여 쓸어준다. 반대손은 ②턱에서부터 측면으로 수장사지로 쓸어 올린다. 이어서 ③볼부위를 수장사지로 쓸어준다.(1회)

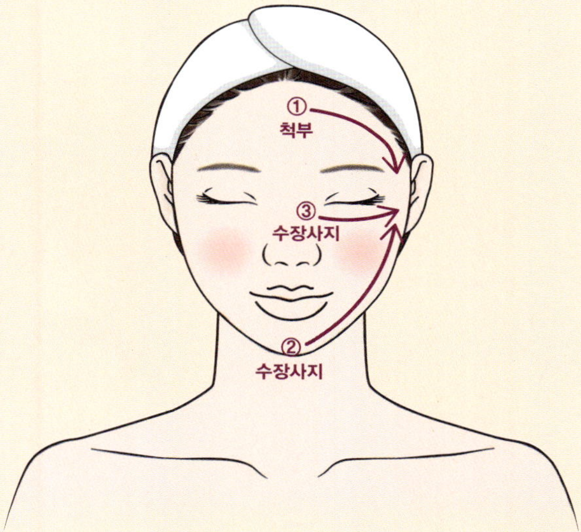

①

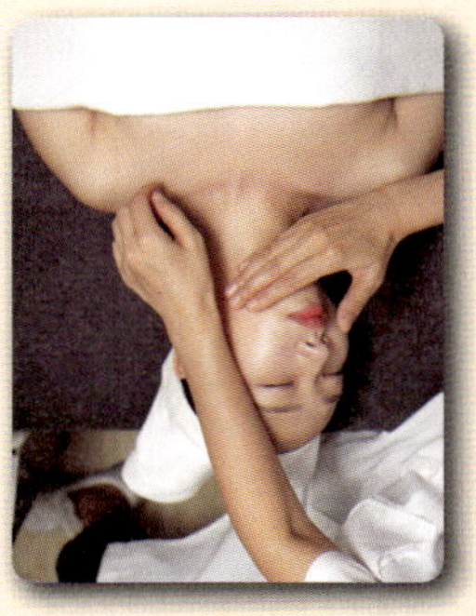

②

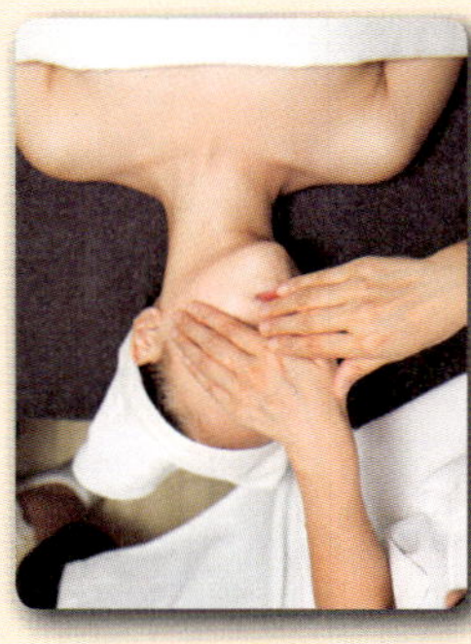

③

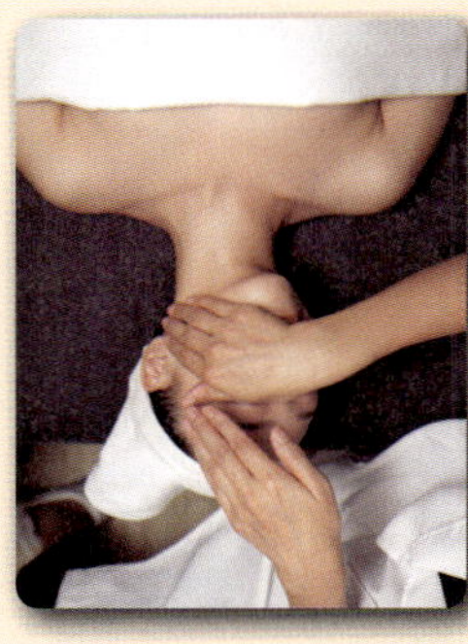

④

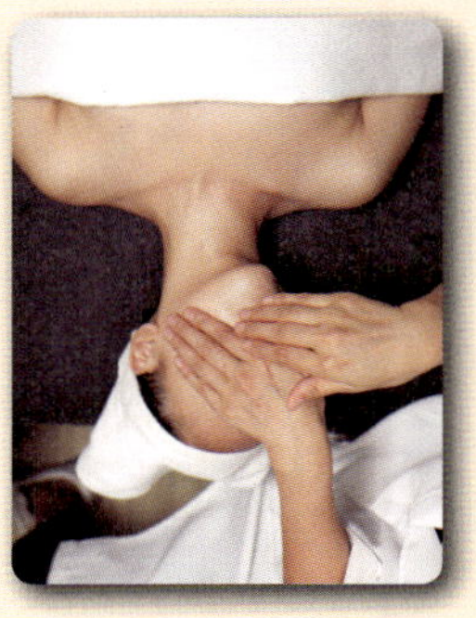

⑤

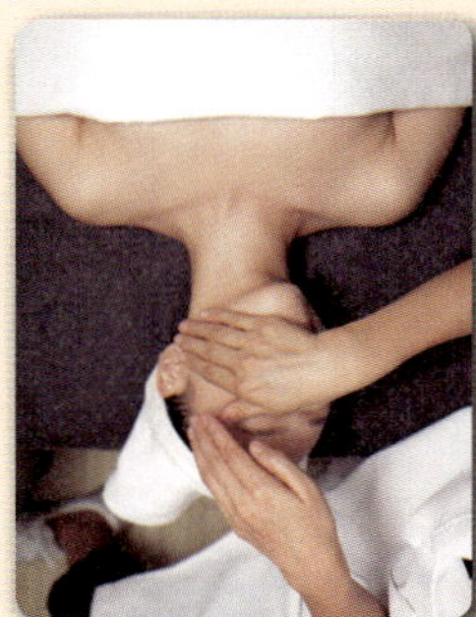

⑥

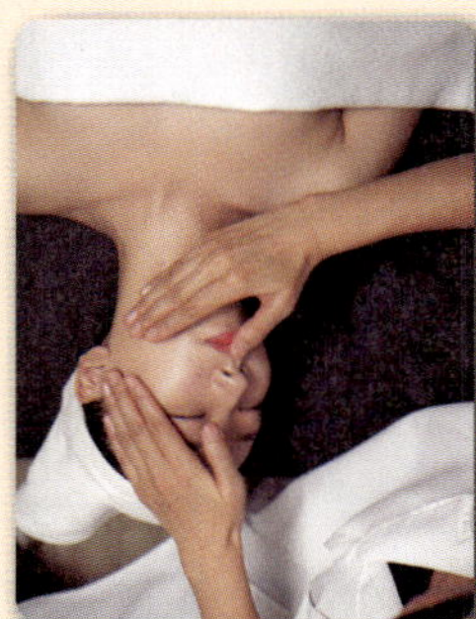

54 이마에서 측면으로 수장사지를 이용하여 쓸어주고 턱에서 귀 방향으로 수장사지로 쓸어준다.(1회)

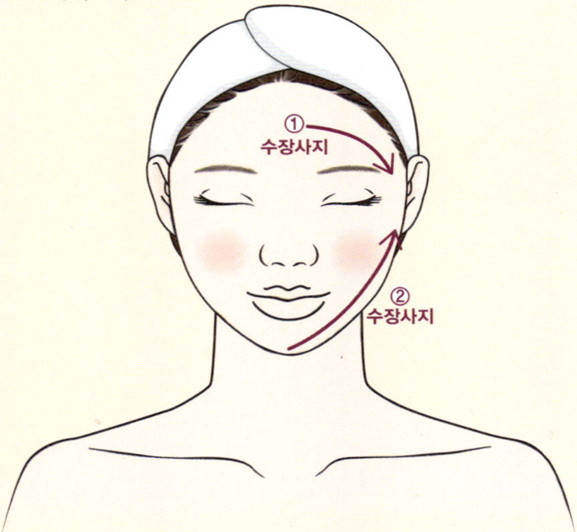

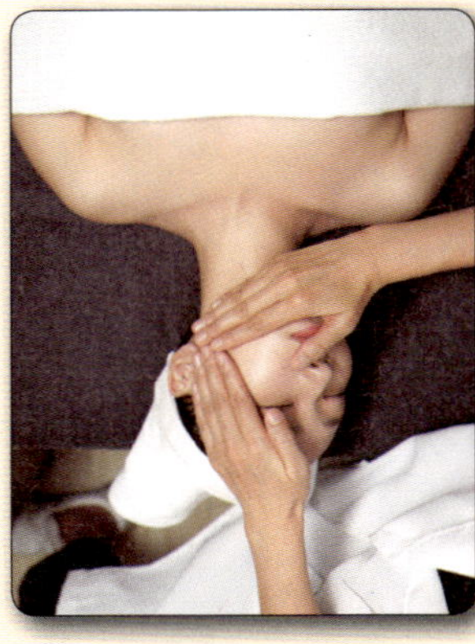

55 양 손을 이용하여 볼부위에서 목까지 수장사지로 쓸어준다.(4회)

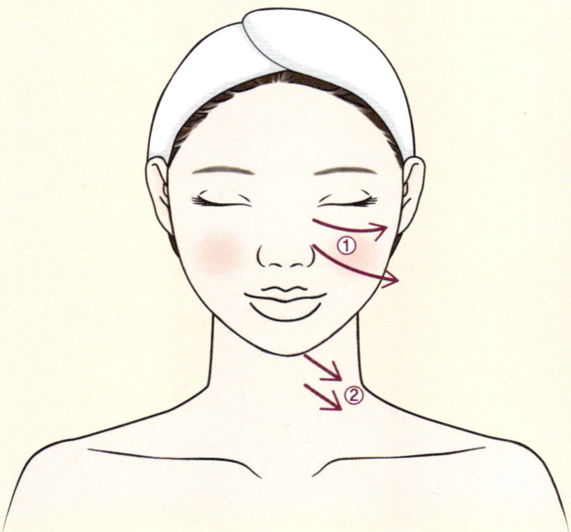

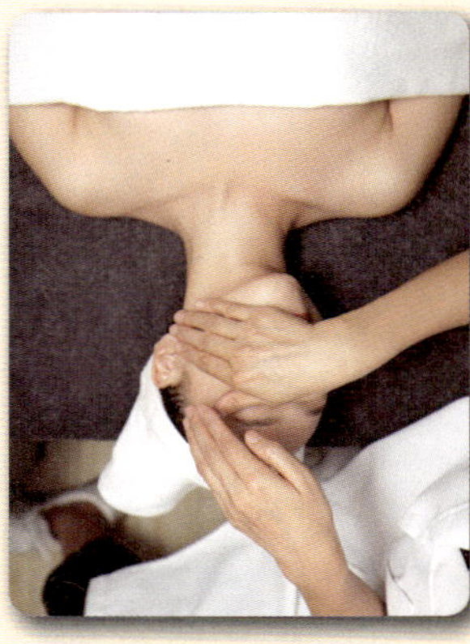

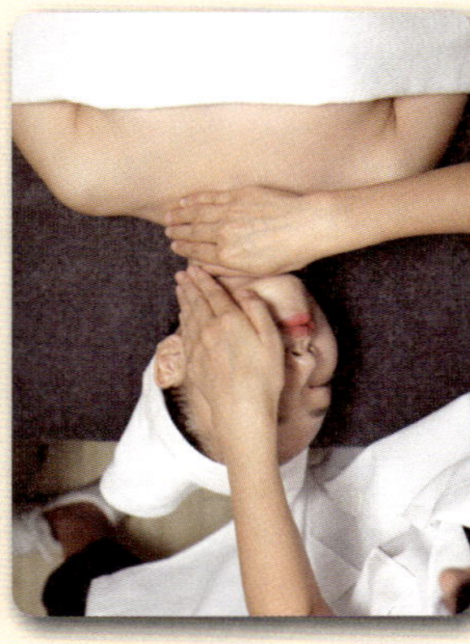

56 한 손을 이용하여 턱 밑을 척부로 쓸어준다.(5회)

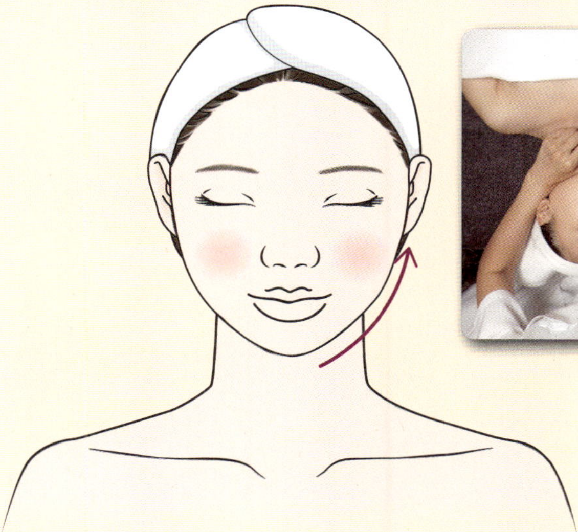

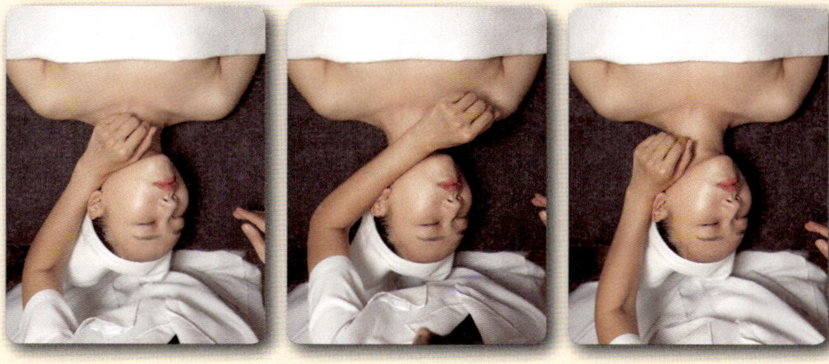

57 지과면을 이용하여 귀 뒤쪽에서 척부로 반원을 그린 후, 지과면를 이용하여 목을 쓸어내린다.(5회)

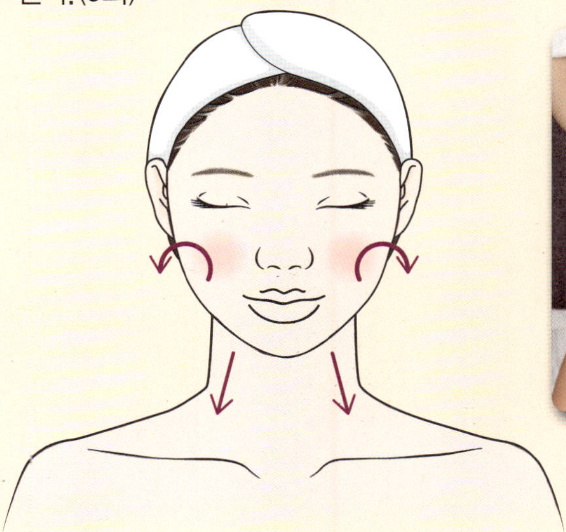

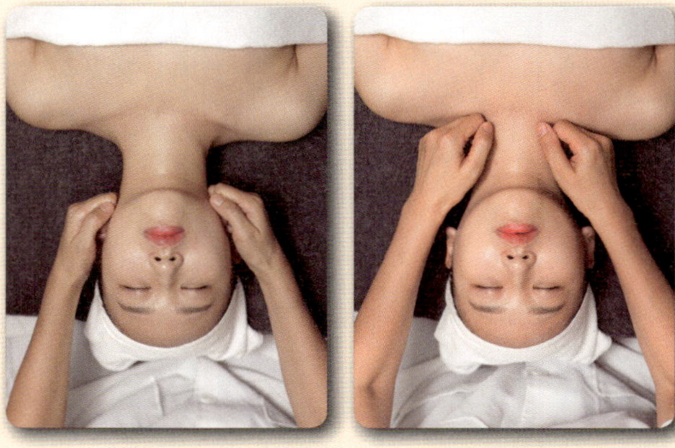

6. 얼굴 앞면

58 한 손으로 반대손의 손목을 잡고, ①이마전체를 척부로 나선형으로 쓸어준다.(3회) ②볼을 한 손씩 척부로 원모양으로 쓸어주고, 턱선에 걸친다.(1회) 반대쪽도 동일하게 실시한다.

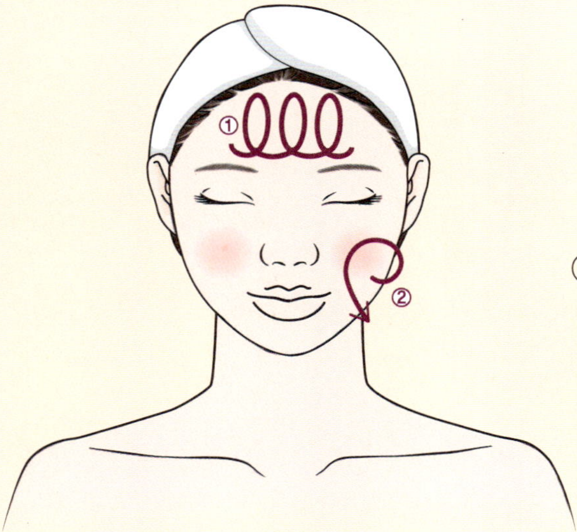

①
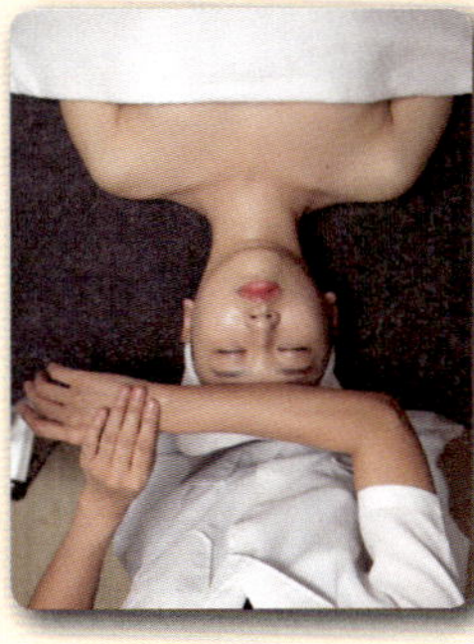

②

③

④
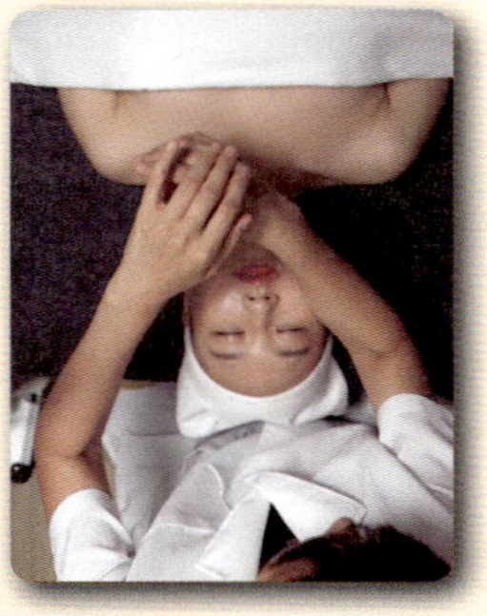

⑤
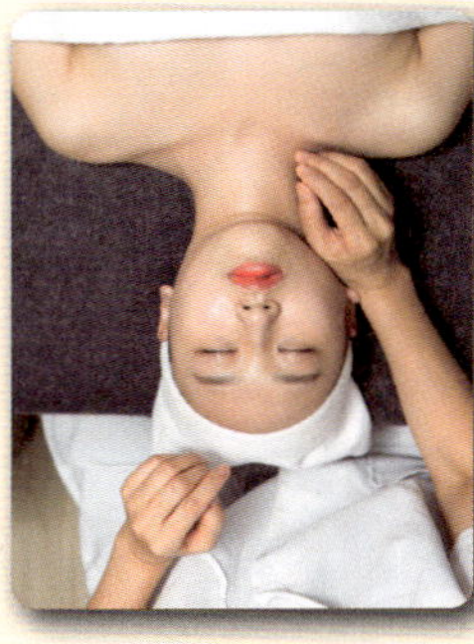

⑥
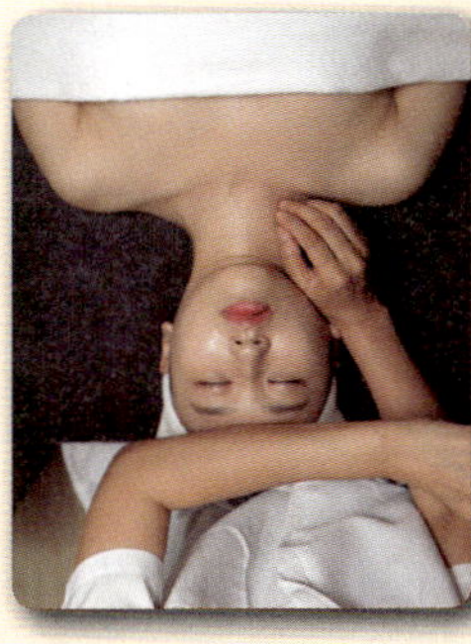

⑦
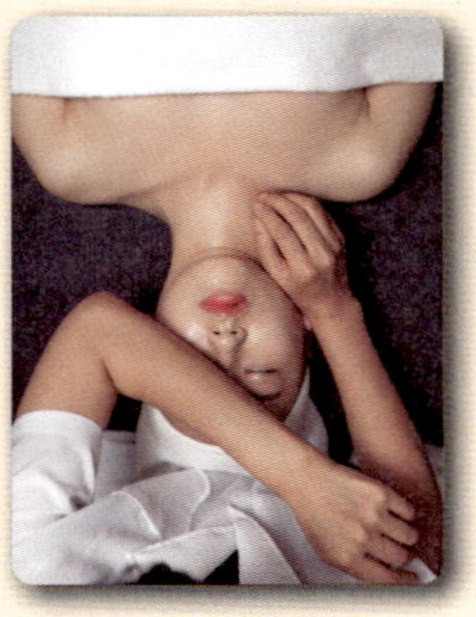

⑧
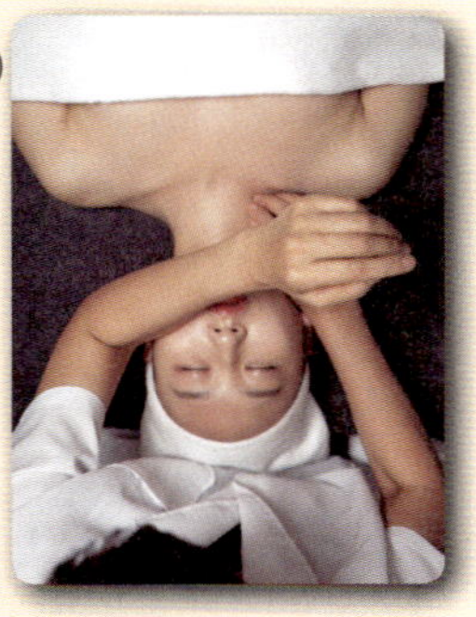

⑨
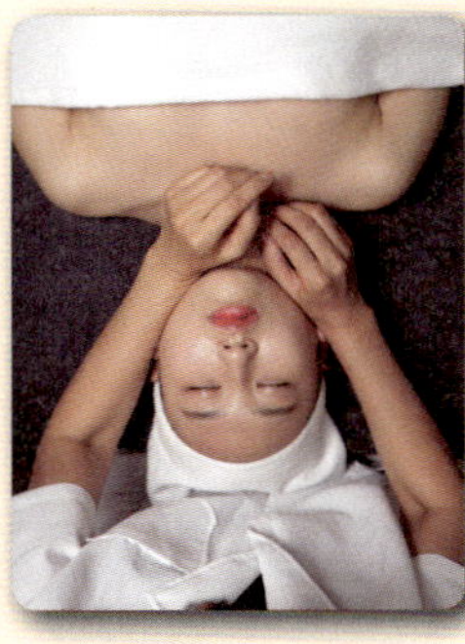

⑩
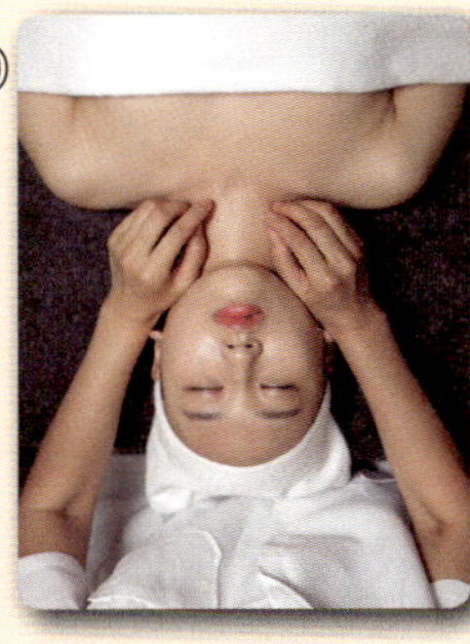

59 양 손을 이용하여 턱에서 볼까지 손등 쪽으로 손목을 회전하여 얼굴 선을 쓸어준다.(1회)

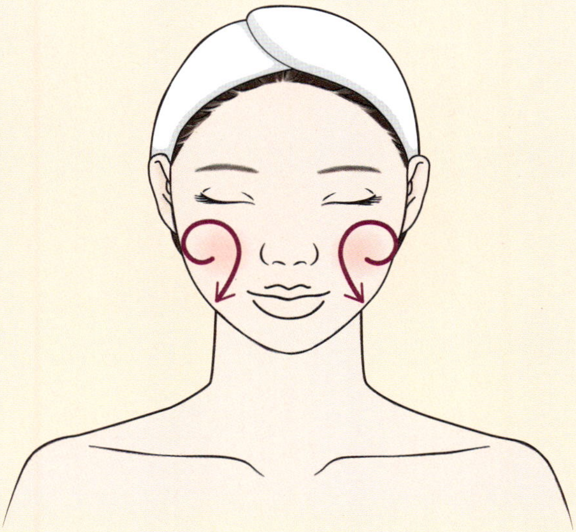

①

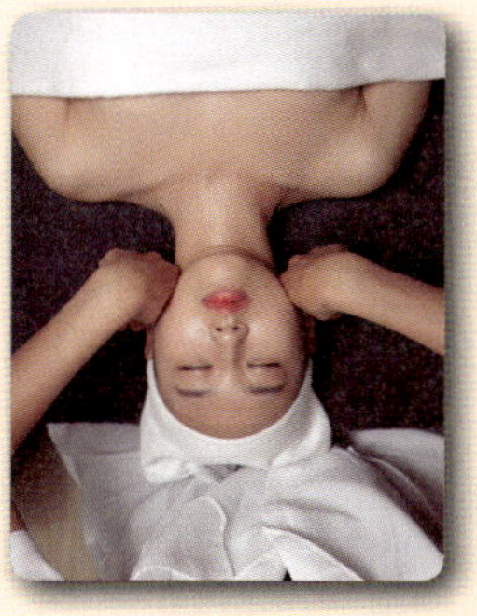

②

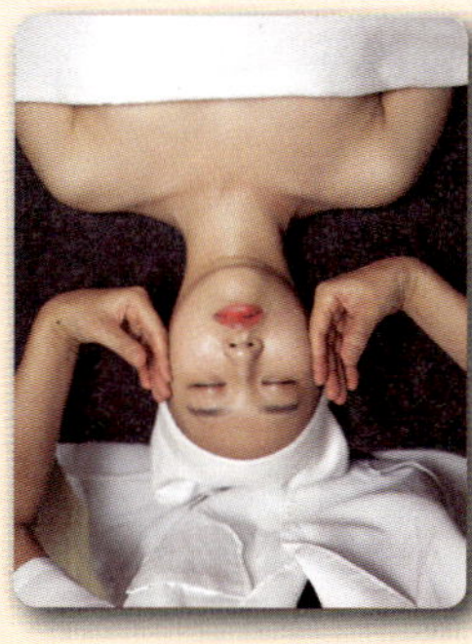

③

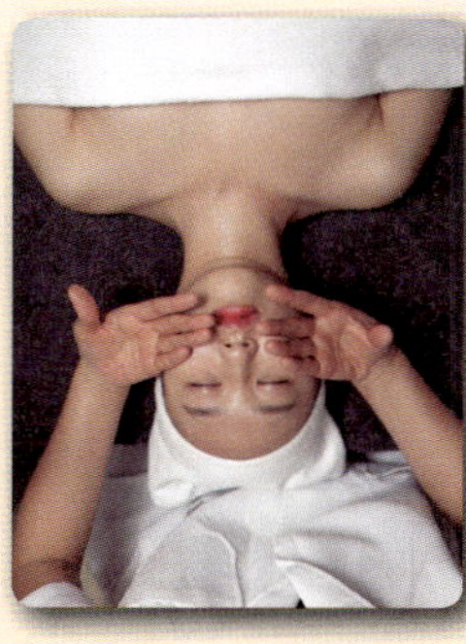

④

⑤

⑥⓪ 양 손을 이용하여 귓볼 앞에서 모지구로 반원을 그려준다.(5회)

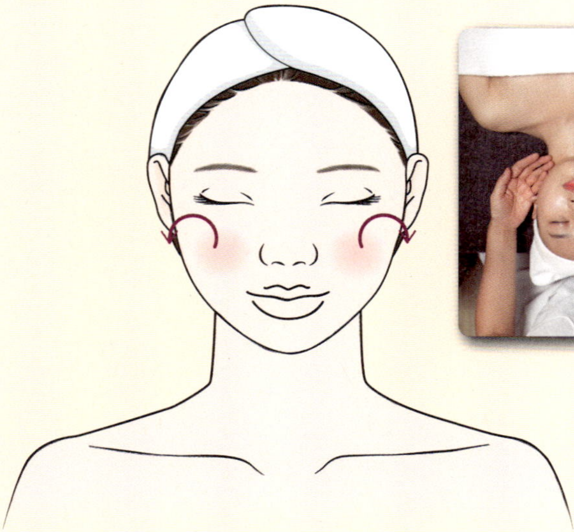

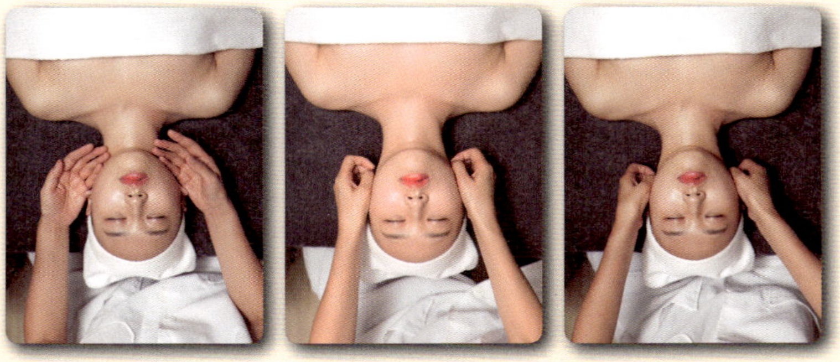

⑥① 양 손을 이용하여 귓볼 뒤에서 지과면으로 반원을 그린다.(5회)

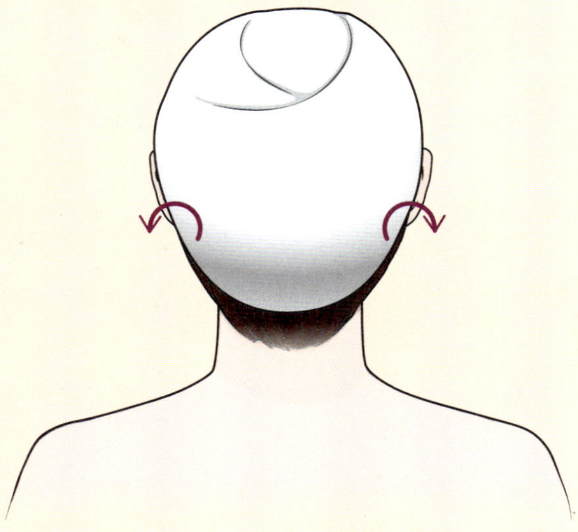

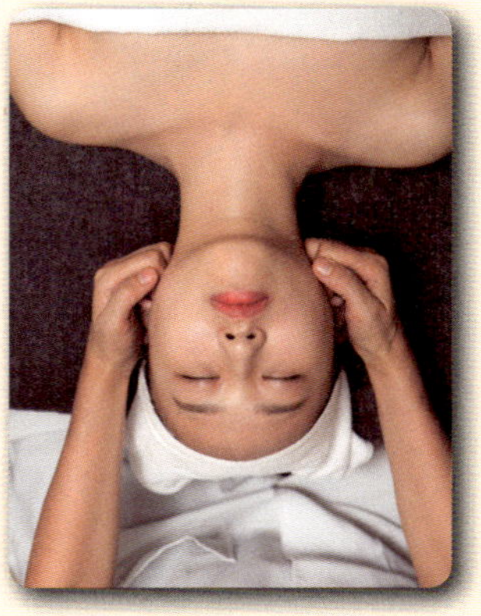

62 목을 지과면으로 쓸어내린다.(4회)

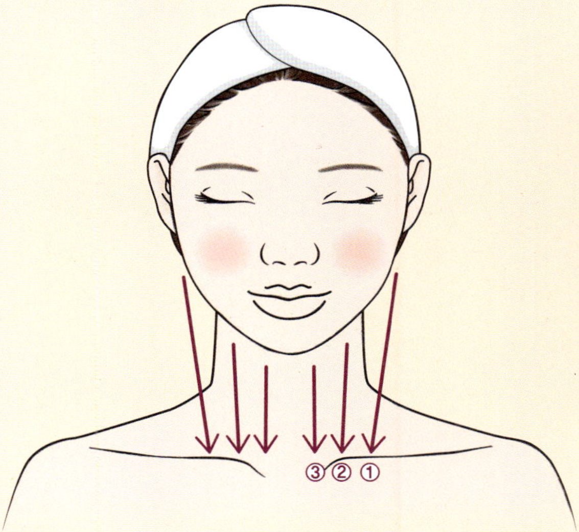

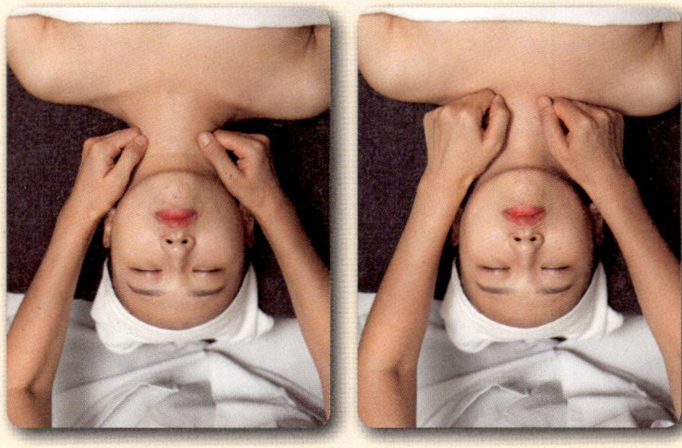

63 이마에서 턱끝까지 모지구로 쓸어 내리고 반원을 그린다.(1회)

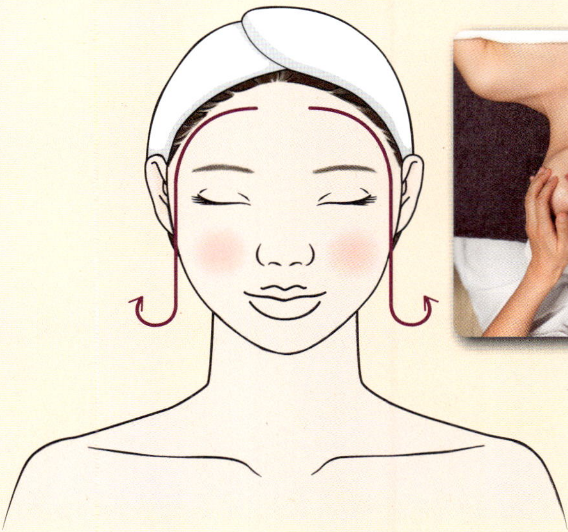

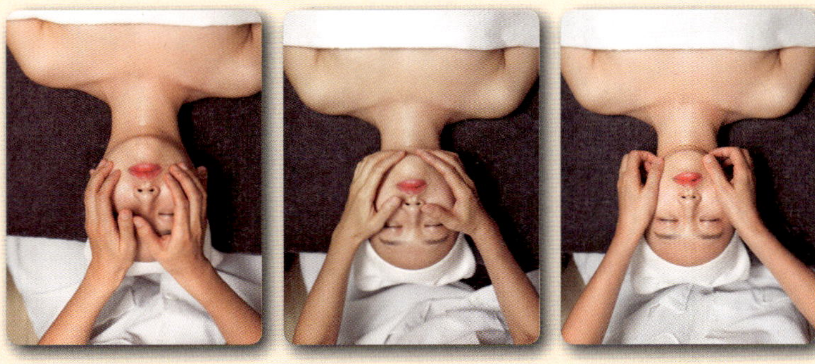

64 눈 밑에서 턱끝까지 모지구로 쓸어 내린 후, 모아주듯 반원을 그린다.(1회)

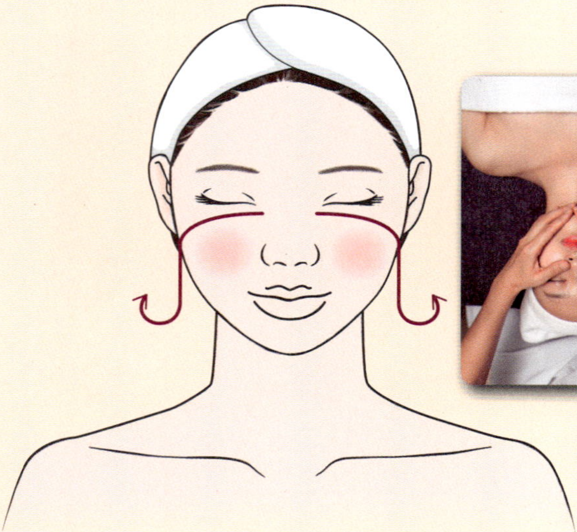

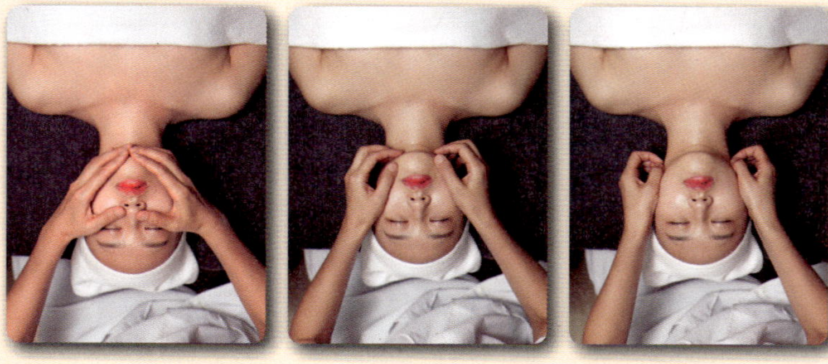

65 입술 중앙부위에서 모지구로 쓸어 올리고, 귓볼 앞 부위에서 모아주듯 반원을 그린다. (1회)

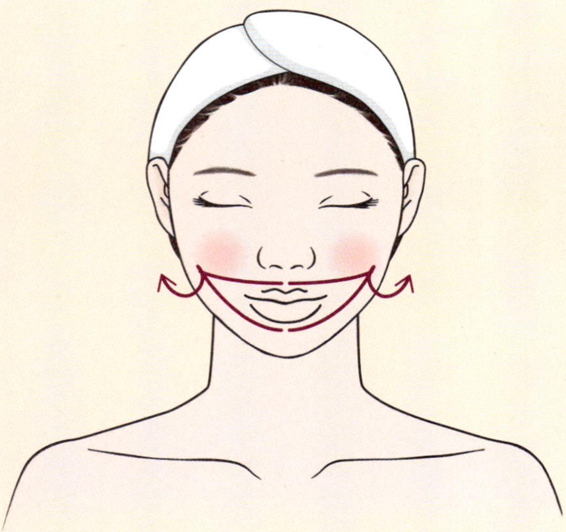

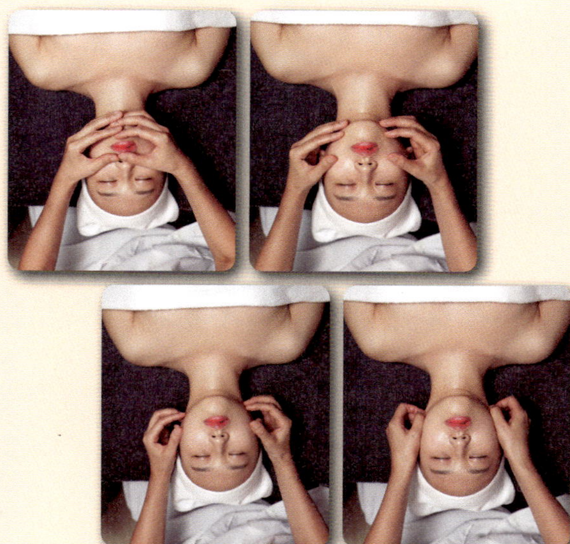

66 턱 중앙에서 모지구로 쓸어 턱끝에서 모아주듯 반원을 그린다.(1회)

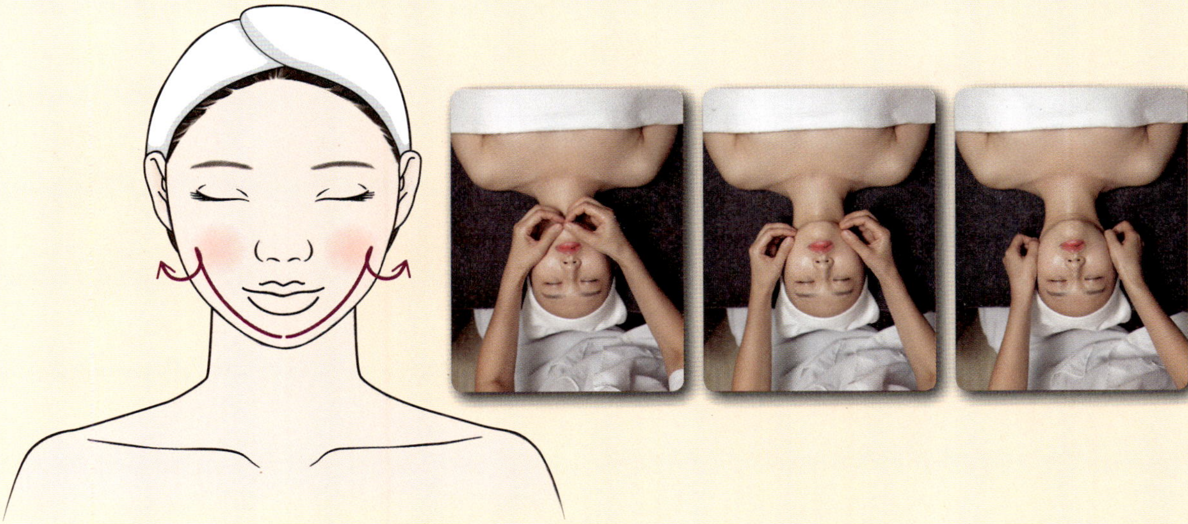

67 양 손을 이용하여 귓볼 뒤 부위에서 지과면으로 반원을 그린다.(5회)

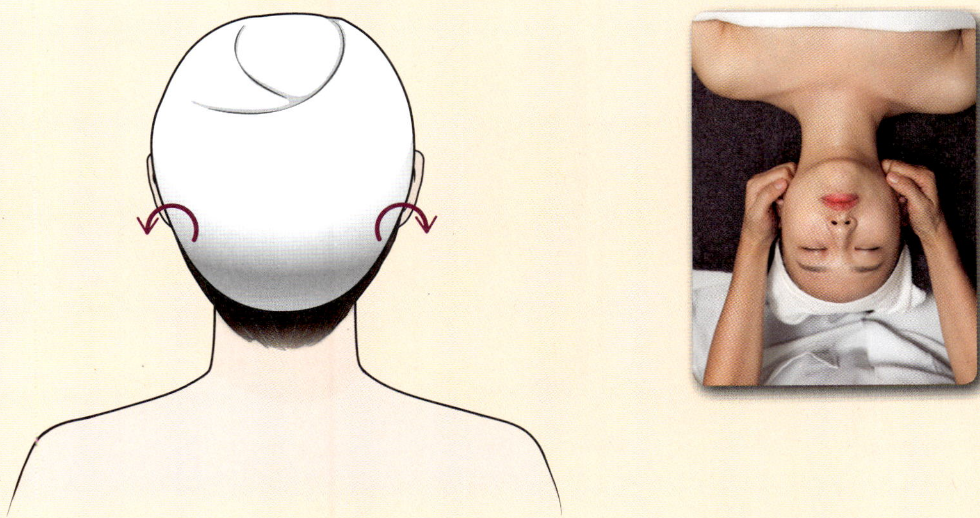

㊳ 목을 지과면으로 쓸어 내린다.(왕복 2회)

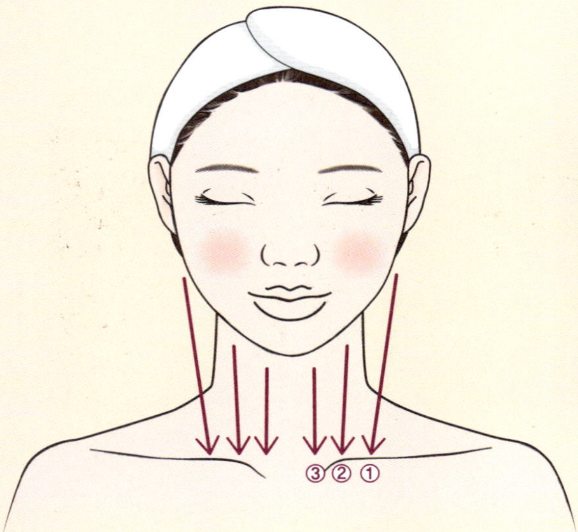

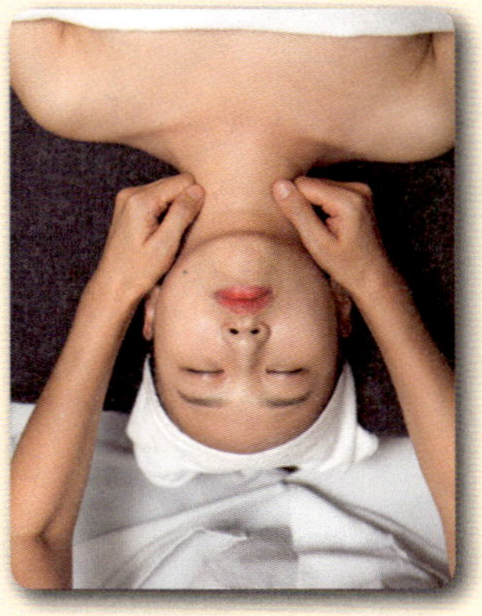

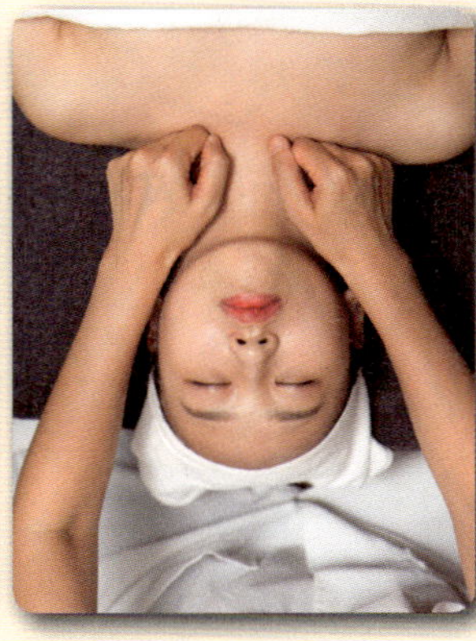

㊴ 귓볼 앞에서부터 손을 차분히 내려 마무리를 한다.

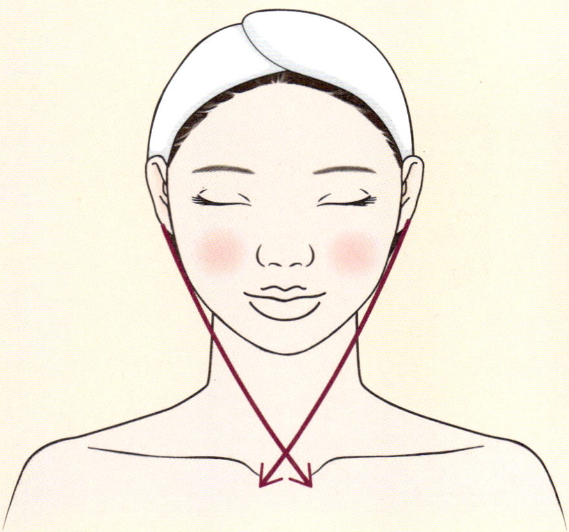

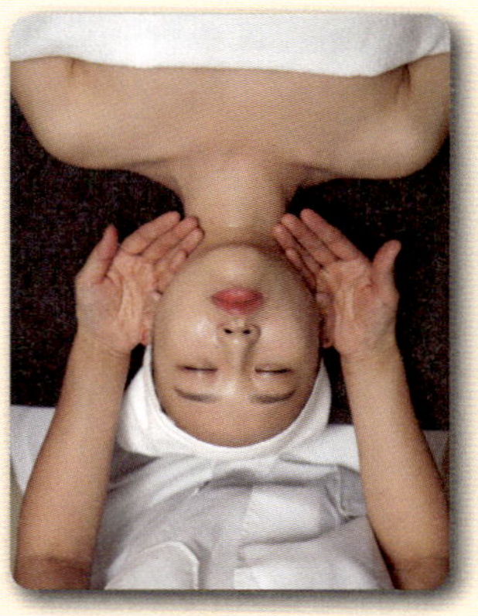

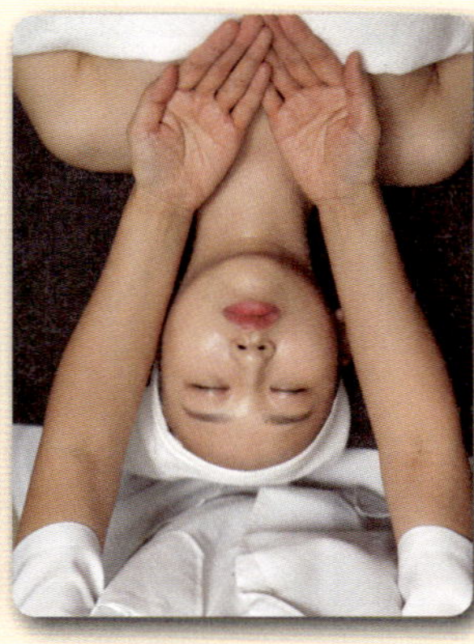

한국형배농테라피에서 적용되는 손의 부위와 명칭

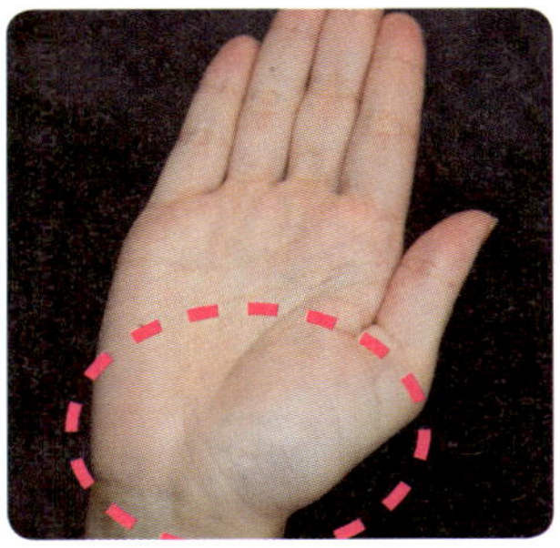

수근부위

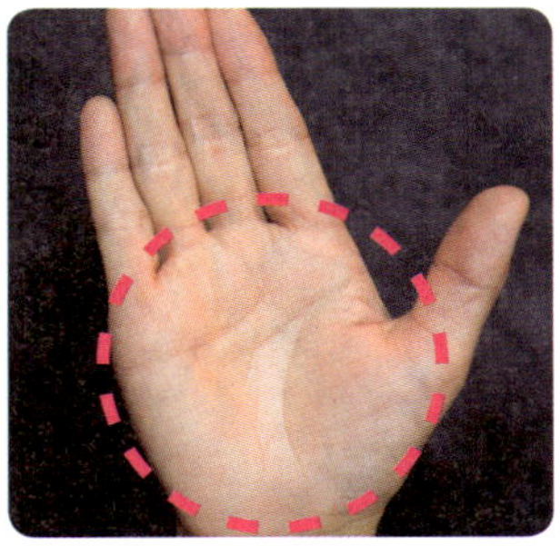

수장사지

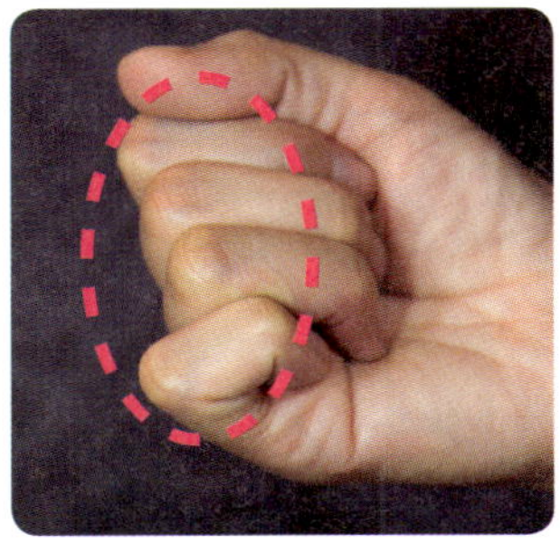

지과부위

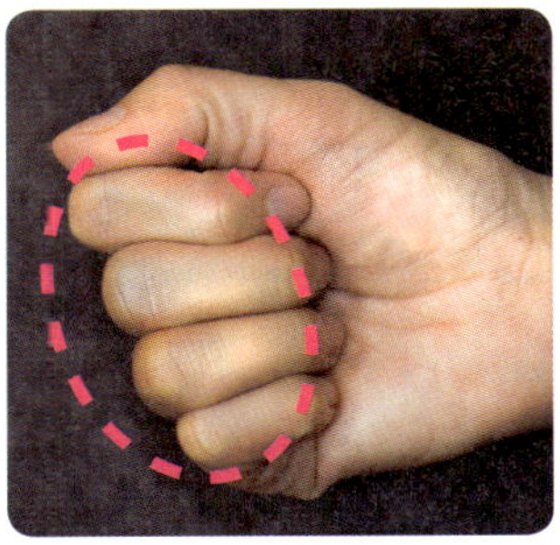

지과면

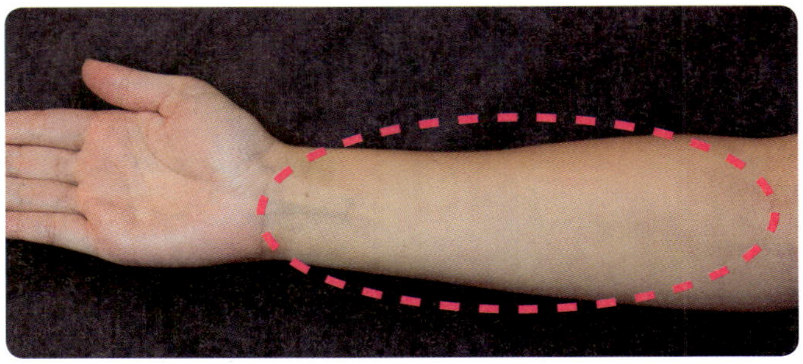

척부

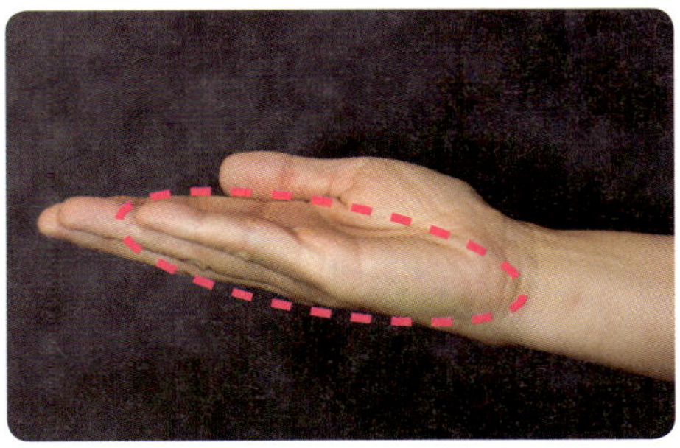

소지축

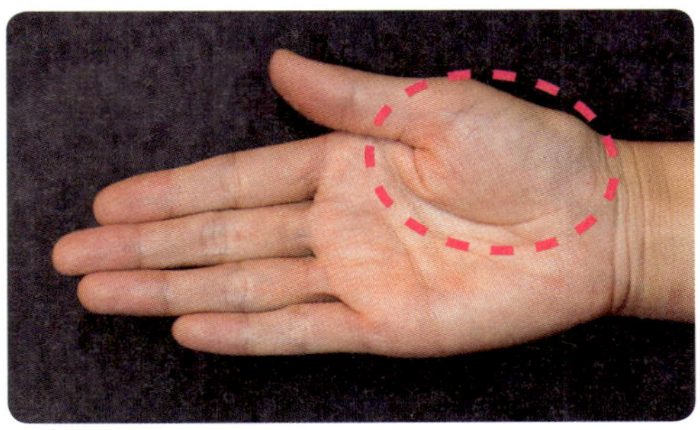

모지구

한국형배농테라피에서 사용하는 마사지 기호

누르기 | 쓸어주기 (방향) | C자 쓸어 주는 동작 | 손목회전 | 나선형 돌리기 | 바이브 레이션 | 튕겨주기 | 찝기동작 | 박수치기

1. 부종 관리 크림도포전

❶ 정중앙에서 시작하여 아래의 사진과 같이 머리의 중앙에서 시작하여 오른쪽 왼쪽을 번갈아 가며 사지로 두피를 원을 그리듯 가볍게 쓸어준다.

❷ 두 손을 이용하여 두피를 원을 그리듯 가볍게 쓸어준다.

❸ 헤어라인부터 시작하여 전체적으로 꼼꼼히 지압한다. 마지막으로 백회를 5회 누르기를 한다.

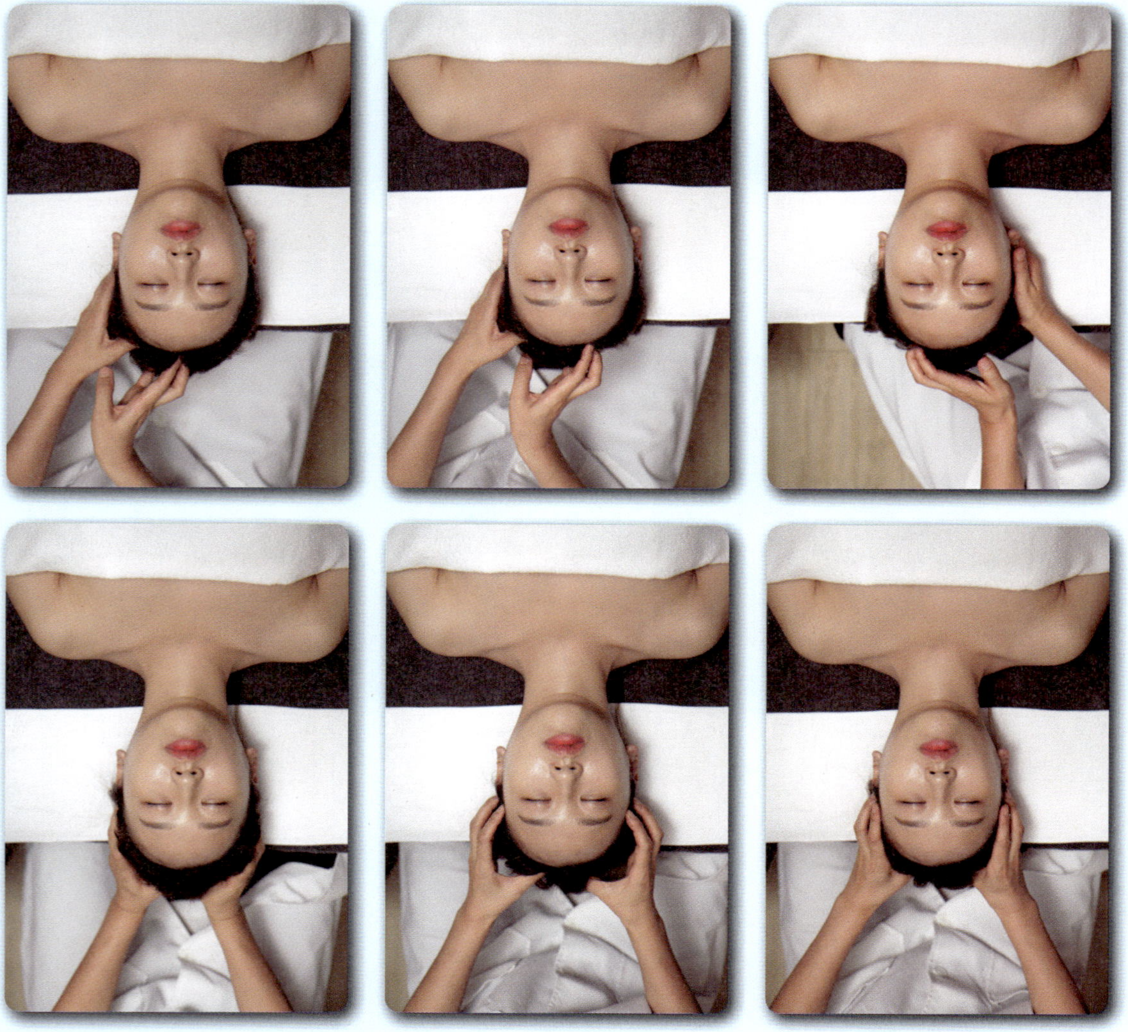

2. 크림도포

❶ 턱 → 이마 → 뺨 순으로 크림을 부드럽게 도포한다.

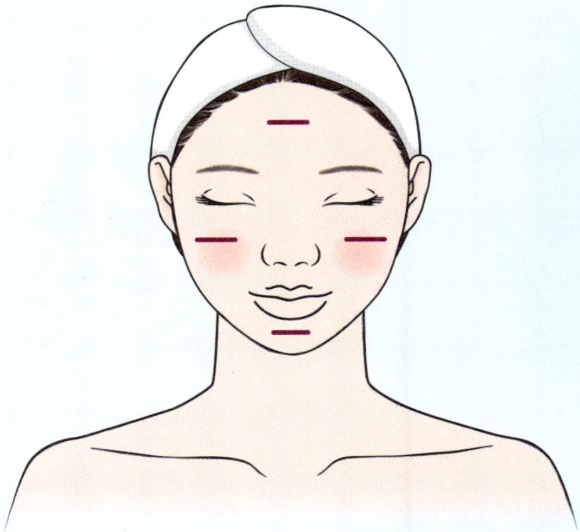

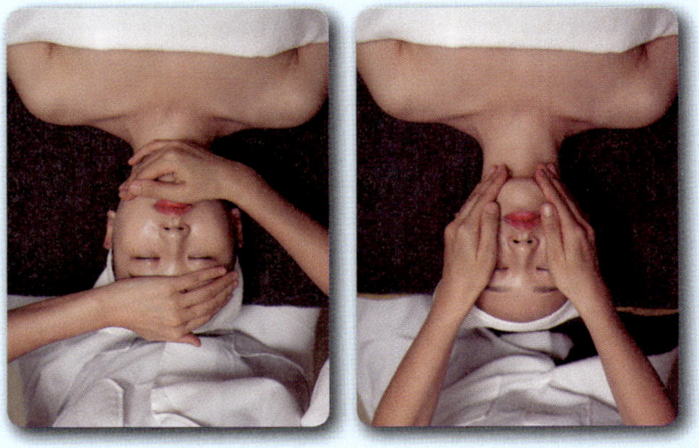

❷ 데콜테 부위에 크림을 도포한 후, 준비자세를 취한다.

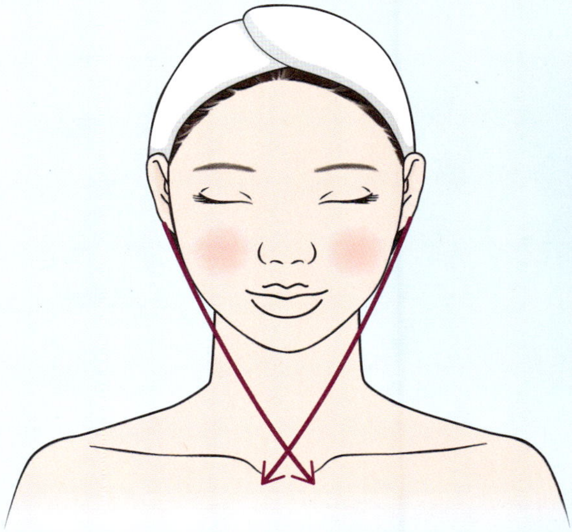

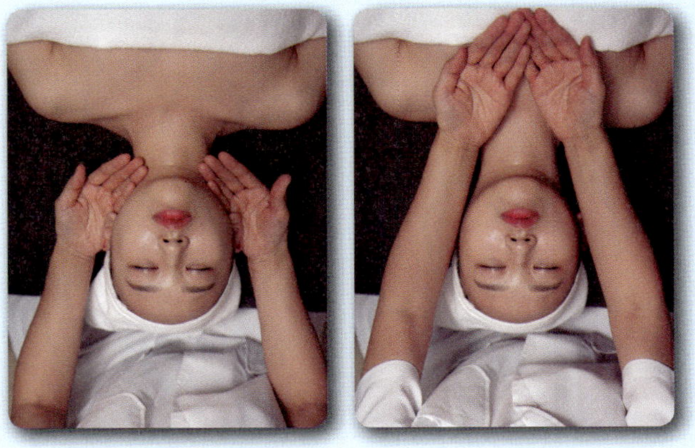

3. 데콜테

❶ 앞 가슴부위를 수장사지로 좌·우 교대로 가볍게 쓸어준다.(3회)

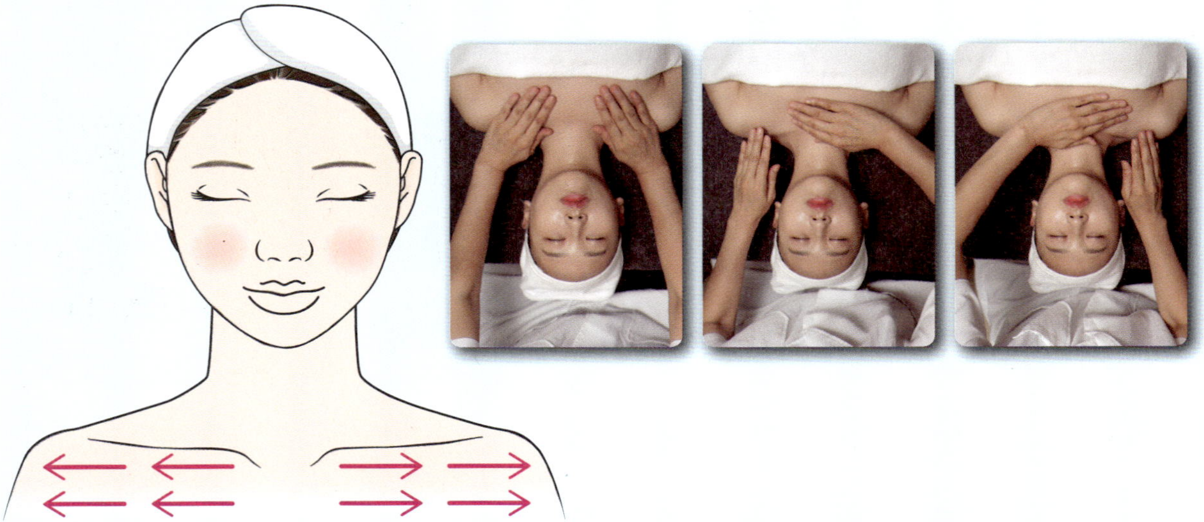

❷ 두 손을 포개서 한 쪽씩 윗 가슴부위를 나선형으로 쓸어주며 어깨를 감싸준다.(4회)

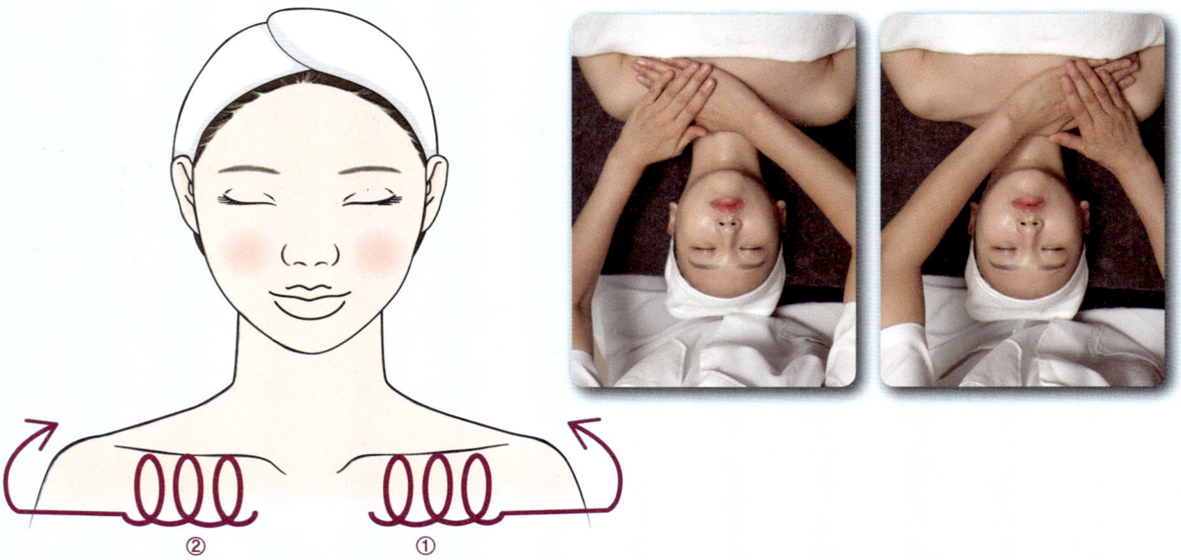

❸ 윗 가슴부위를 두 손을 이용하여 수장사지로 나선형으로 쓸어주며 어깨를 감싸준다.(3회)

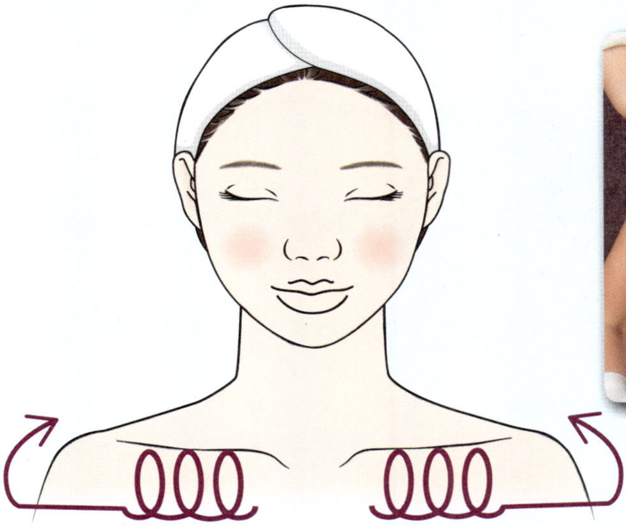

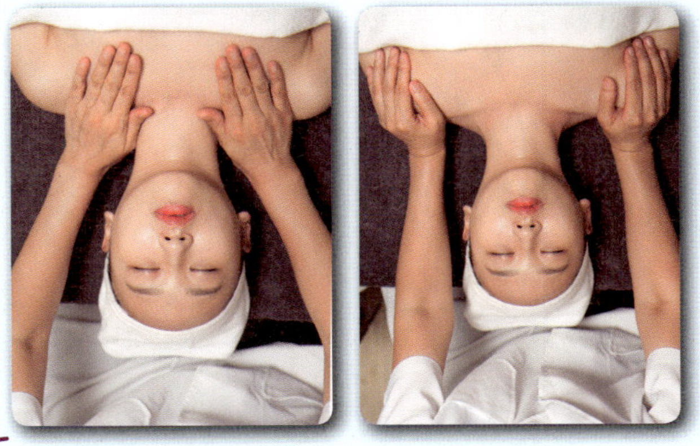

❹ 가슴골을 양 손으로 번갈아 가며 쓸어 내린다.(3회, 임맥 쓸어 내리기)

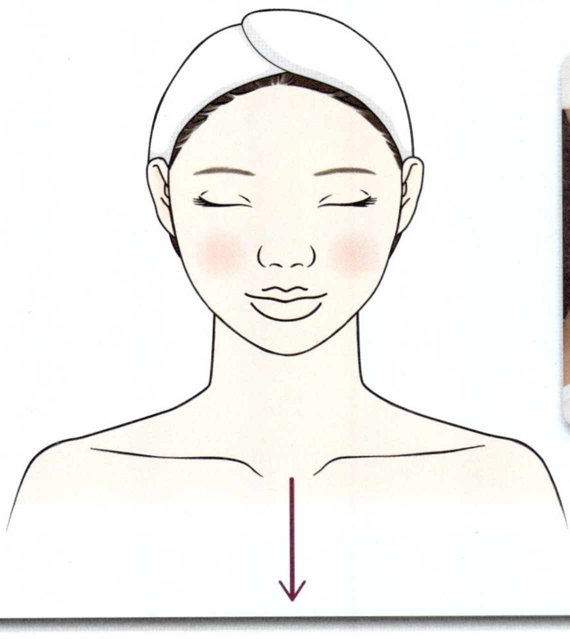

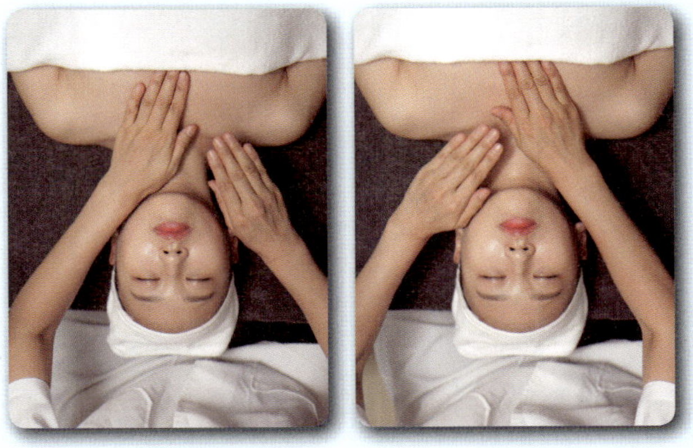

❺-1 양 손을 교대로 번갈아 가며 늑골을 쓸어준다.(4회)

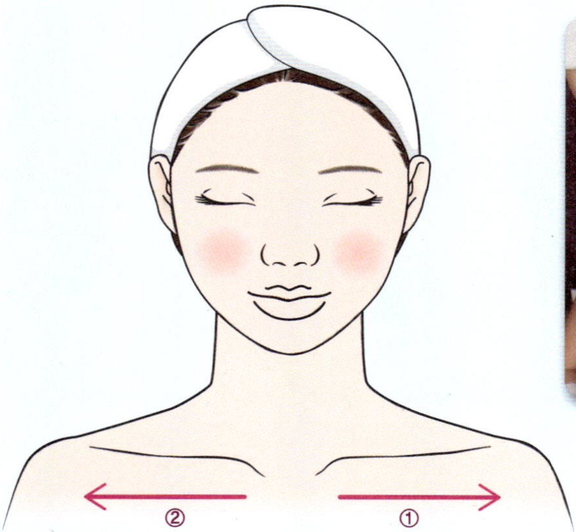

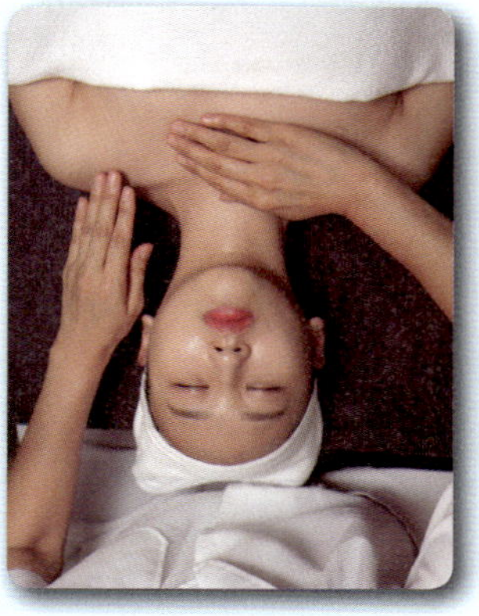

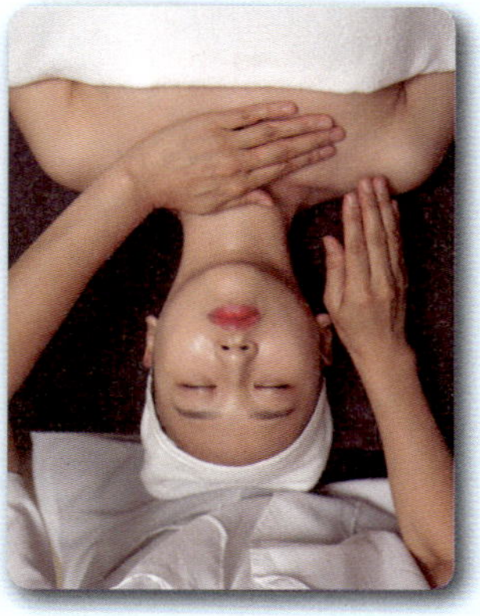

❺-2 한 손씩 고객의 손을 위로 올리고, 액와 부위를 돌려준다.(5회)

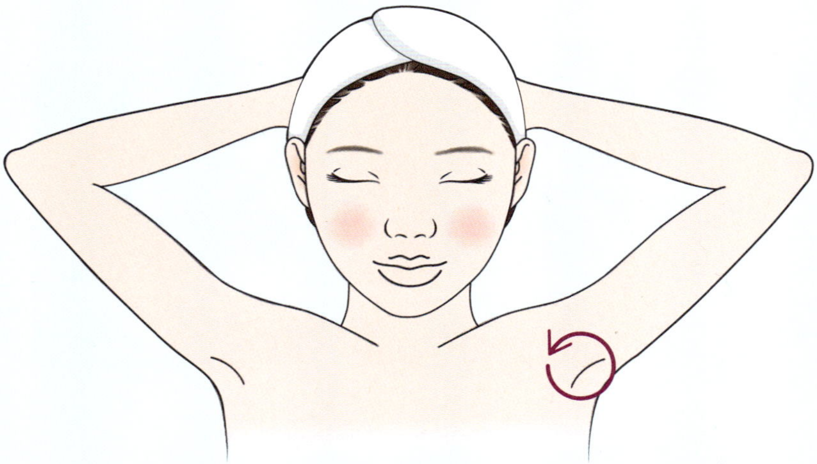

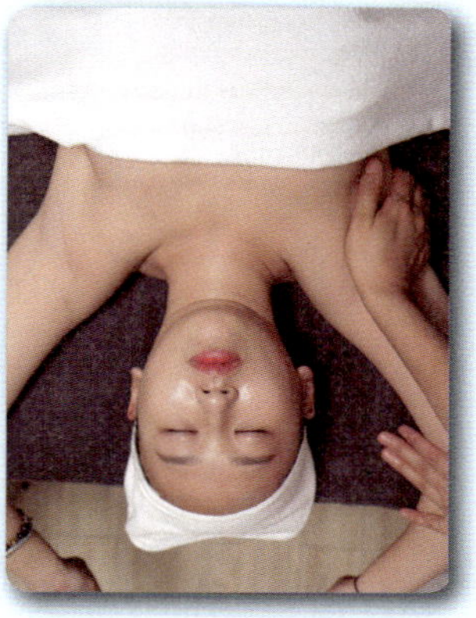

❺-3 상지 부위를 쓸어준 후, 액와 돌리기를 한다.(4회)

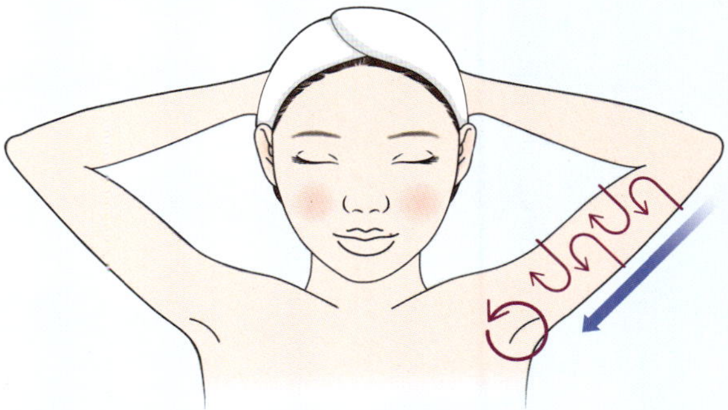

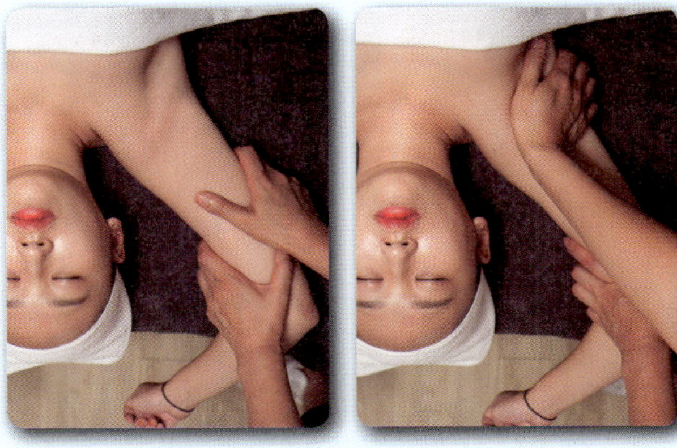

※ 주의사항

데콜테와 액와를 온습포로 닦는다.

❻ 두 손으로 기립근에서 뒷목까지 가볍게 쓸어준다.(5회)

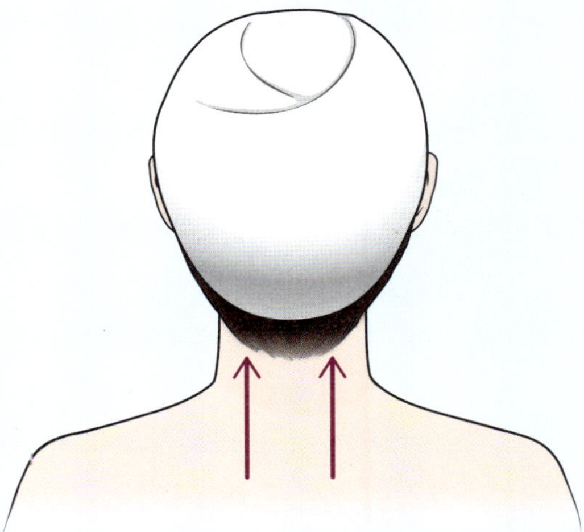

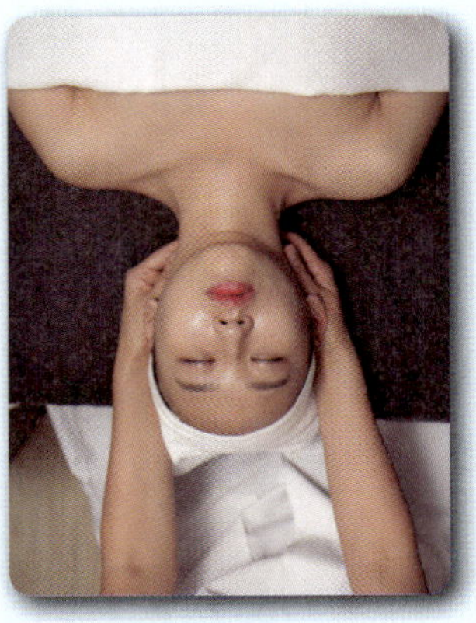

❼ 뒷목을 양 손으로 번갈아 쓸어준다.(5회)

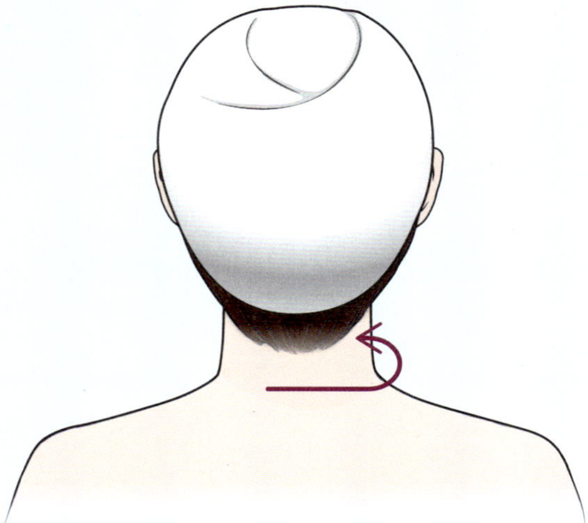

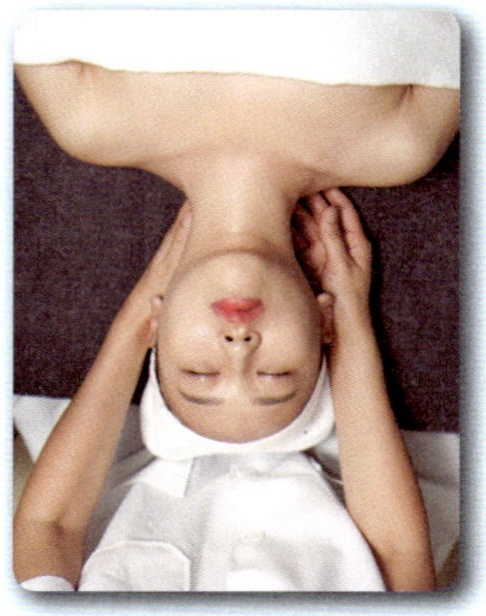

❽ 뒷목을 양 손으로 엄지와 검지로 집어준다.(3회)

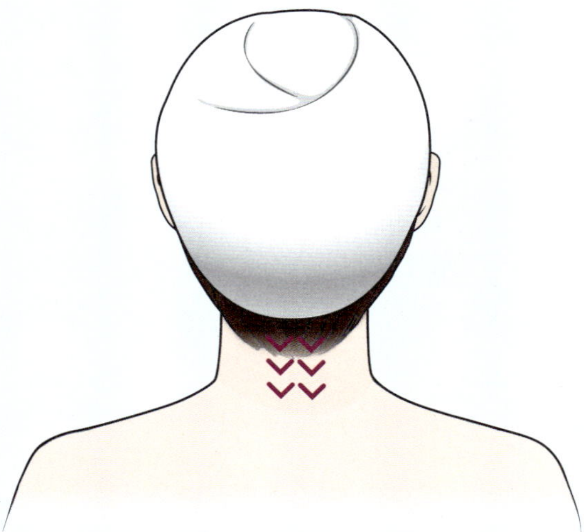

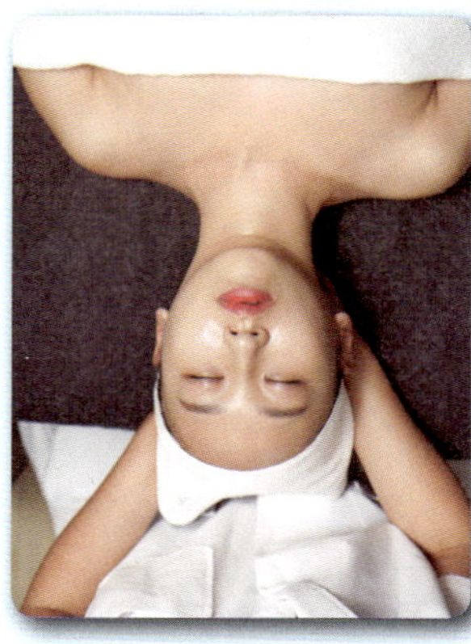

❾ 뒷목을 양 손으로 아래에서 위로 쓸어준다.(5회)

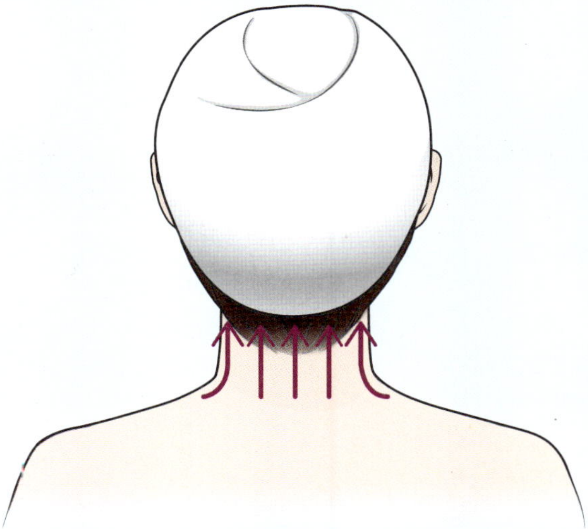

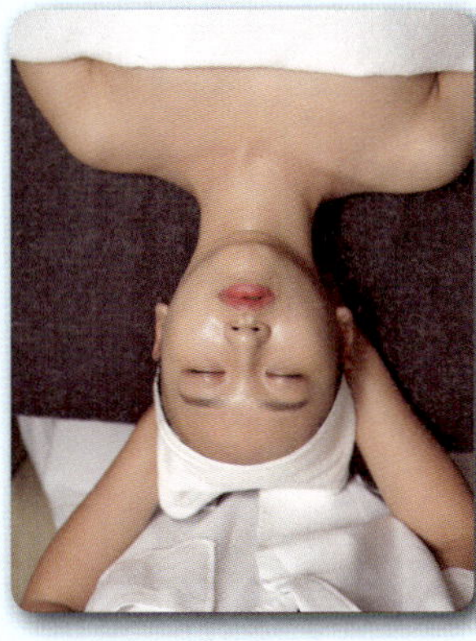

❿ 머리를 옆으로 돌린 후, 한 손씩 목 옆선을 지과면으로 쓸어 내린다.(5회)

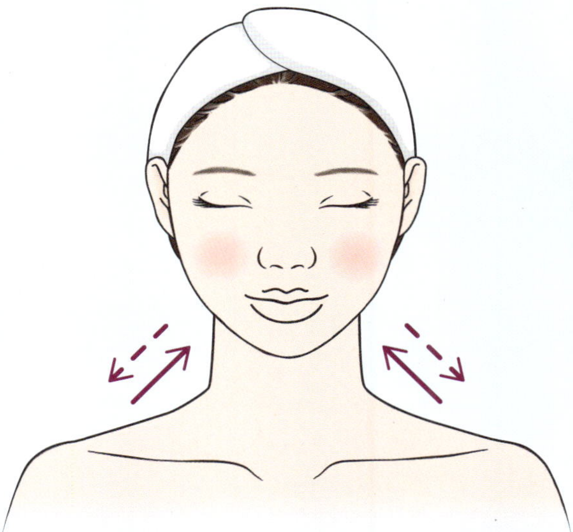

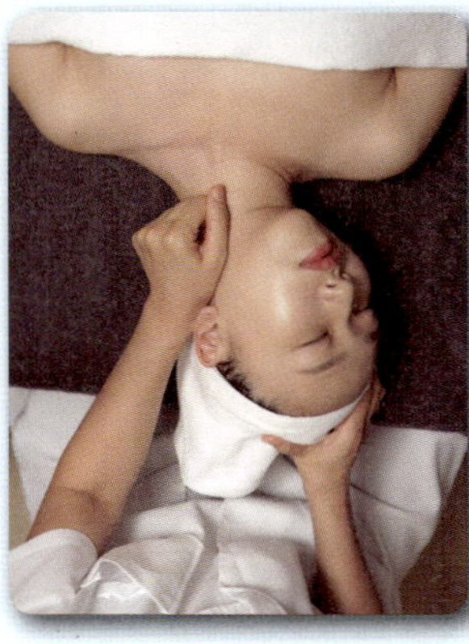

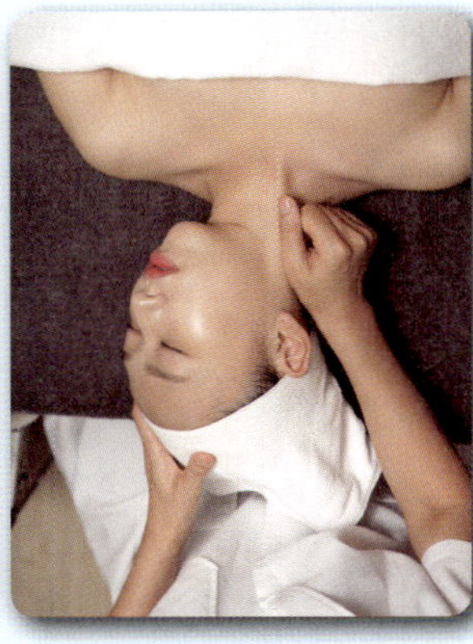

4. 얼굴 앞면

❶-1 얼굴 앞면을 하기 위한 준비자세를 취한다.

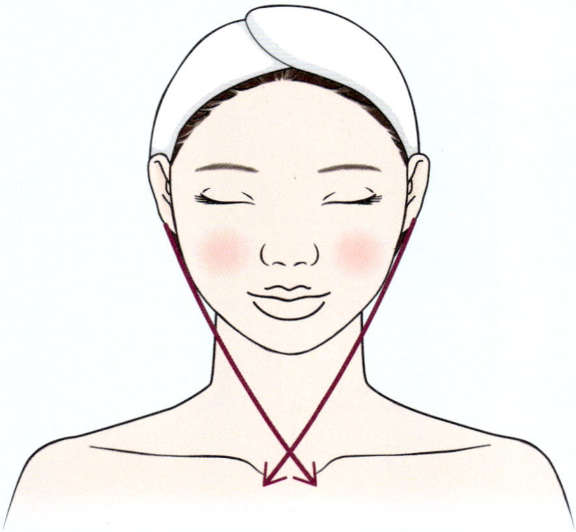

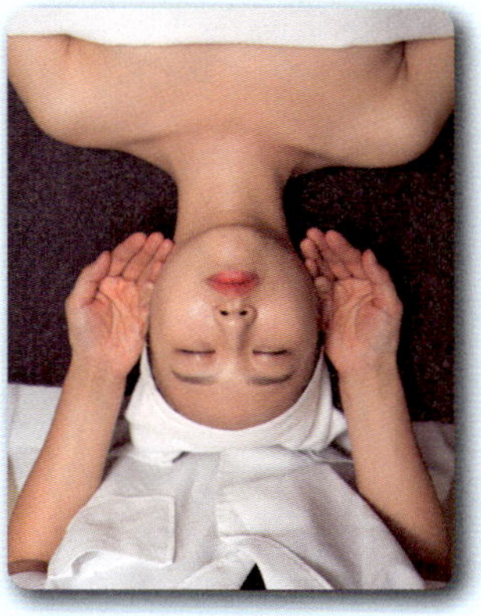

❶-2 귓볼 뒤에서 네 손가락으로 반원을 그린다.(5회)

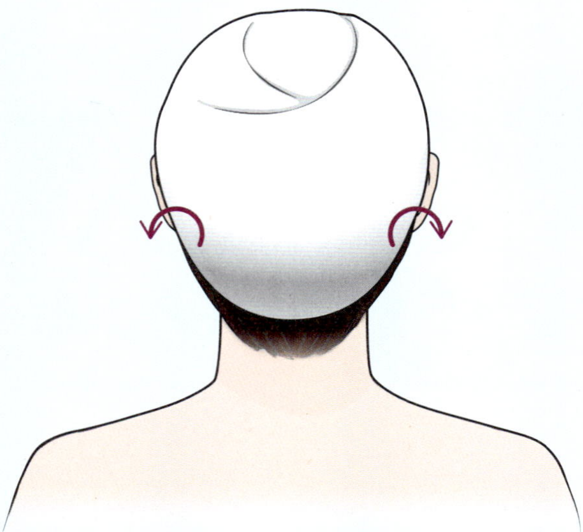

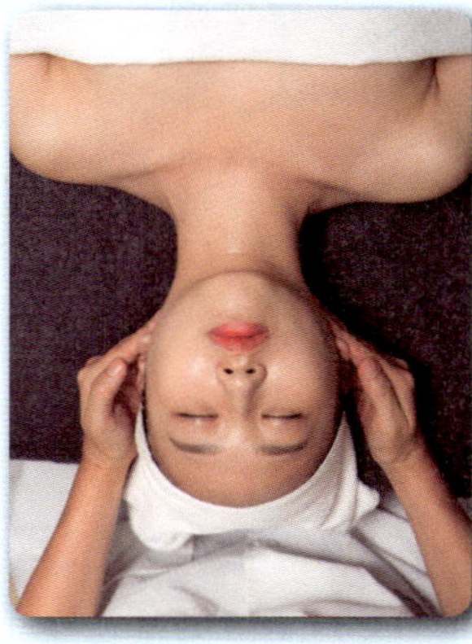

❶-3 목 중간부위를 네 손가락으로 반원을 그린다.(5회)

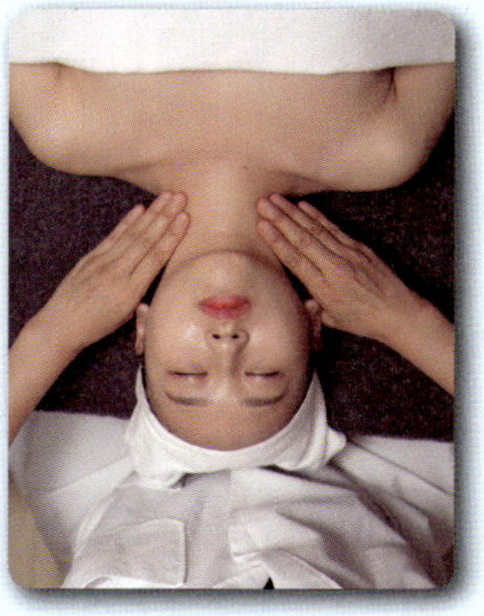

❷-1 귓볼 뒤 부위에서 지과면으로 반원을 그린다.(5회)

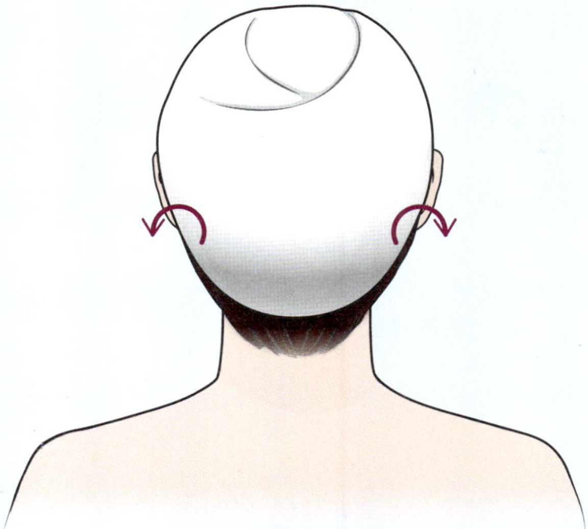

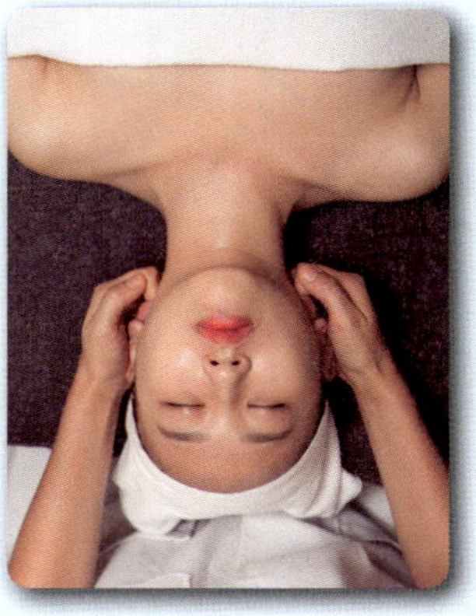

❷-2 목의 위에서 아래방향으로 지과면을 이용하여 쓸어준다.(①,②,③왕복2회)

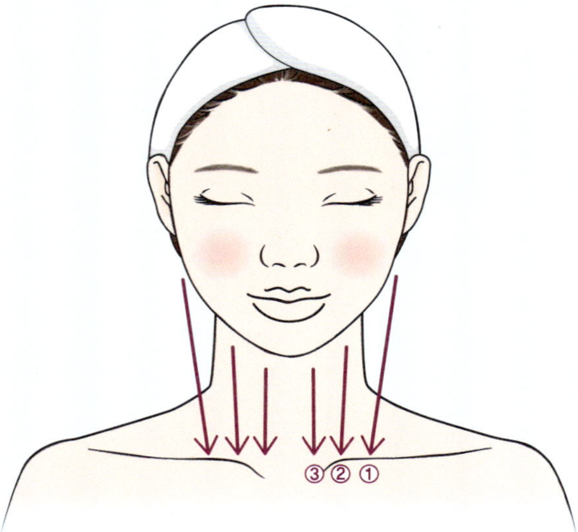

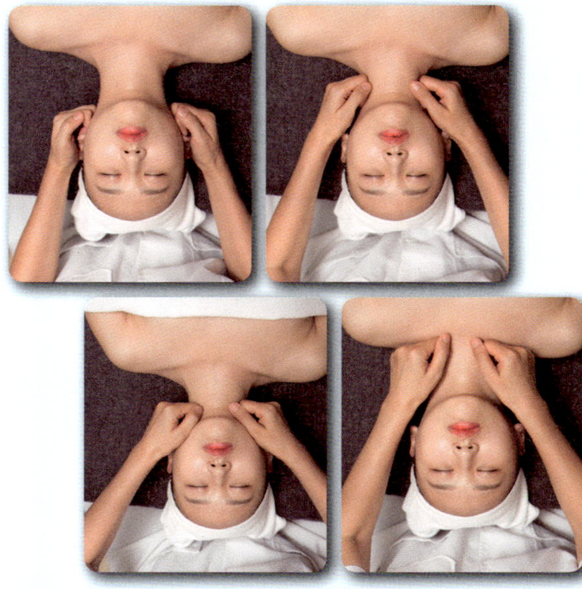

❸ 귓볼 앞 부위에서 모지구로 반원을 그려준다.(3회)

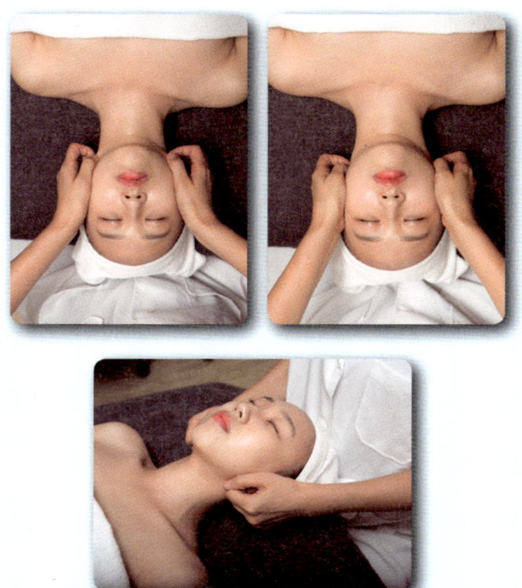

❹ 목을 지과면으로 쓸어준다.(4회)

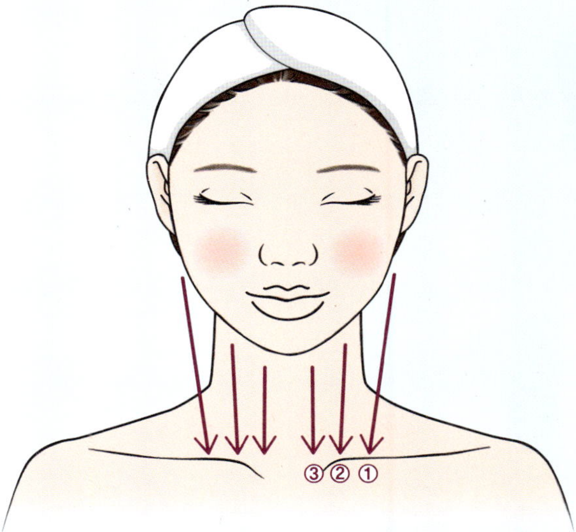

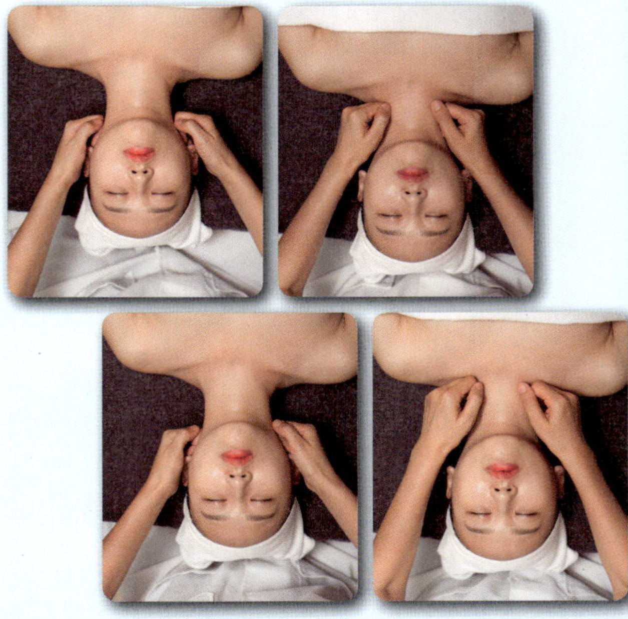

❺ 귓볼 뒤 부위에서 지과면으로 반원을 그려준다.(5회)

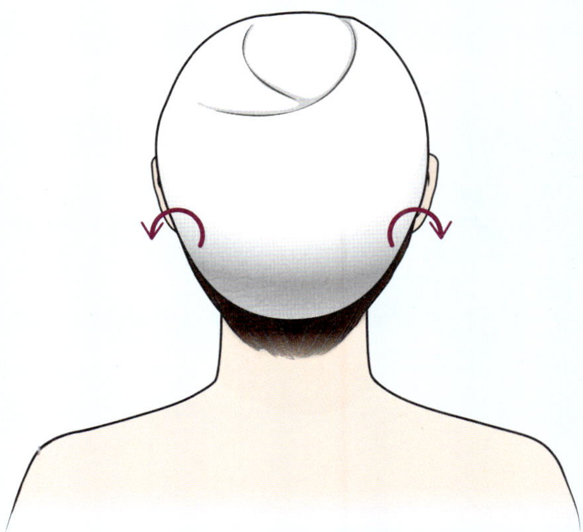

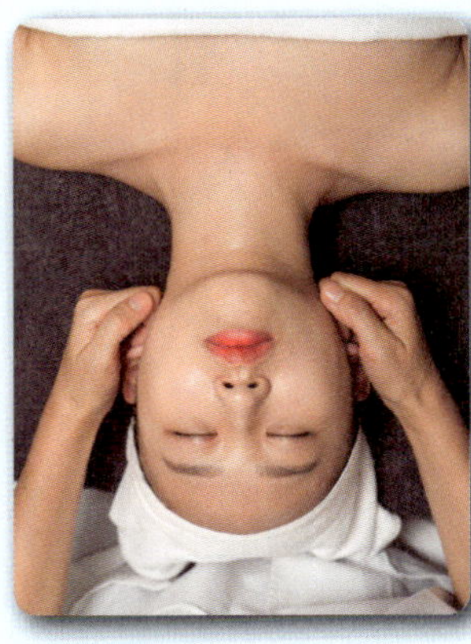

❻ 목을 지과면으로 쓸어준다.(4회)

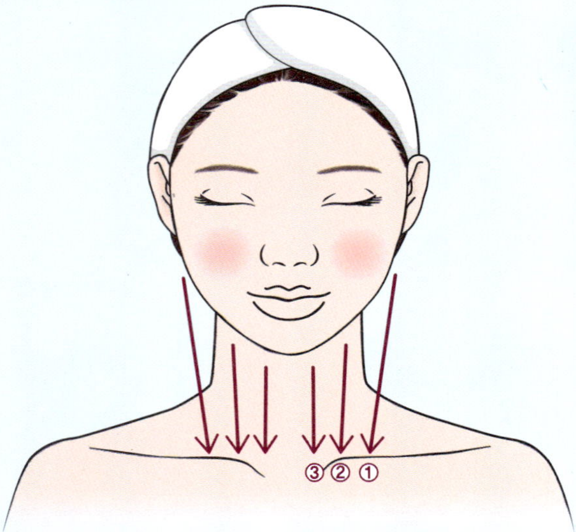

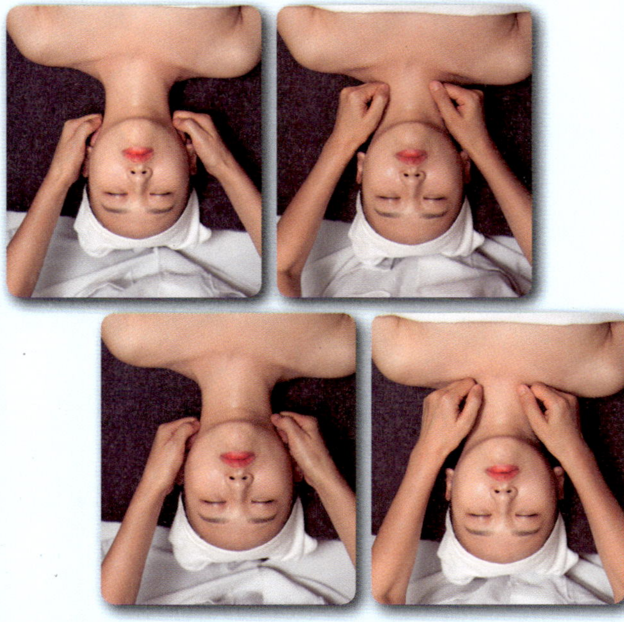

❼-1 턱 밑을 모지구를 이용하여 나선형으로 굴려준다.(2회)

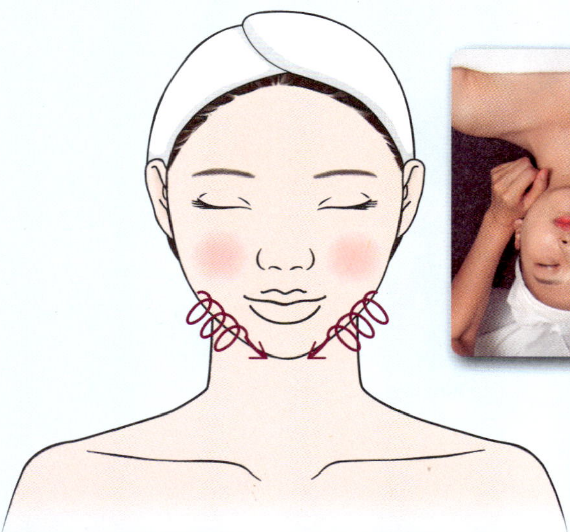

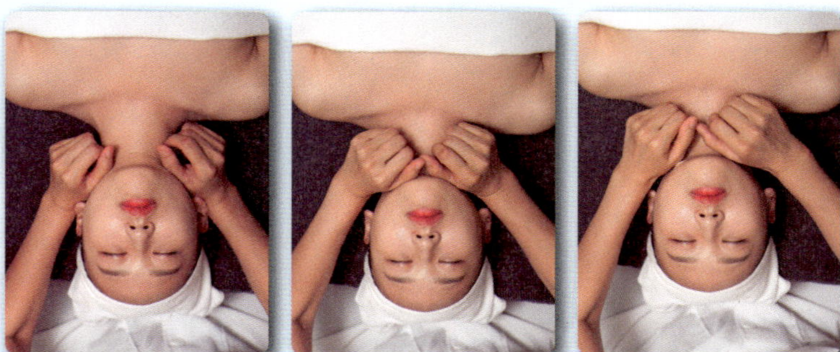

❼-2 한 손으로 반대손의 엄지를 잡고, 모지구로 턱 중앙의 아래부분을 나선형으로 굴려준다.(5회)

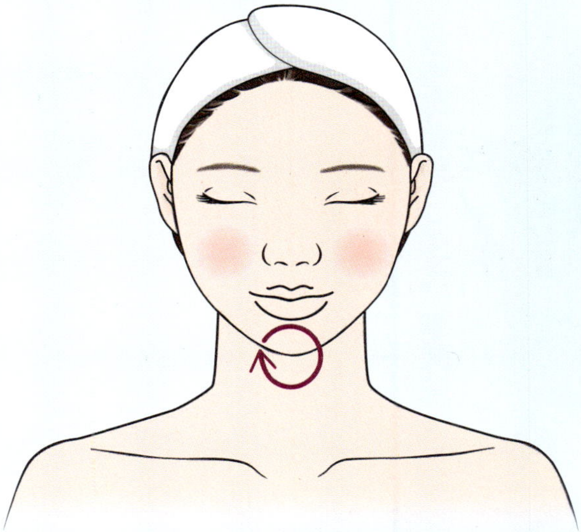

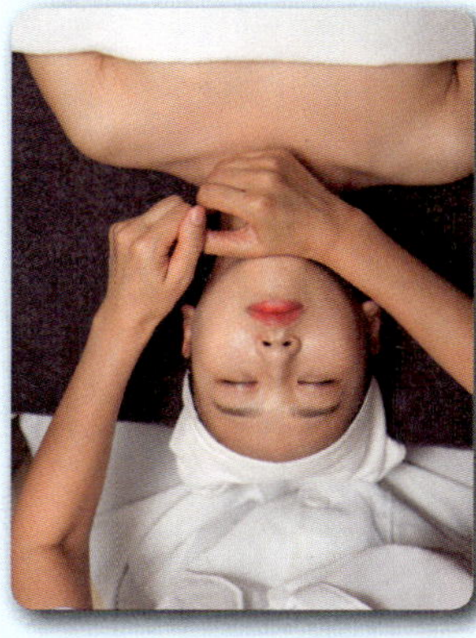

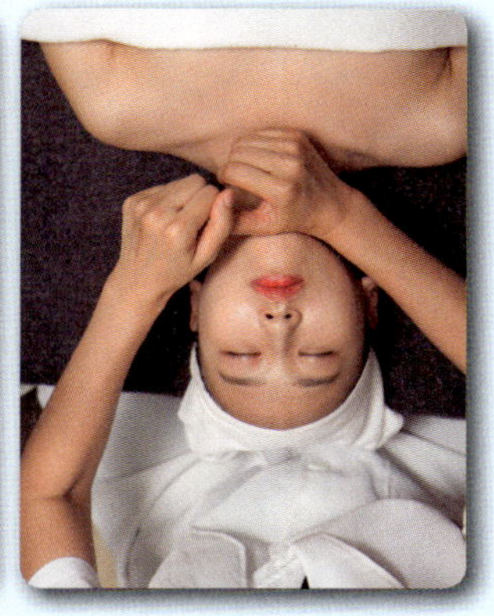

❽ 귓볼 뒤 부위에서 지과면으로 반원을 그려준다.(5회)

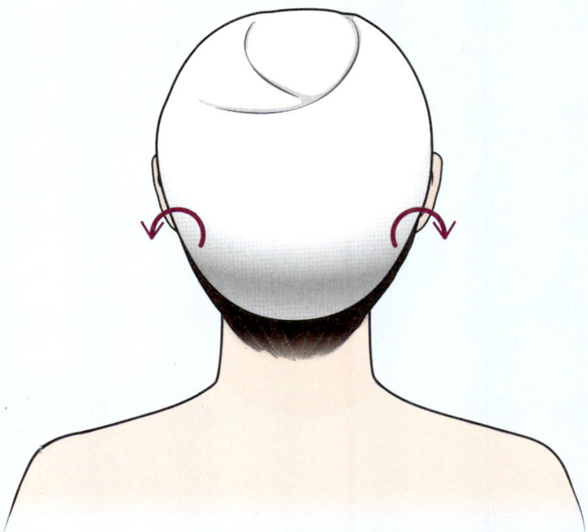

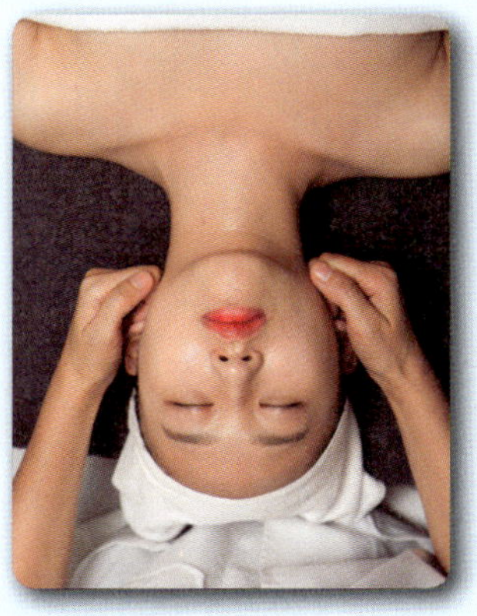

❾ 목 부위를 지과면으로 쓸어준다.(4회)

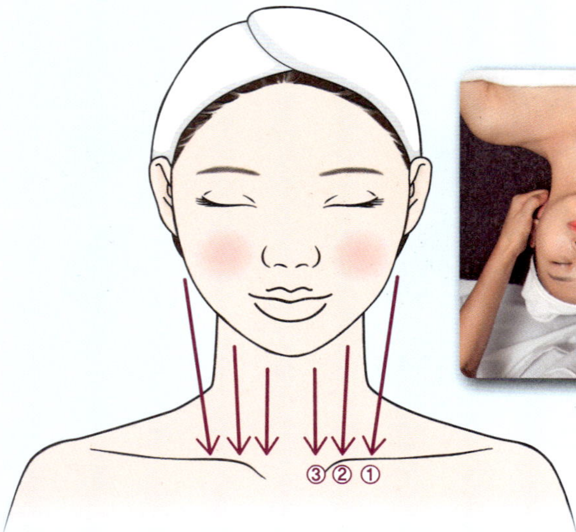

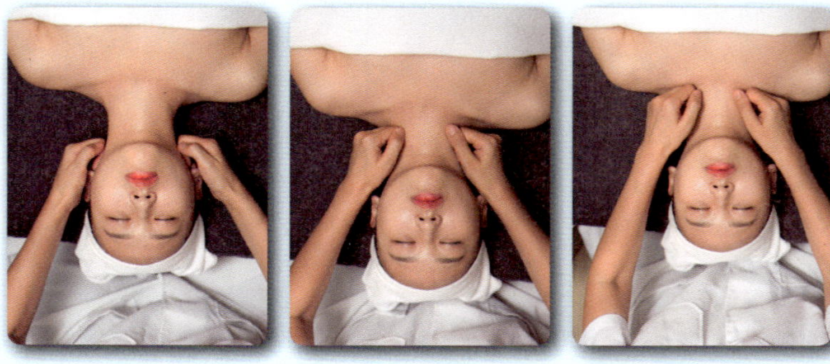

❿ ①턱 중앙에서 턱 끝까지 모지구로 쓸어준 후, 턱 끝에서 모아주듯 반원을 그려준다.(1회)

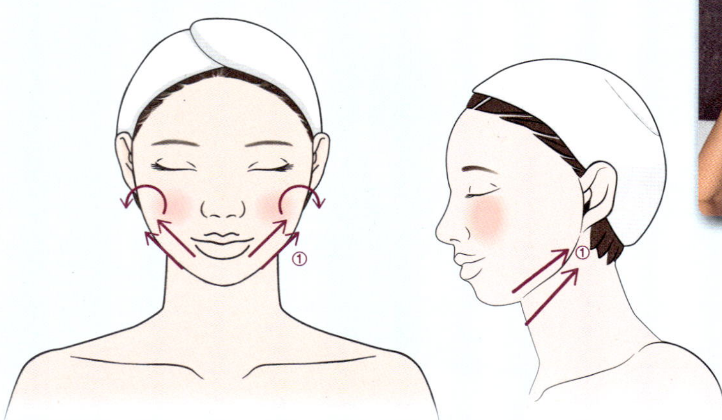

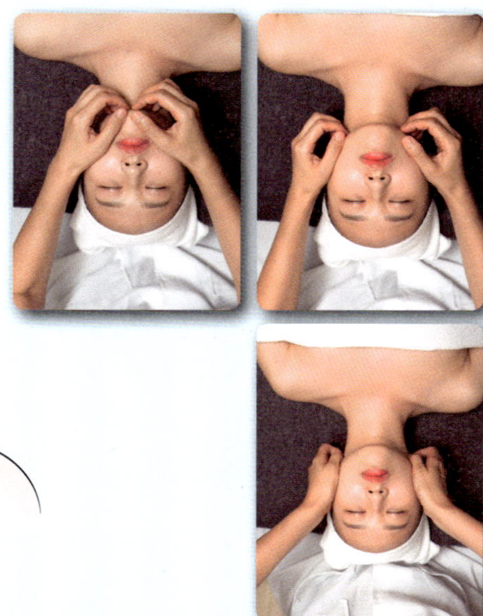

⑪ ①입술 중앙 부위에서 귓볼까지 모지구로 쓸어준 후, 귓볼에서 모지구로 모아주듯 반원을 그려준다.

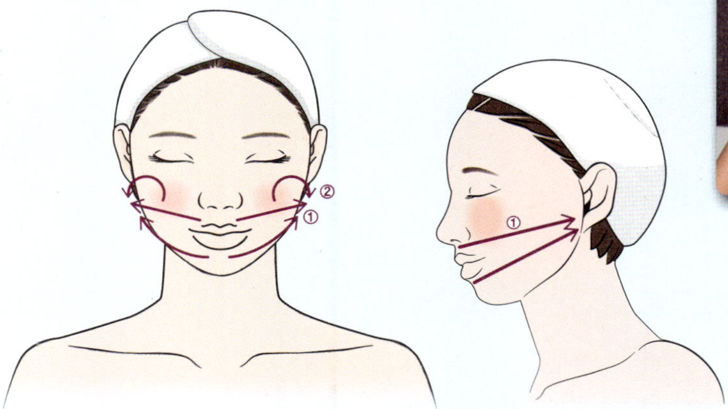

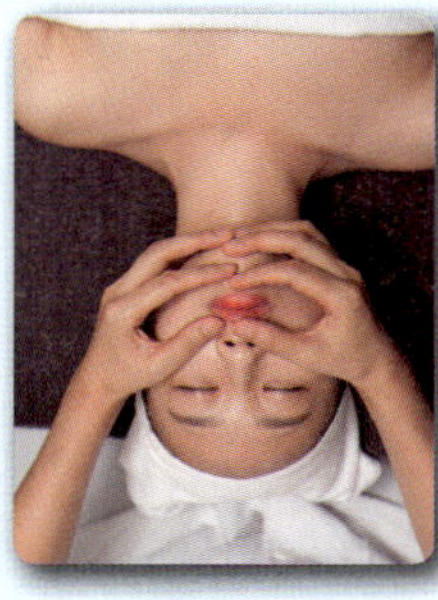

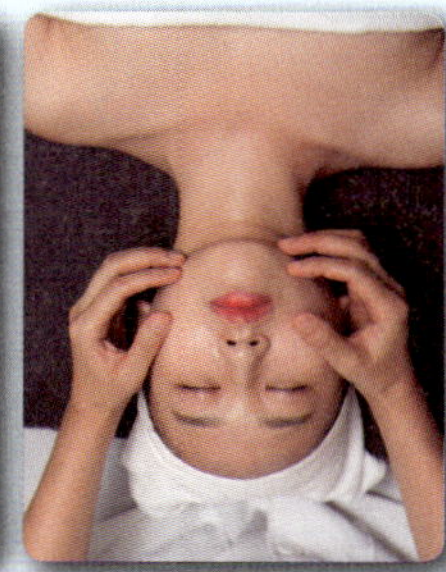

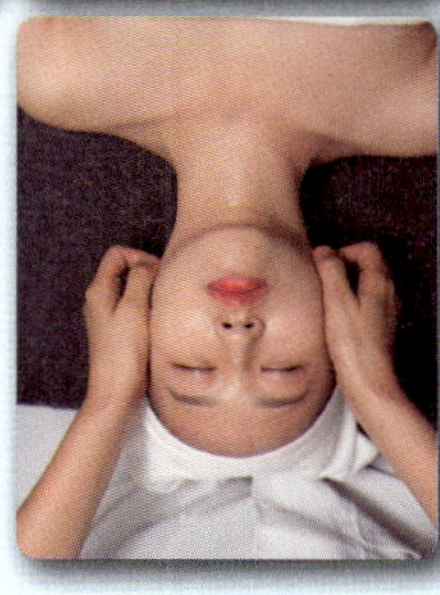

⑫ ①눈 밑에서 관자놀이까지 모지구로 쓸어준 후, 관자놀이에서 모지구로 모아주듯 반원을 그려준다. (1회)

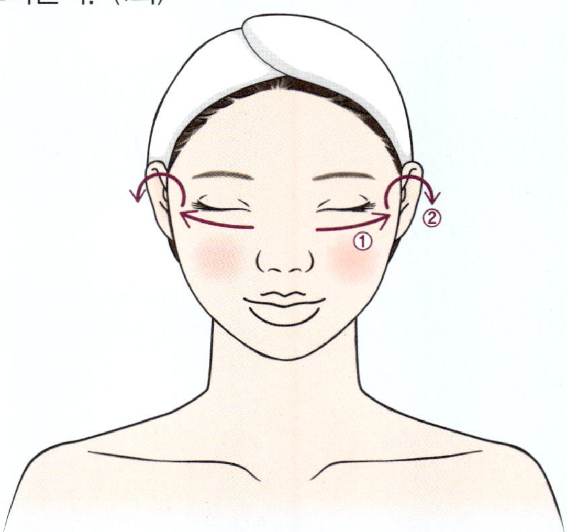

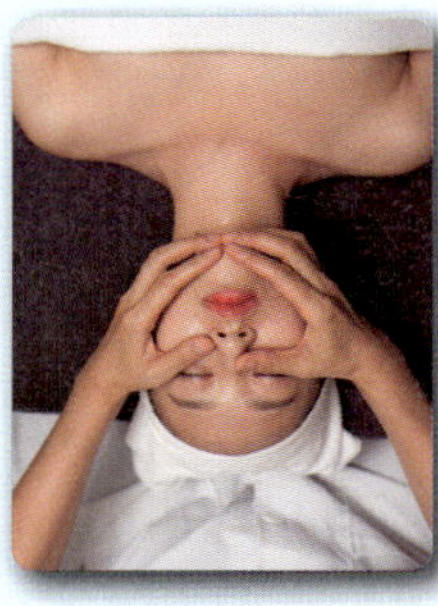

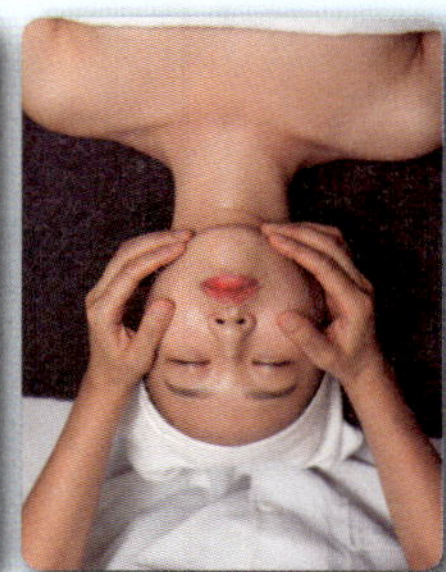

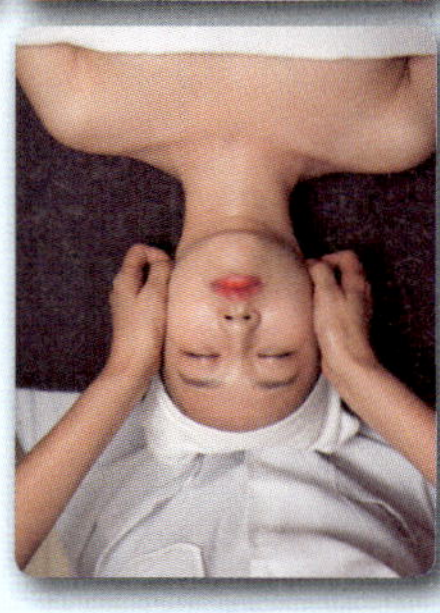

⑬ 이마에서 턱 끝까지 모지구로 쓸어내린 후, 반원을 그린다.(1회)

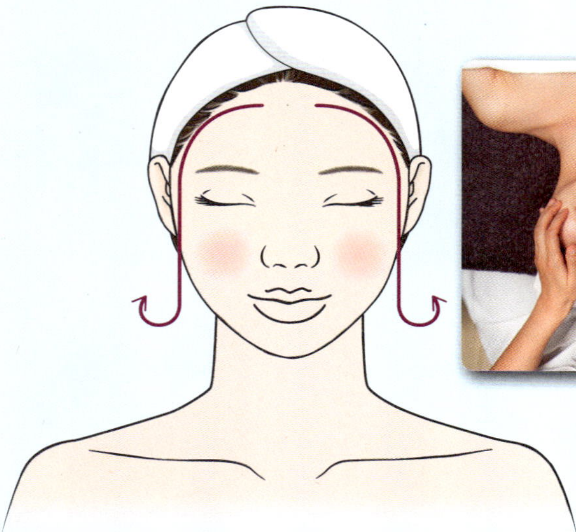
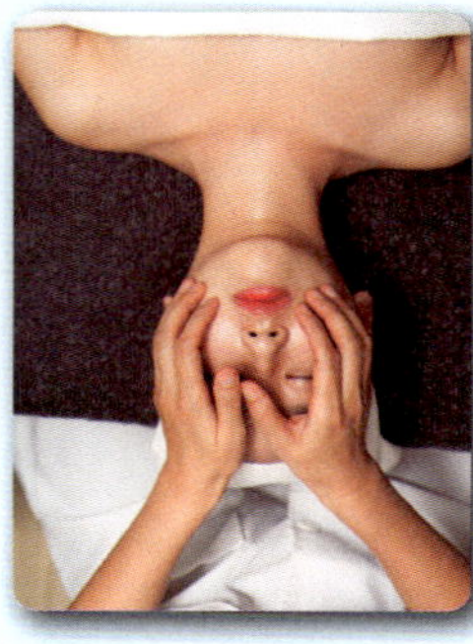
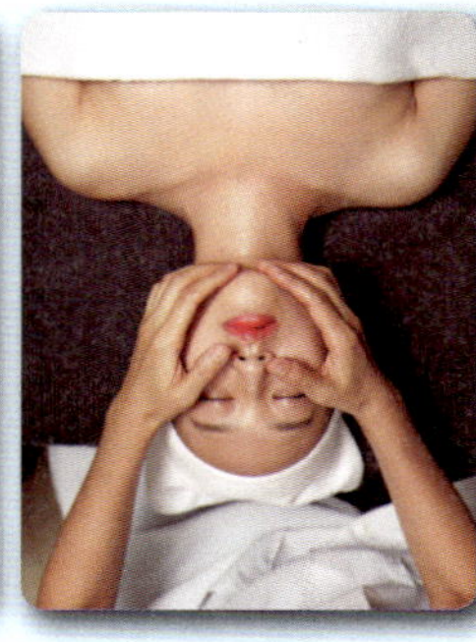
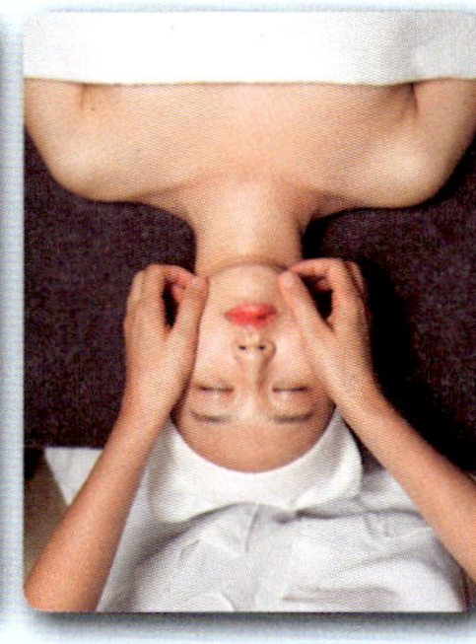

⑭ 귓볼 앞 부위에서 모지구로 반원을 그린다.(3회)

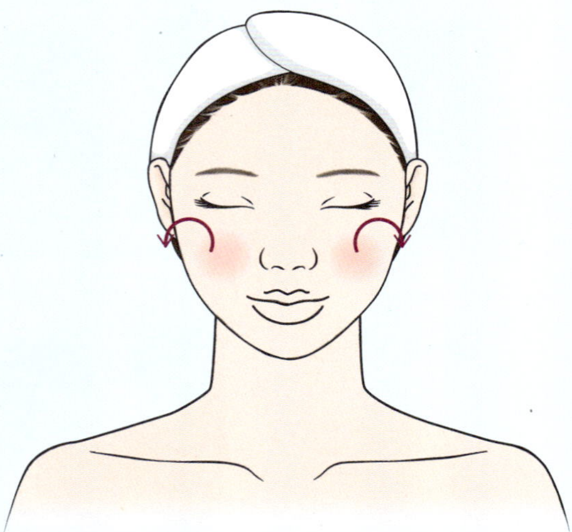
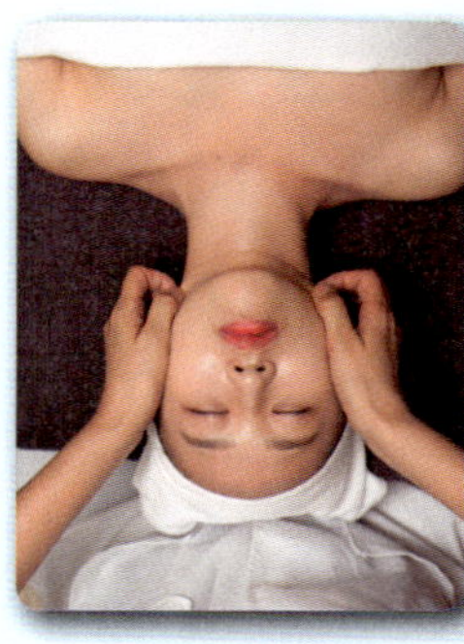
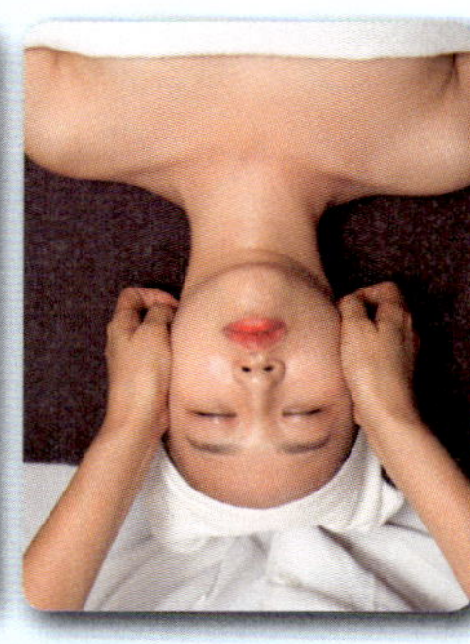
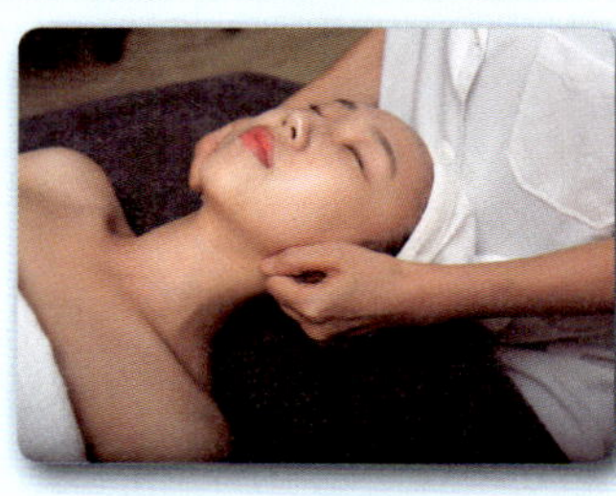

부종부분 얼굴 앞면

⑮ 눈에서 부터 볼부위를 삼등분하여 원을 그리며 쓸어준다.(3회)

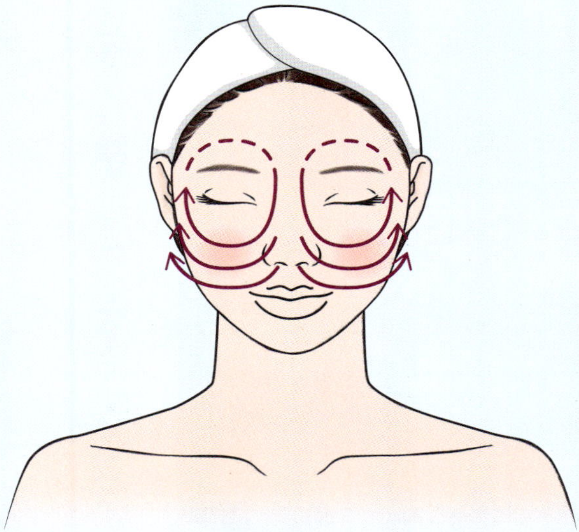

① 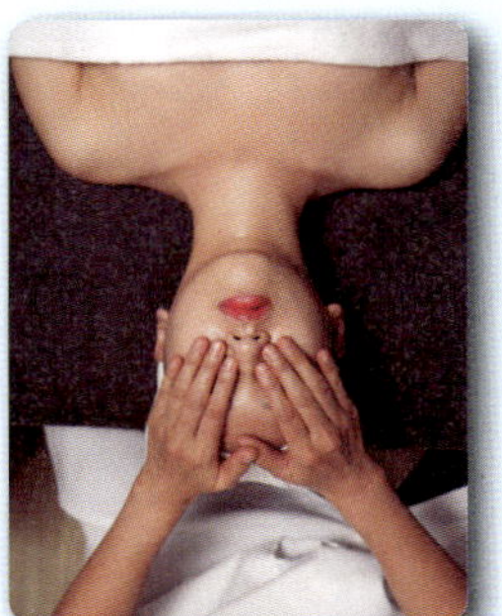

② 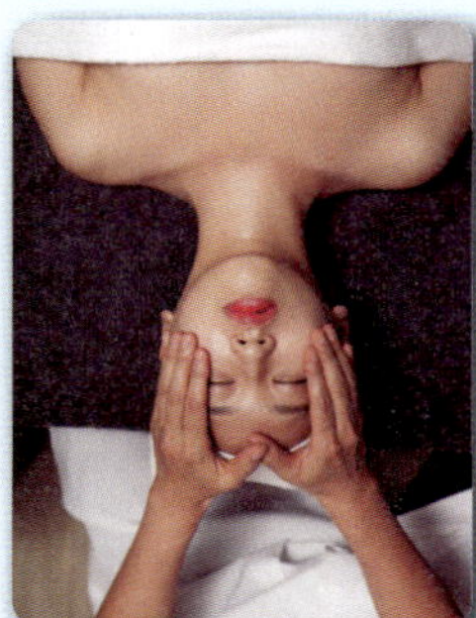

③ 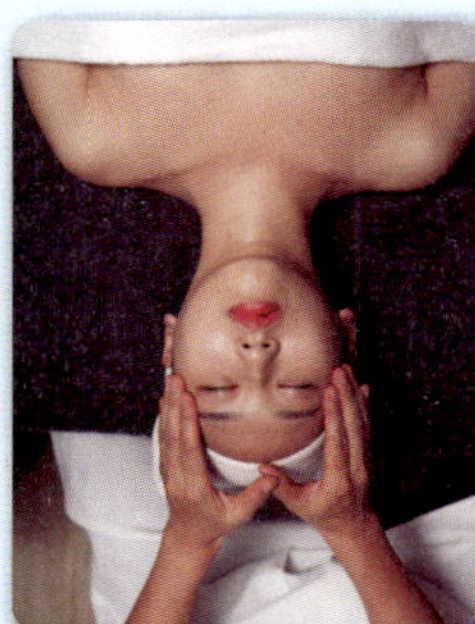

④
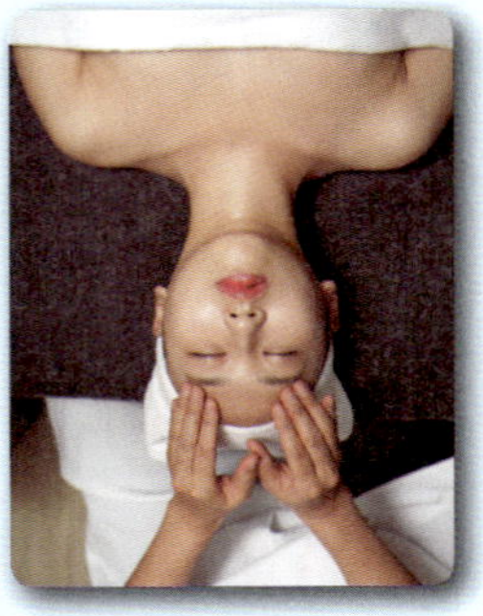

⑤
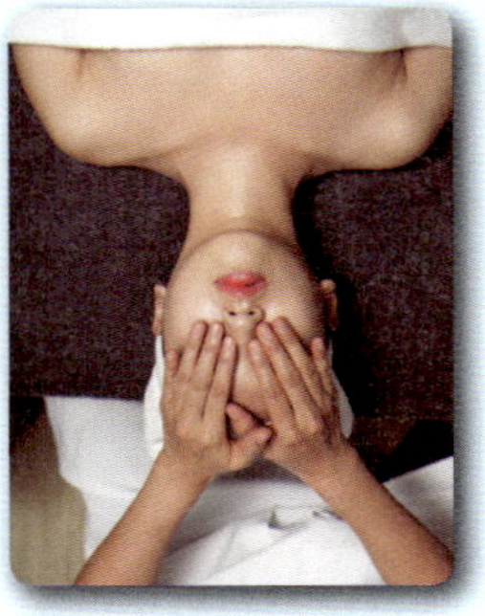

⑥
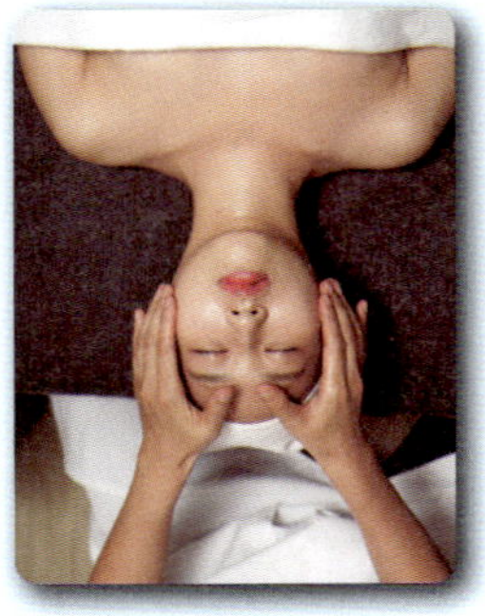

⑦
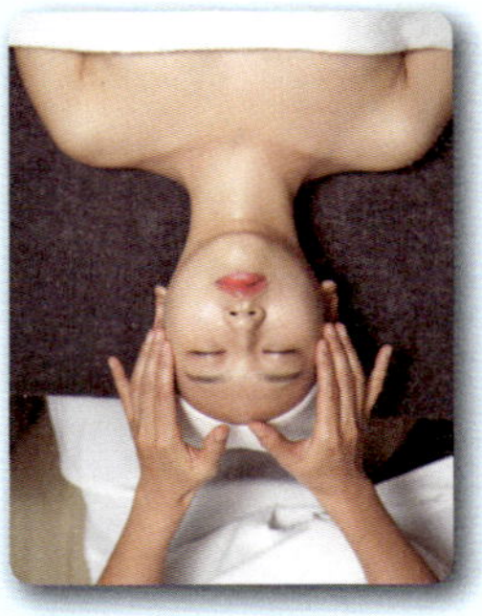

⑧
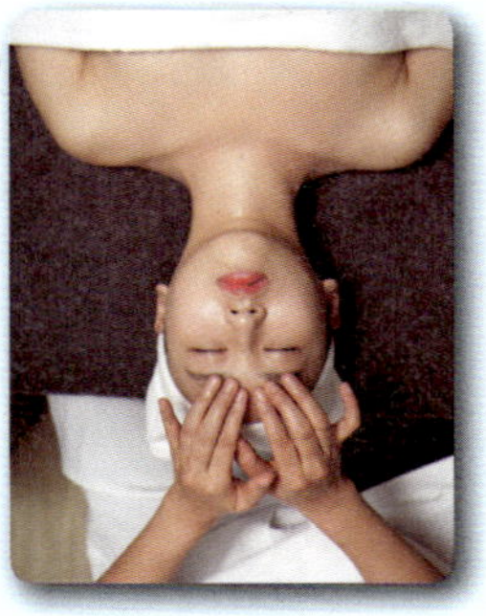

⑨
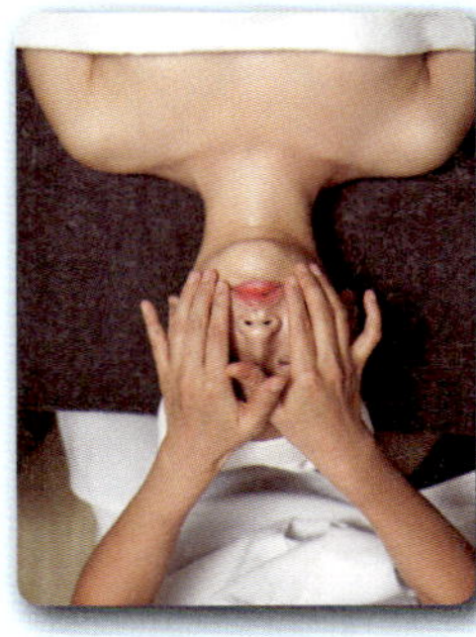

⑩
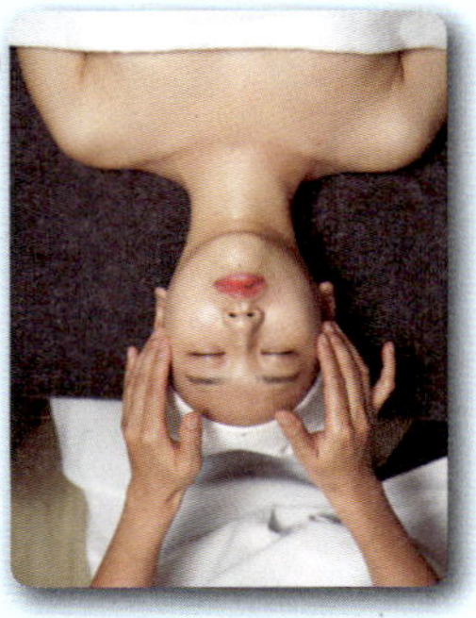

⑪
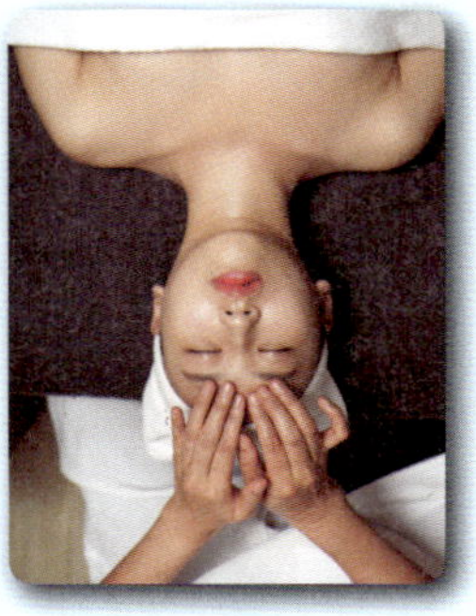

⑯ 관골을 모지구로 감싸주듯 쓸어준다.(1회)

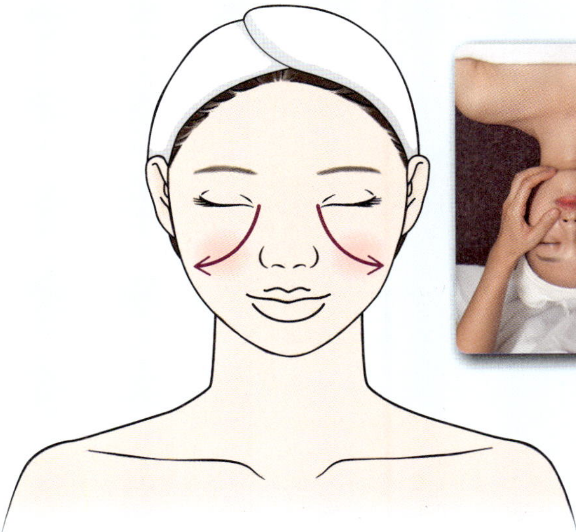
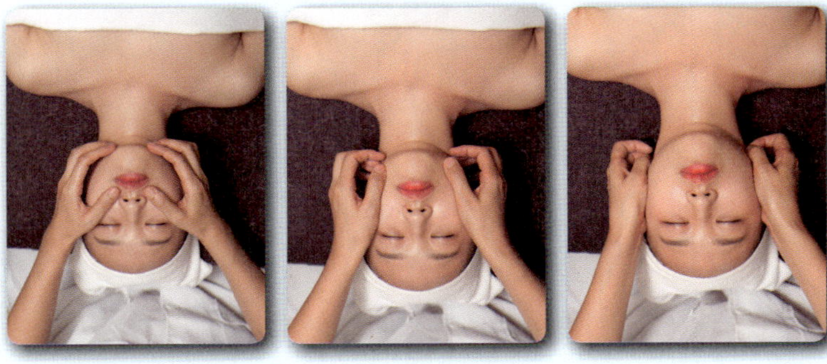

⑰ 귓볼 앞 부위에서 모지구로 반원을 그린다.(3회)

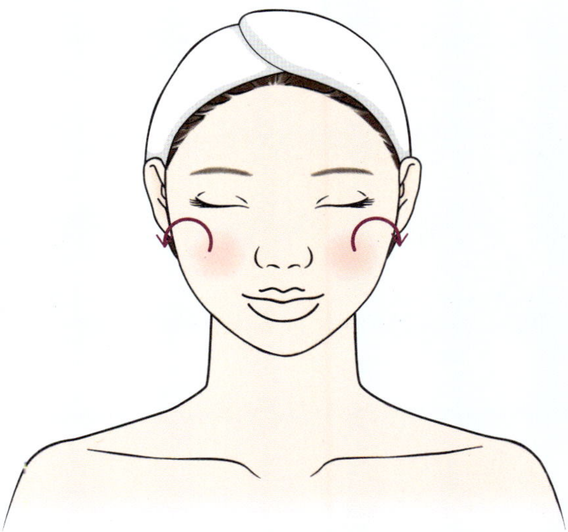
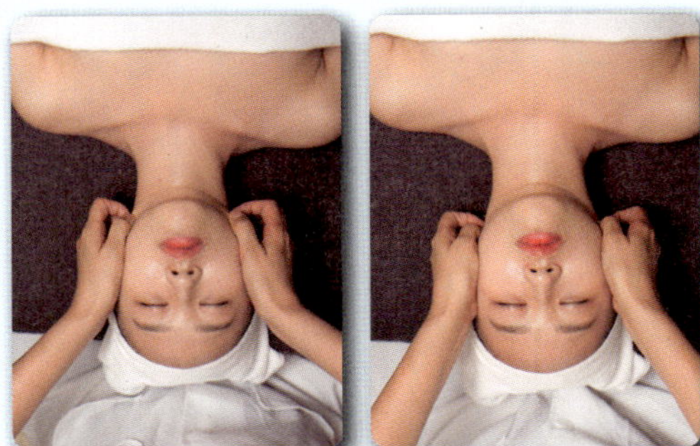
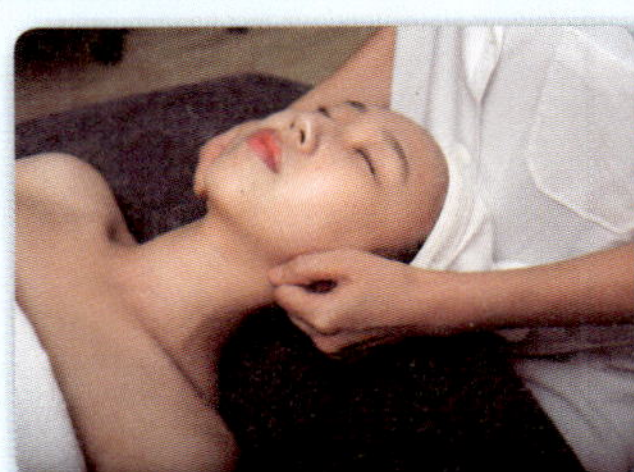

⑱ 귓볼 뒤 부위에서 지과면으로 반원을 그린다.(5회)

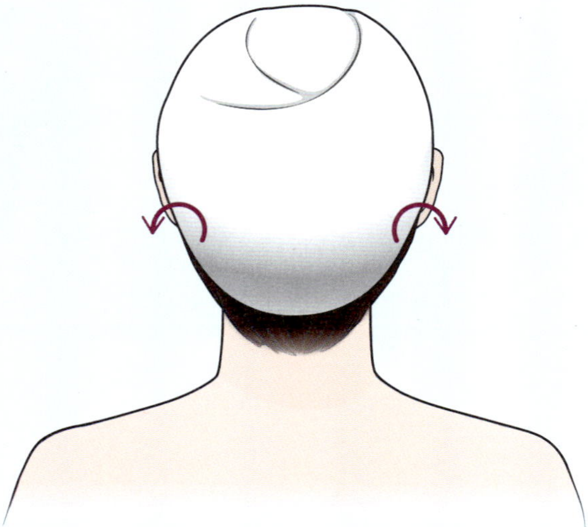

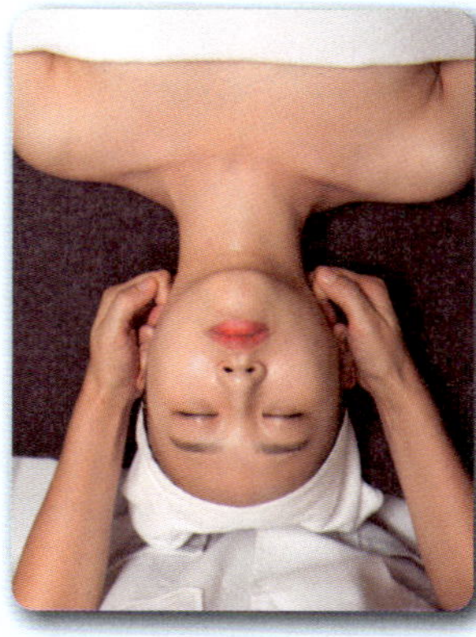

⑲ 목의 윗쪽에서 아랫방향으로 지과면을 이용하여 쓸어내려준다.(왕복 2회)

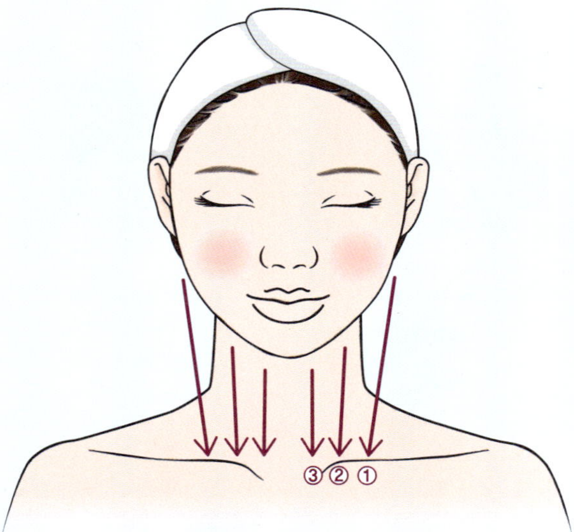

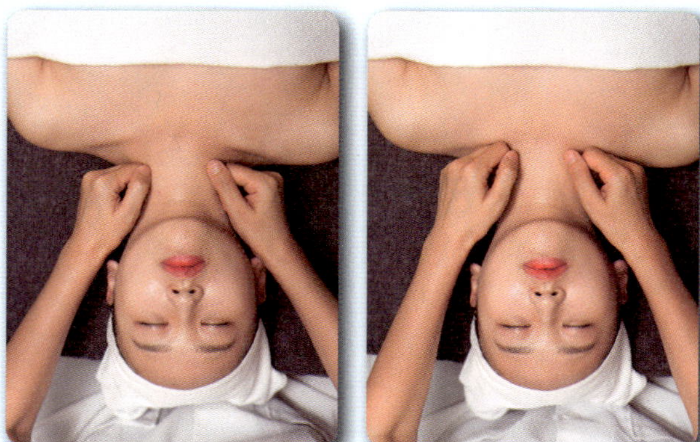

⑳ 턱 끝에서 턱선을 따라 좌우방향을 C자로 번갈아 쓸어준 후, 턱 끝에서 모지구로 쓸어 내린다.(4회)

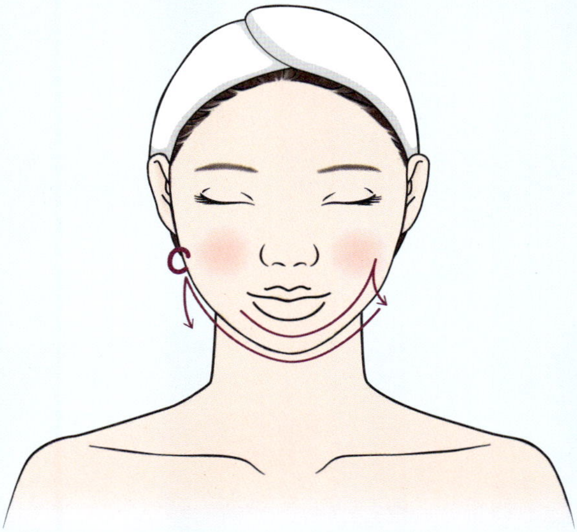

①

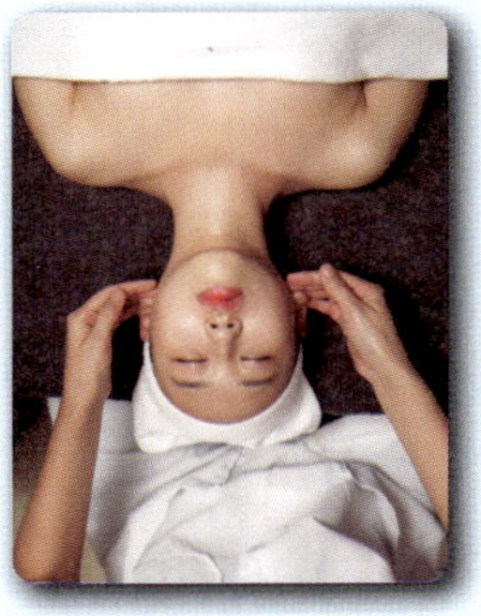

②

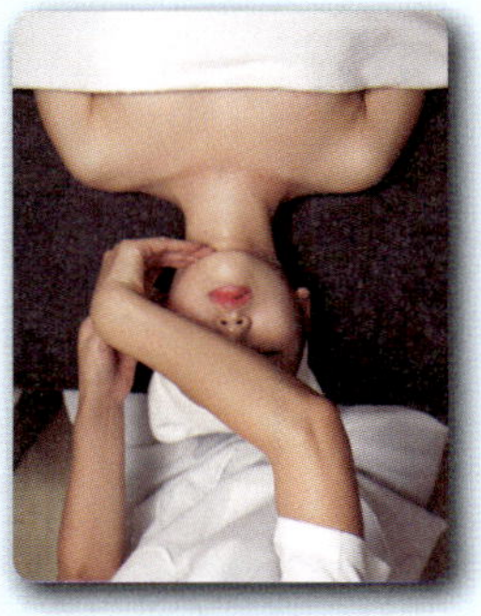

③

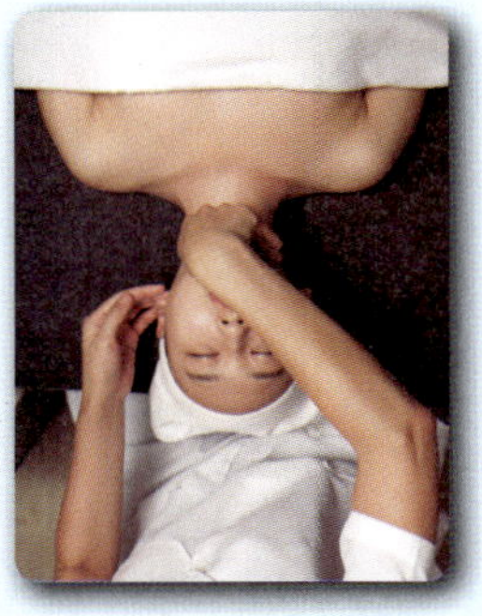

20~22
동영상 학습

④

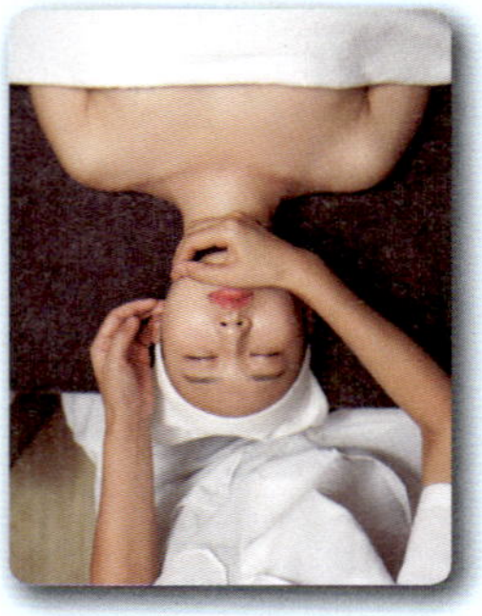

⑤

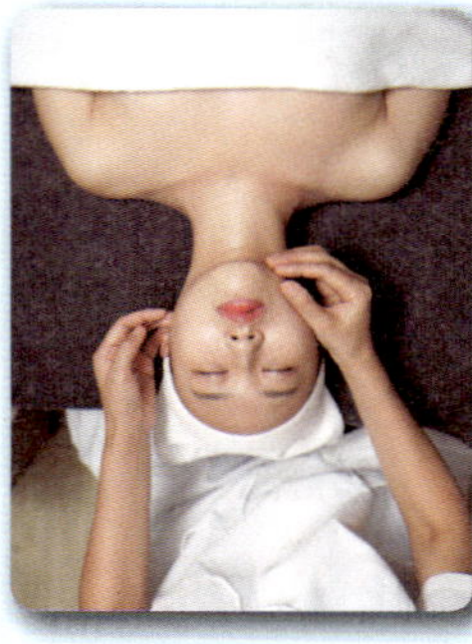

⑥

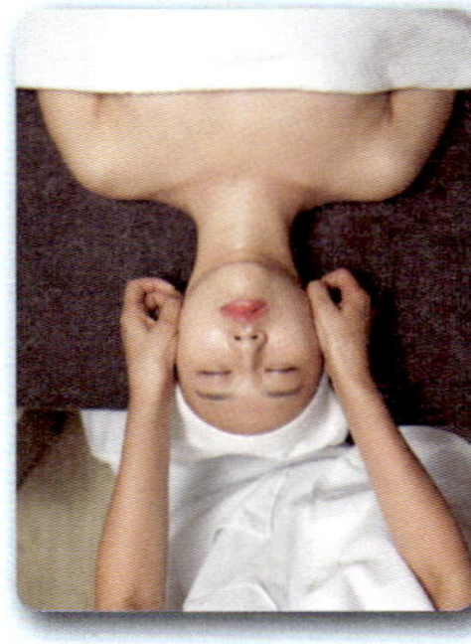

⑦

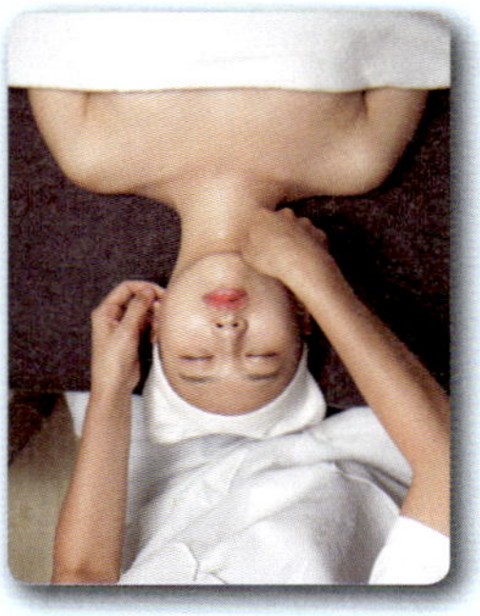

⑧

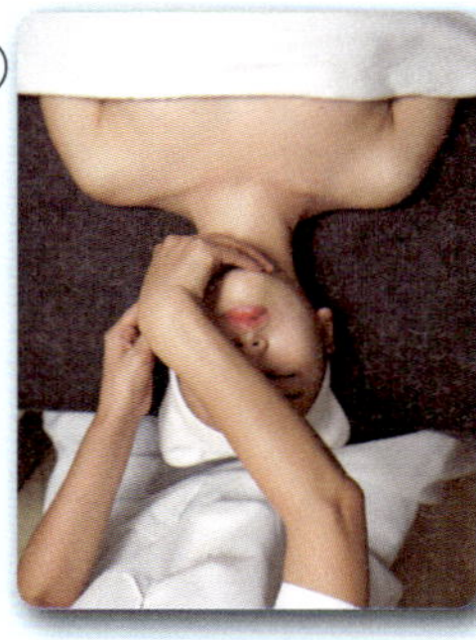

⑨

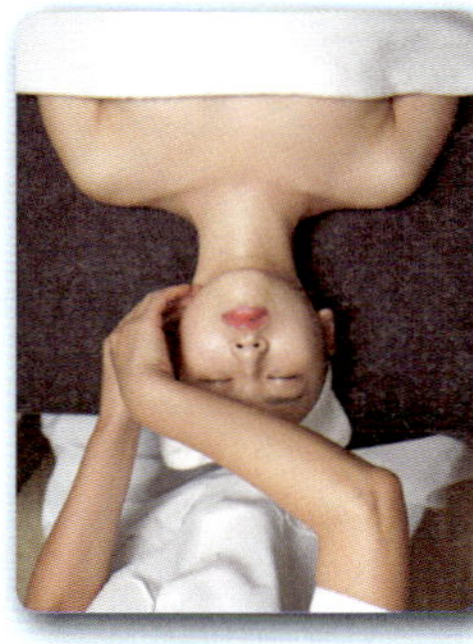

⑩

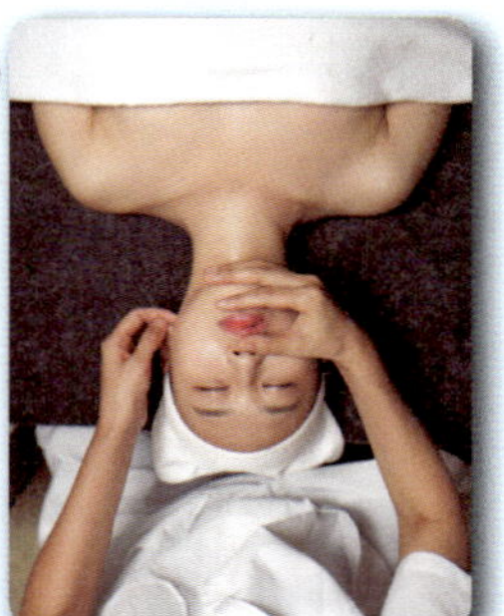

⑪

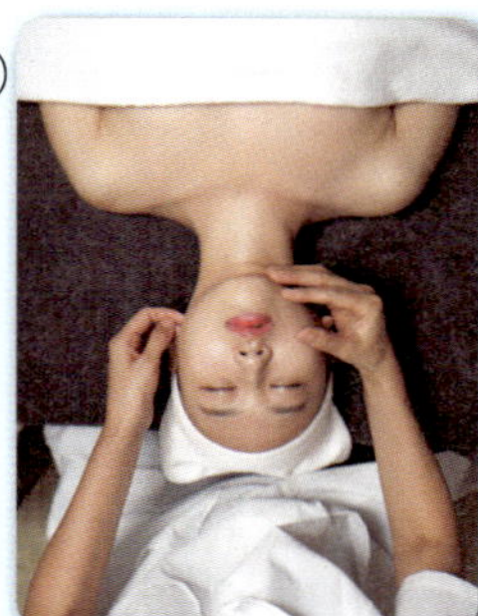

⑫

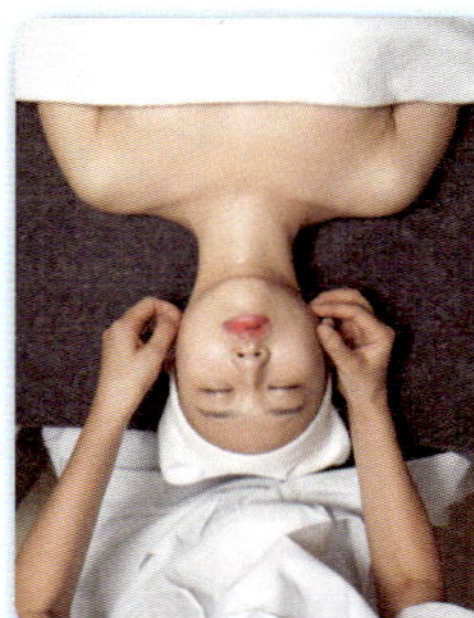

㉑ 턱 끝에서 입술주위를 좌·우로 한 손씩 C자로 번갈아 쓸어 준다.(4회)

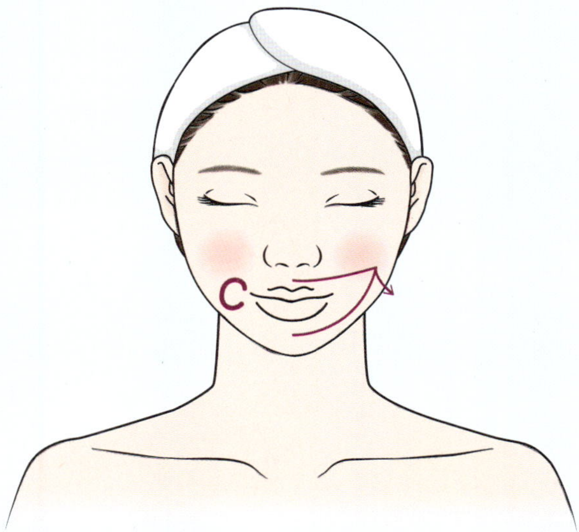

①

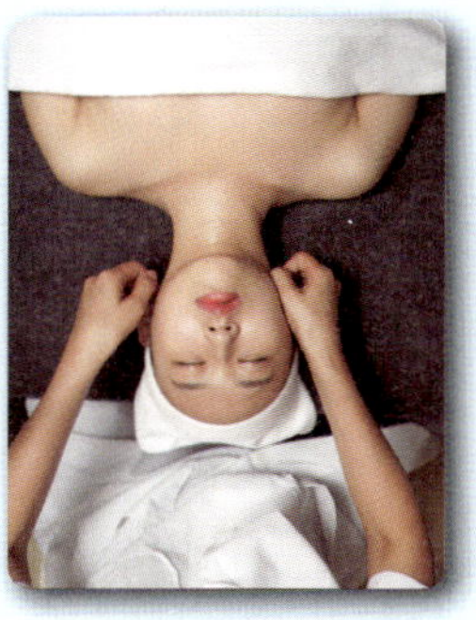

②

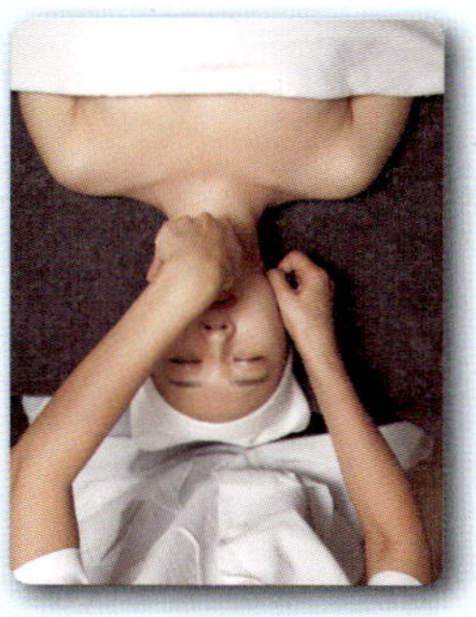

③

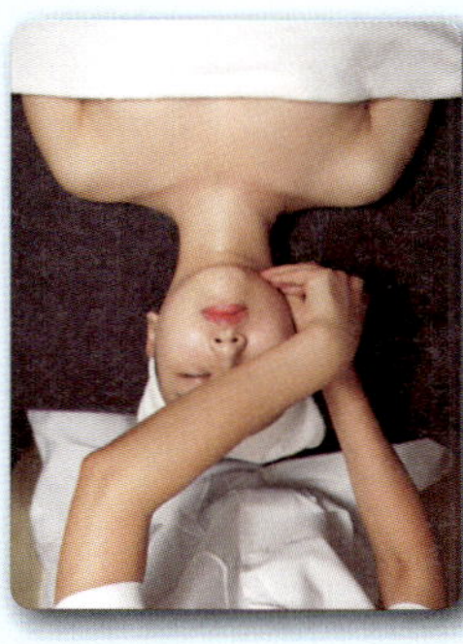

④

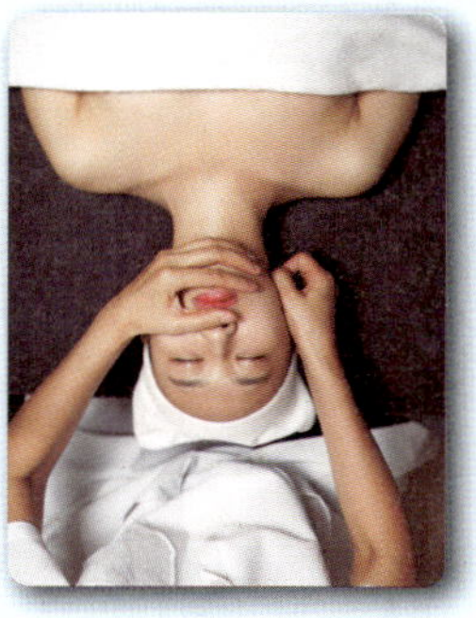

⑤

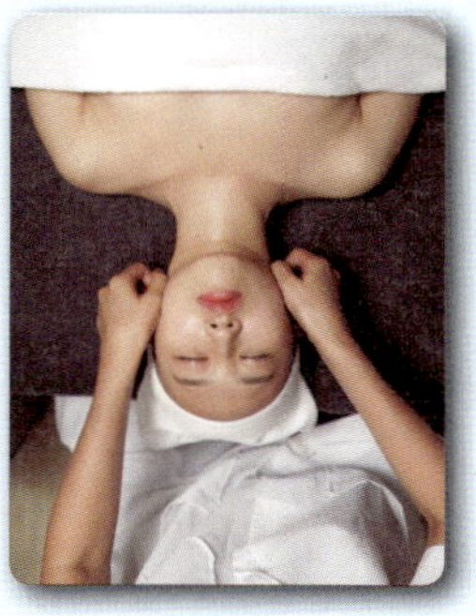

㉒ 턱 끝에서 턱선을 따라 C자로 좌·우 방향을 쓸어준 후 턱에서 입술주위를 좌·우로 한 손씩 번갈아 쓸어준다. (왕복3회)

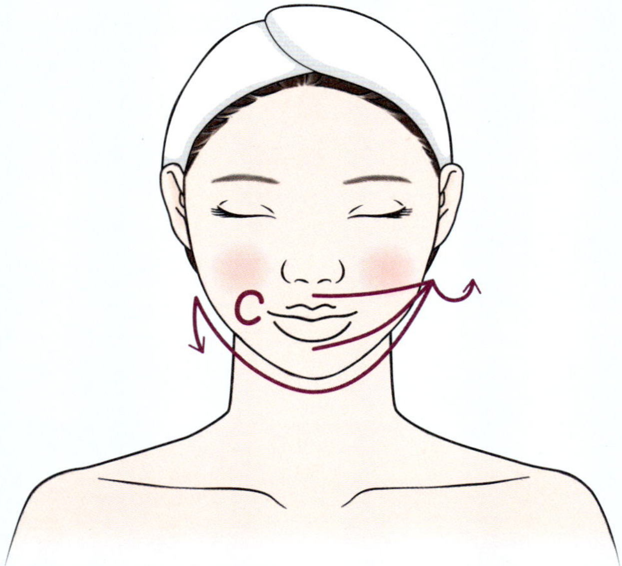

① 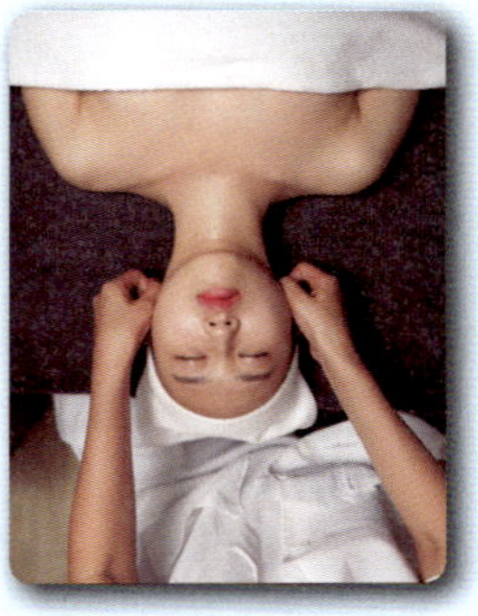

② 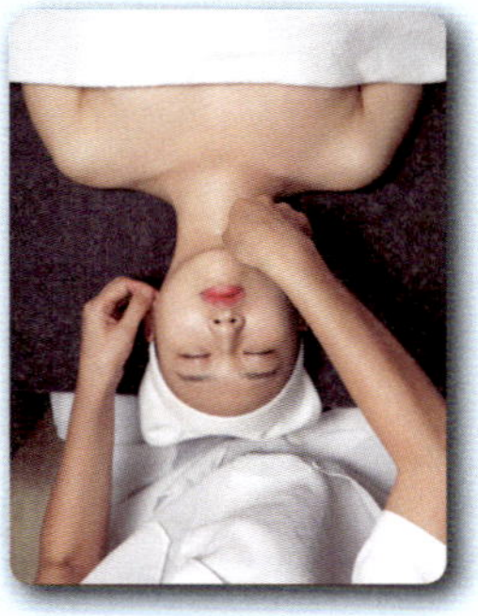

③ 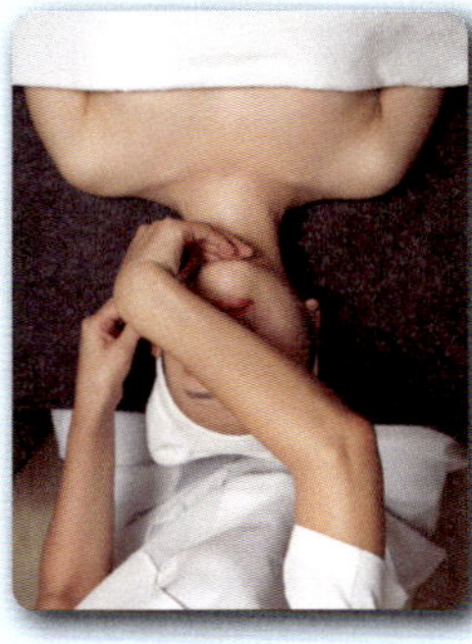

④
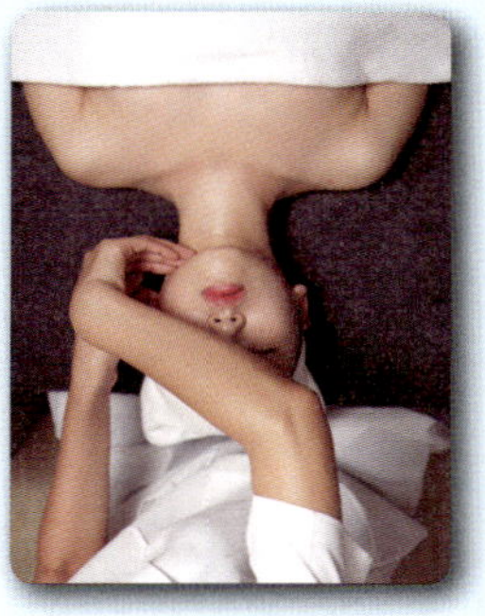

⑤
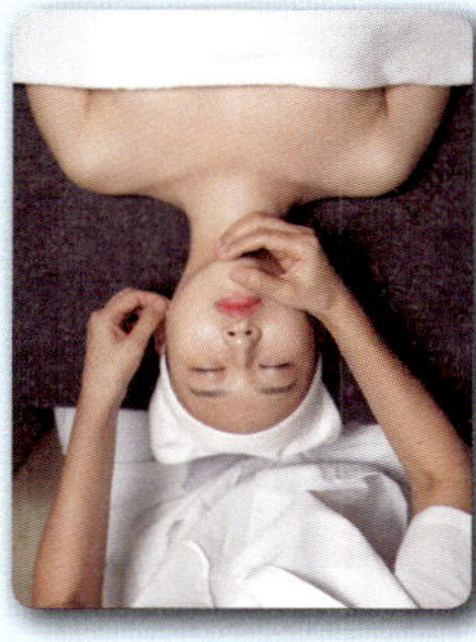

⑥
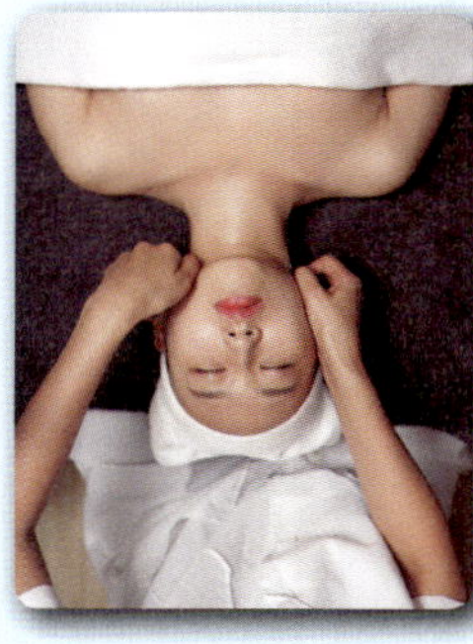

⑦
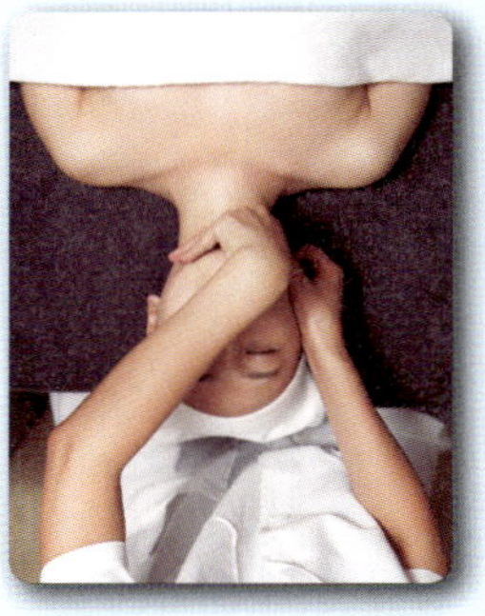

⑧
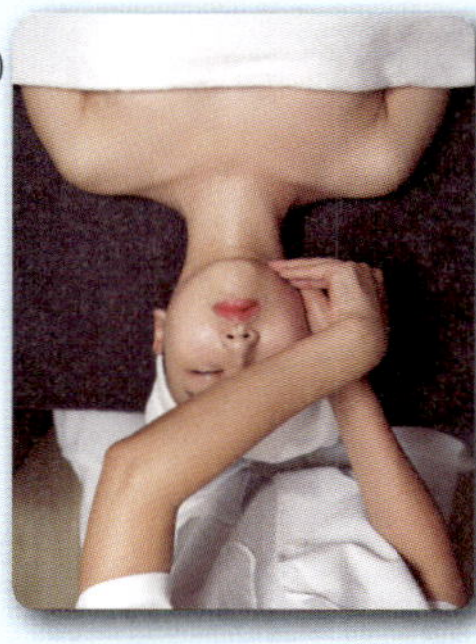

⑨
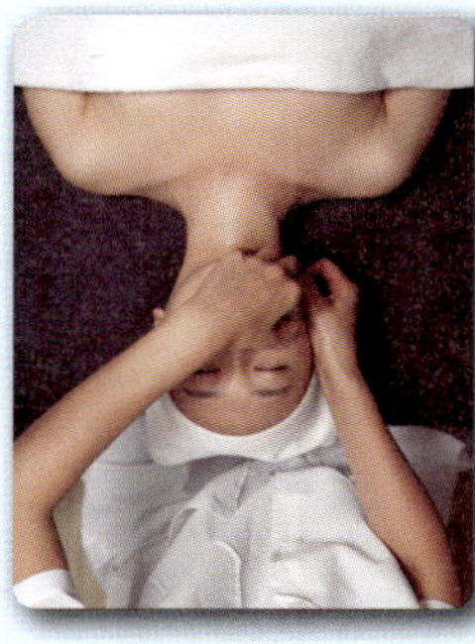

⑩
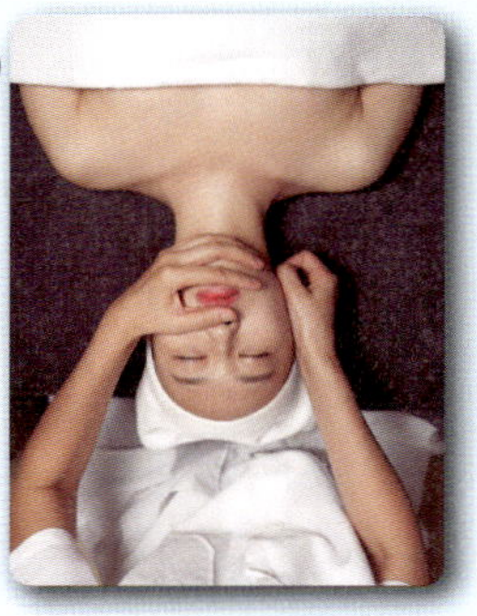

⑪
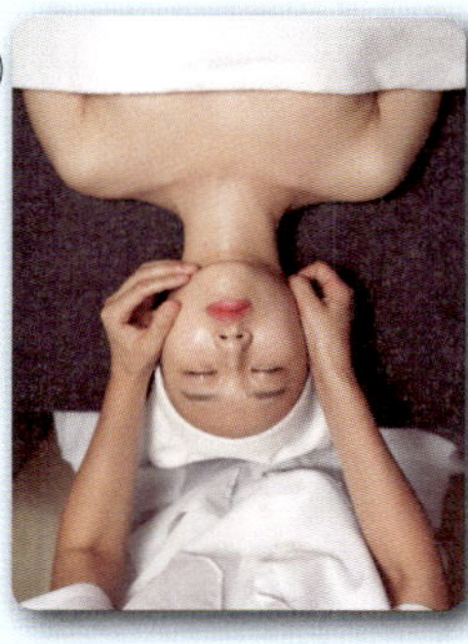

⑫
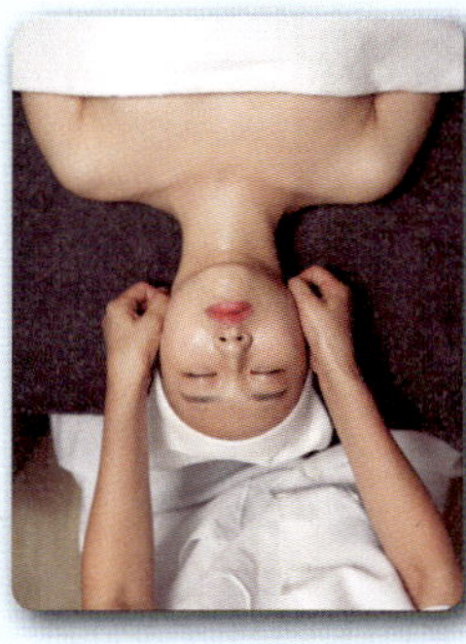

㉓-1 볼 전면을 깍지 끼고 두 손 모아 돌려준다.(3회)

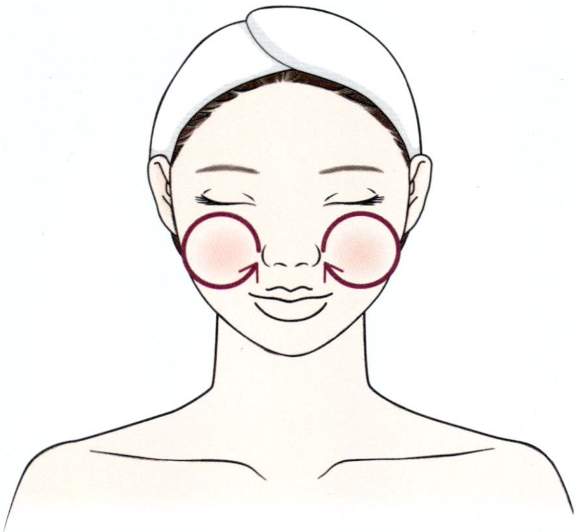

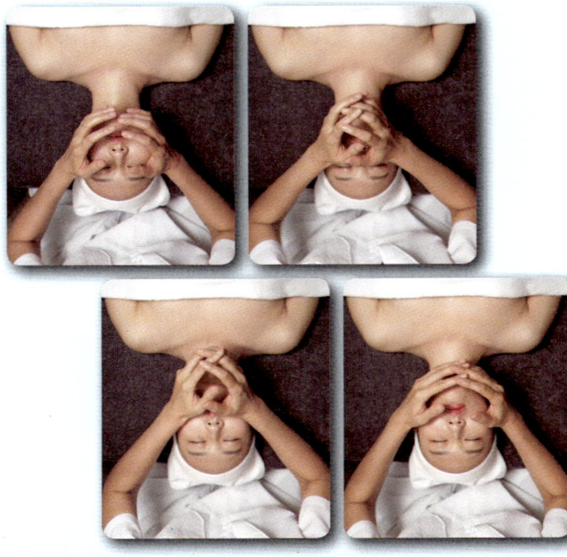

㉓-2 ㉓-1과 연결하여 두 손을 모아 턱 끝으로 가볍게 튕겨준다.

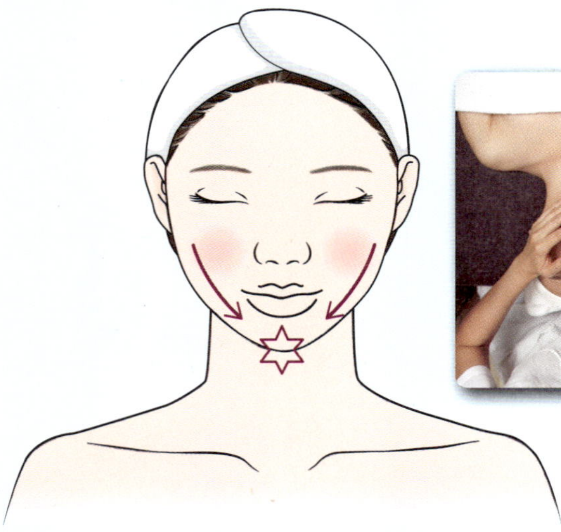

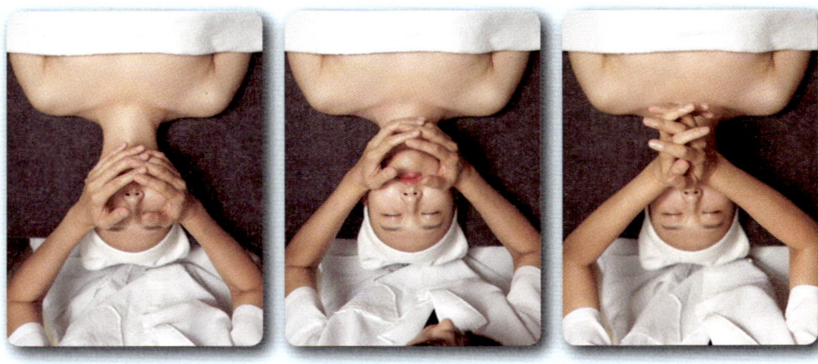

㉔ 귓볼 앞 부위에서 모지구로 반원을 그린다.(3회)

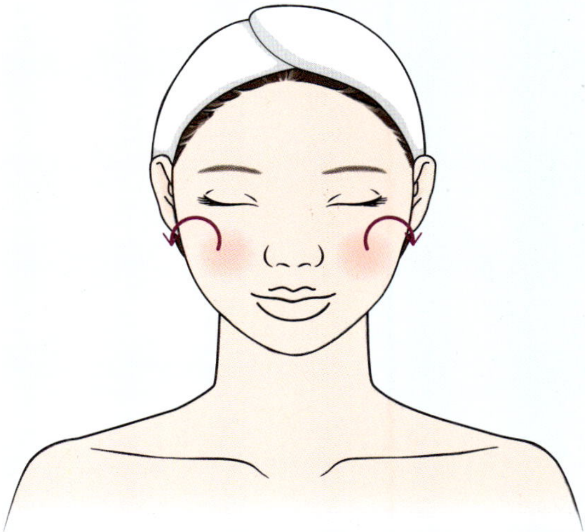

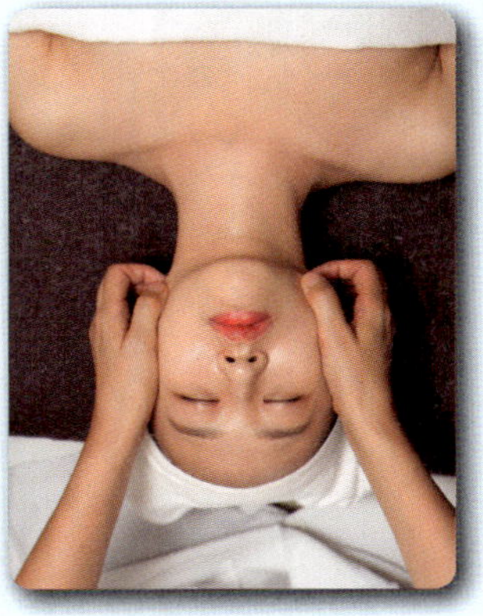

㉕ 귓볼 뒤 부위에서 지과면으로 반원을 그린다.(5회)

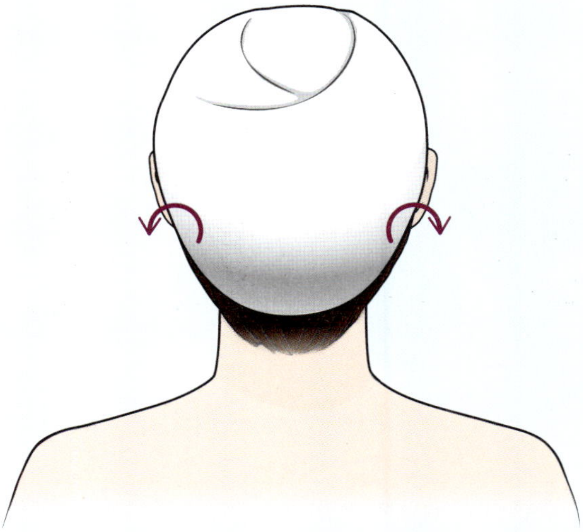

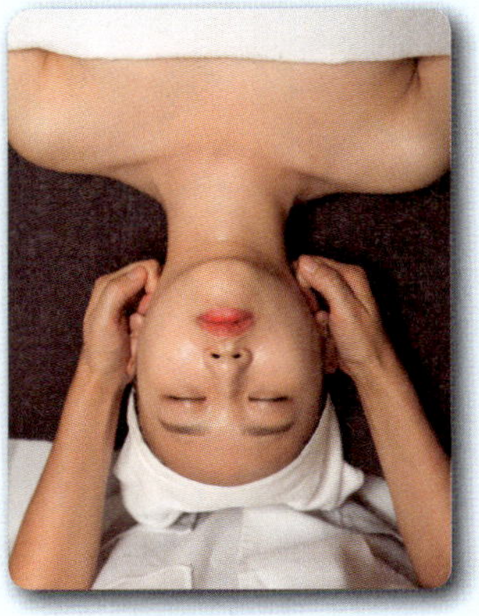

㉖ 목 부위를 지과면으로 쓸어 준다.(왕복 2회)

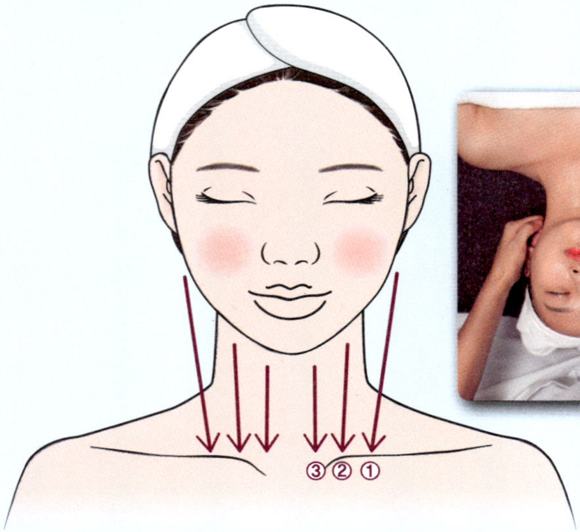

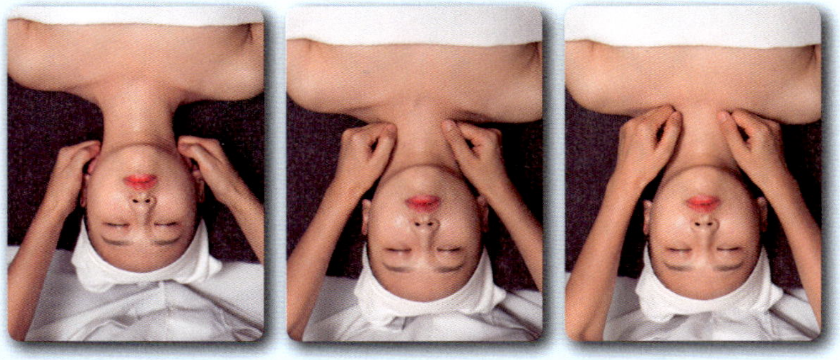

㉗ 턱선에서 나선형으로 쓸어준다.(1회)

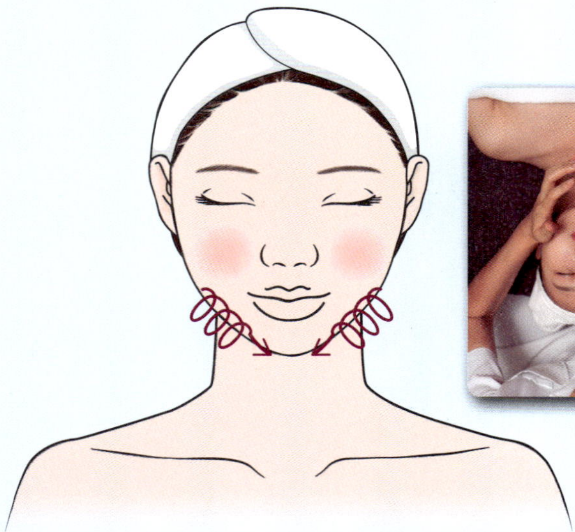

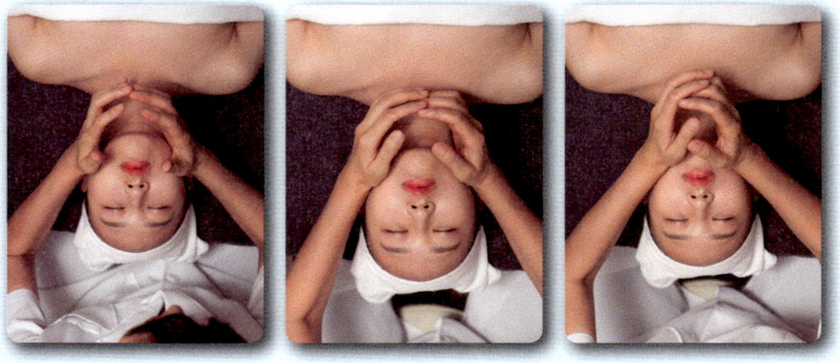

㉘ 턱을 한 손으로 원을 그리며 굴려준다.(6회)

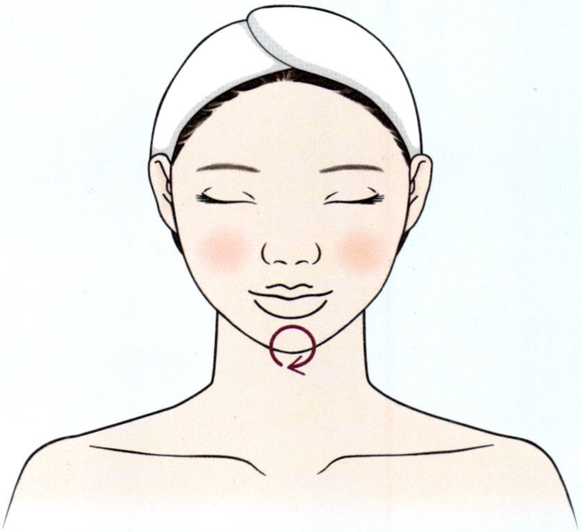

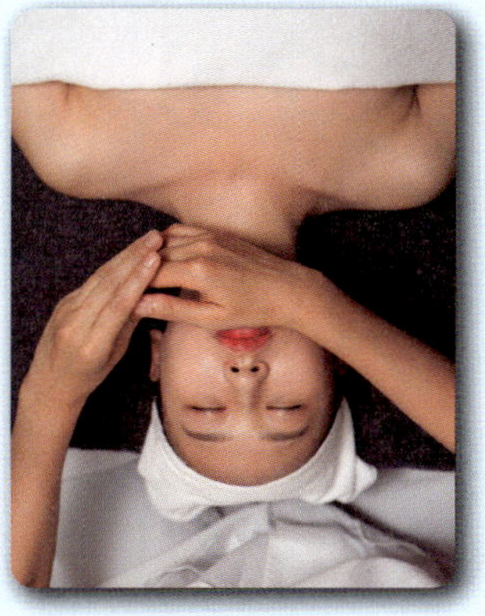

㉙-1 볼에서 입꼬리까지 깍지 끼고 수근으로 나선형을 그리며 쓸어준다.(1회)

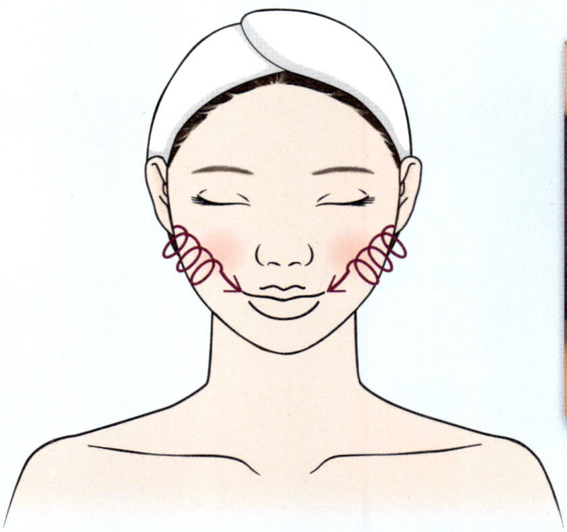

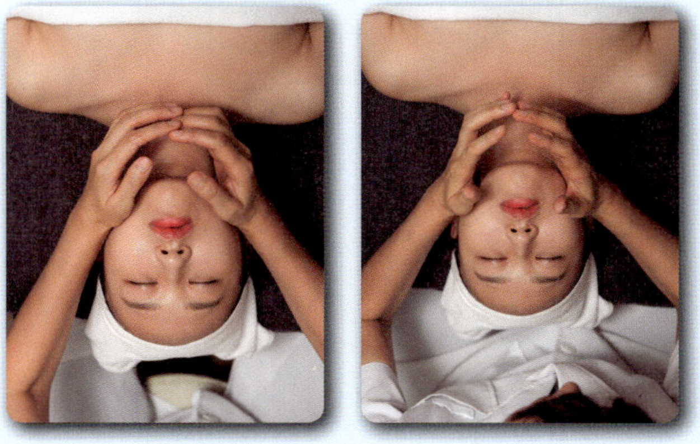

㉙-2 깍지를 끼고 수근을 이용하여 입꼬리에서 원모양으로 굴려준다.(6회)

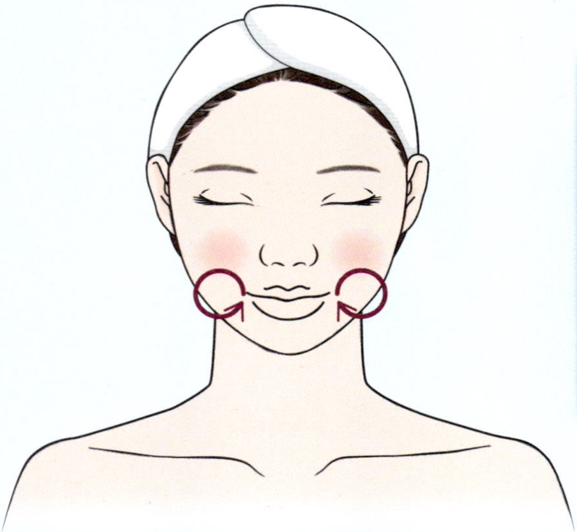

㉚-1 관자놀이에서 콧방울까지 수근으로 나선형으로 굴려준다.(1회)

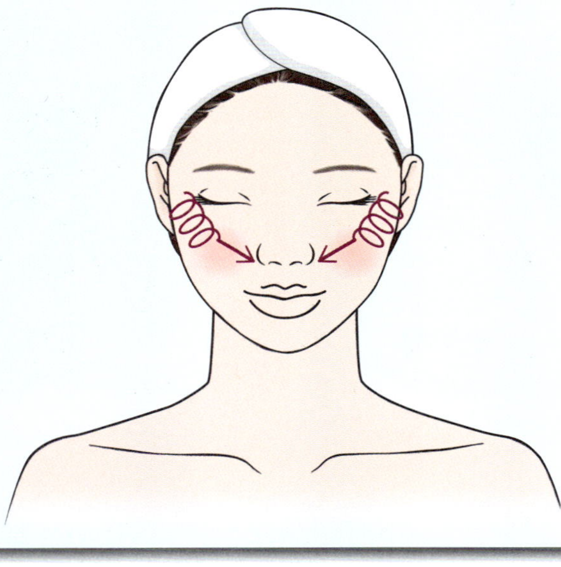

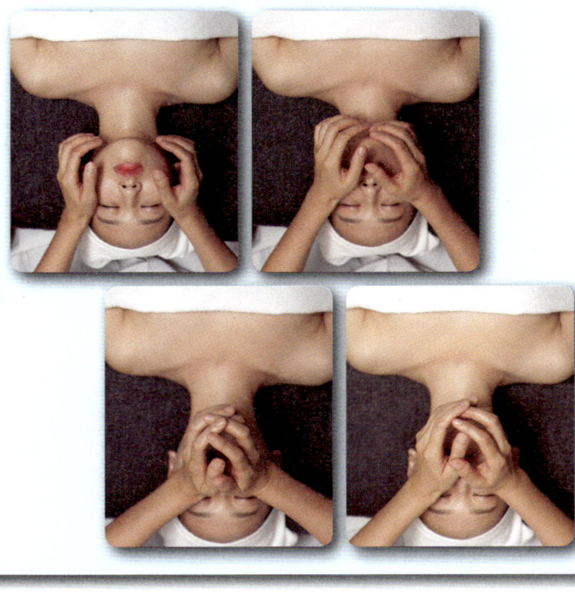

㉚-2 코 옆을 원모양으로 쓸어준다.(6회)

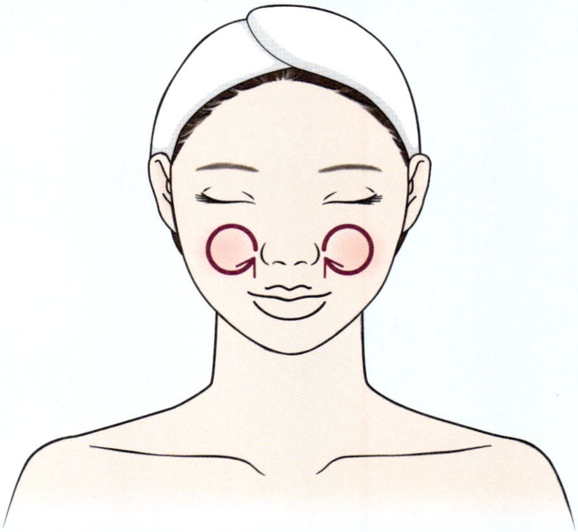

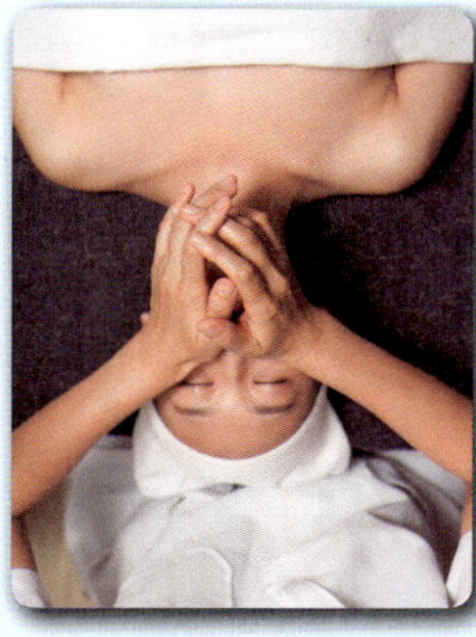

㉛ 양 손의 수근으로 뺨 전체를 바이브레이션한다.(전체 1회)

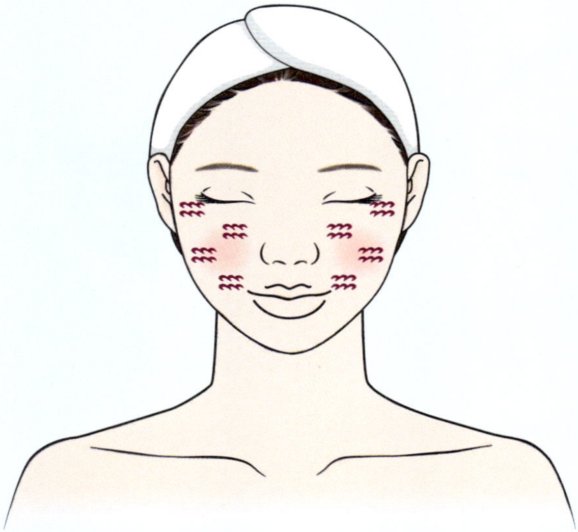

① 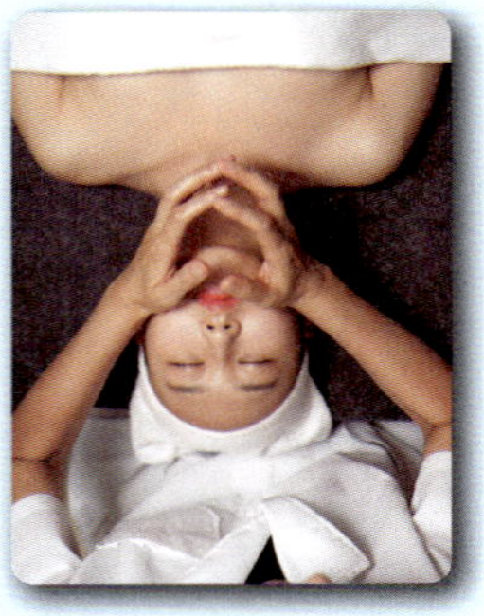

② 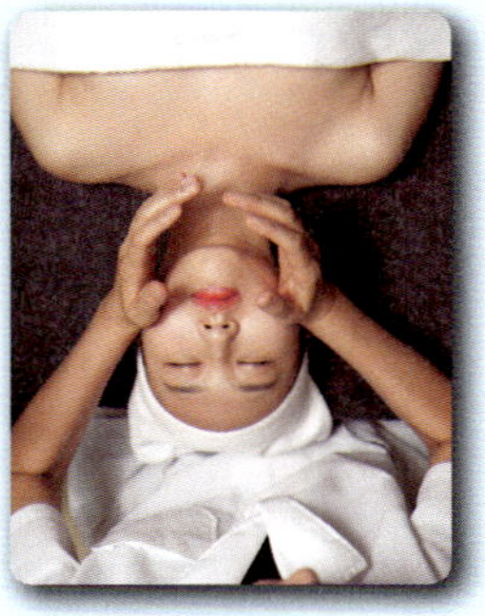

③ 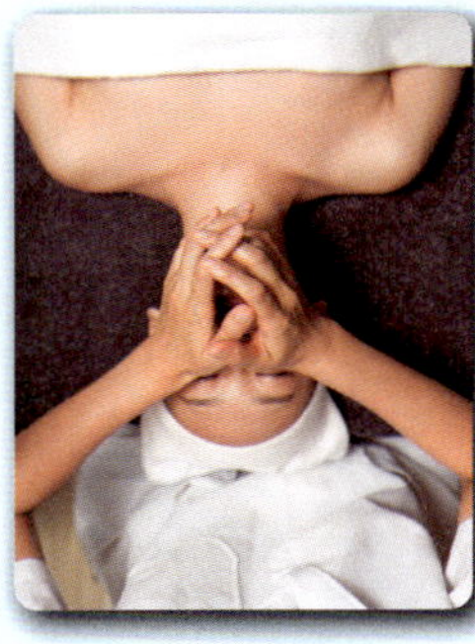

④ 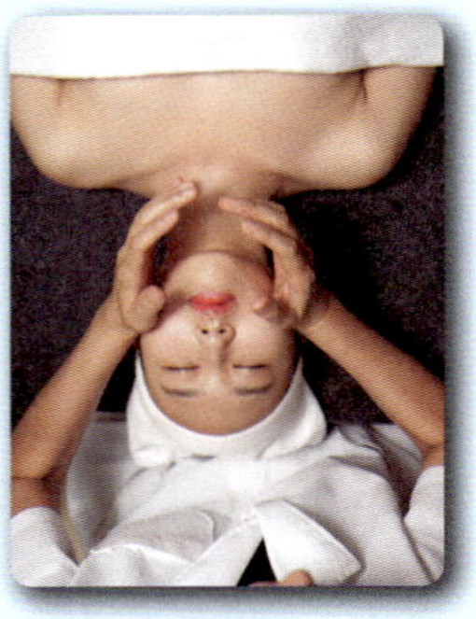

⑤ 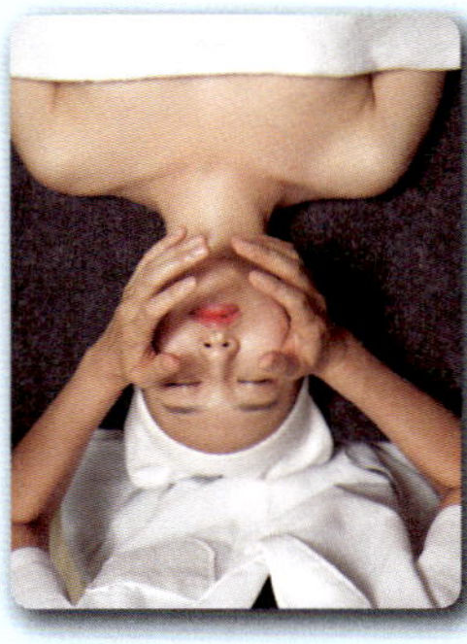

⑥ 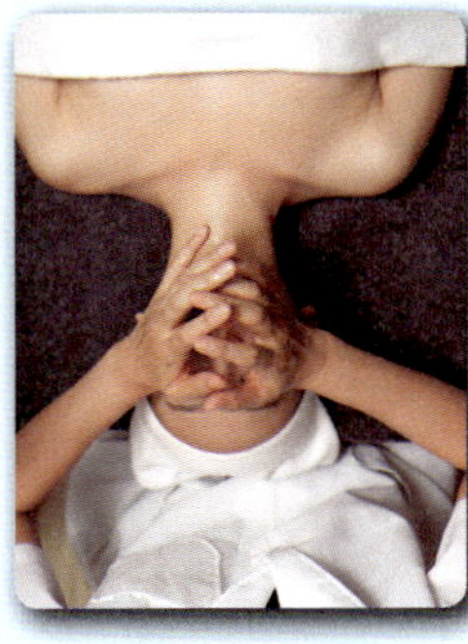

㉜ 입꼬리 부분을 수근으로 두 손모아 깍지 끼고 ①, ②, ③순으로 끌어 올려준다.(3회)

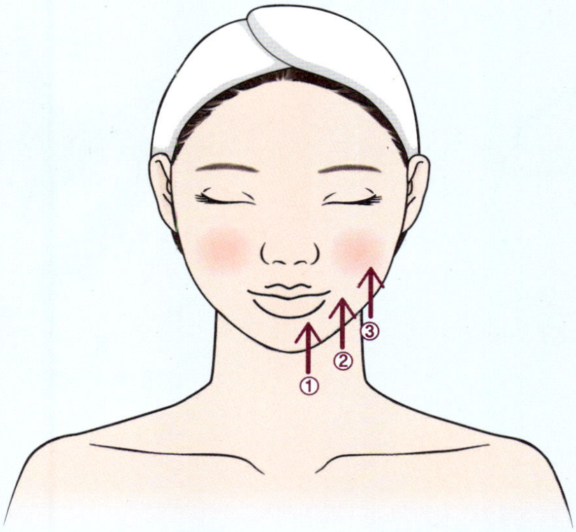

①

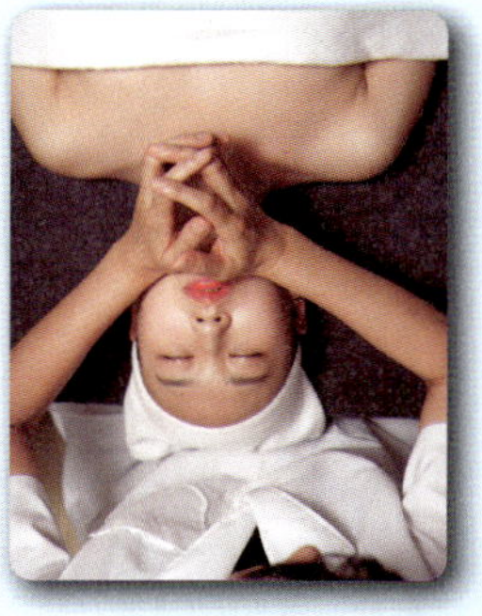

②

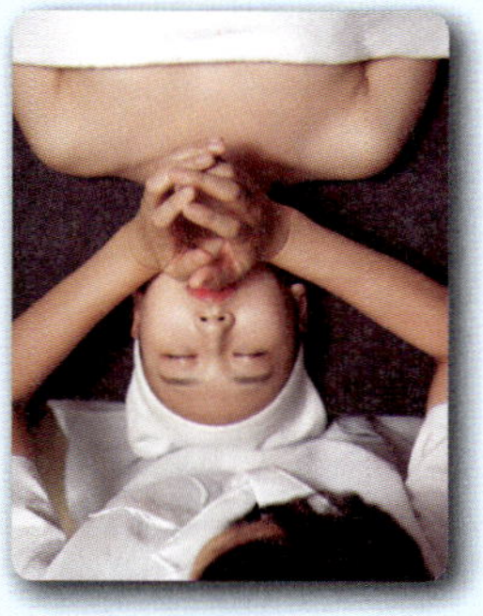

③

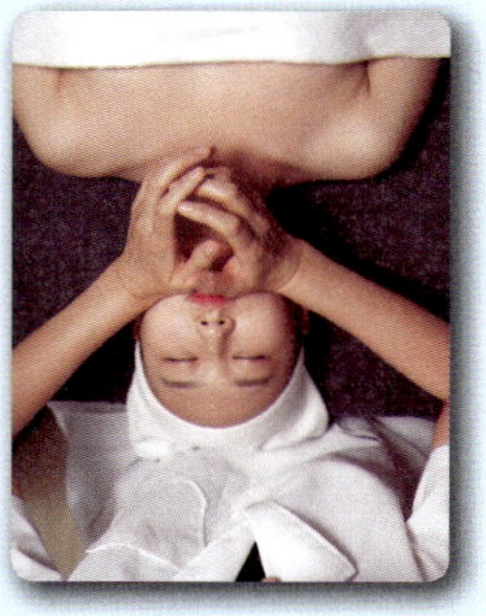

④

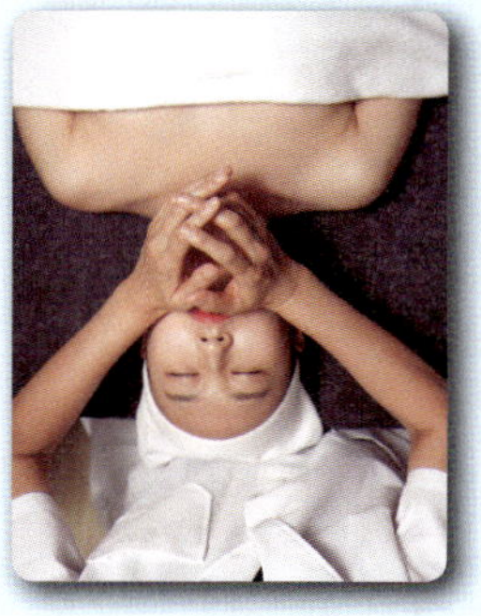

⑤

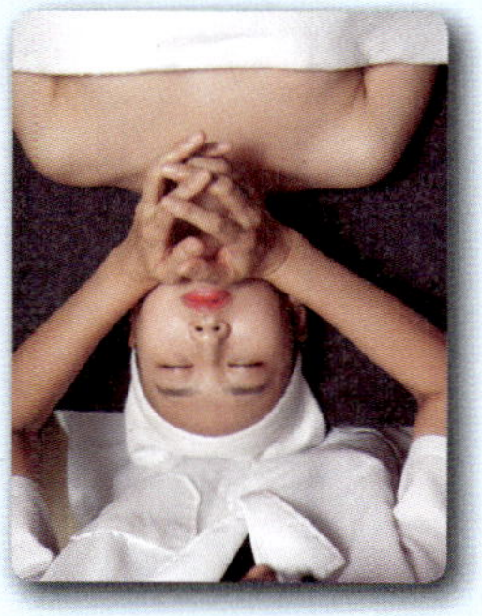

⑥

㉝ 광대뼈까지 수근으로 두 손 모아 깍지를 끼고 끌어올려준다.(3회)

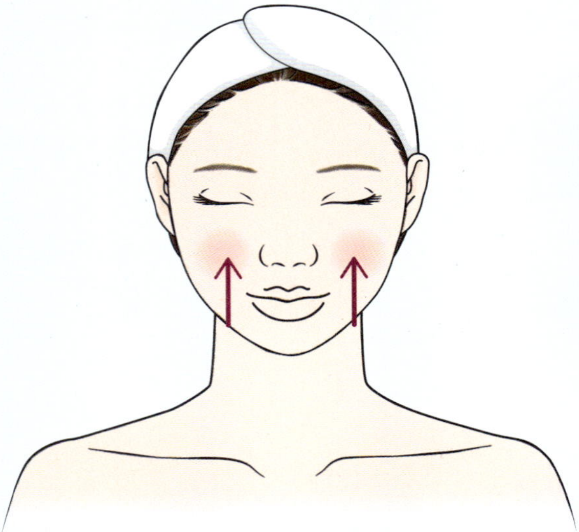

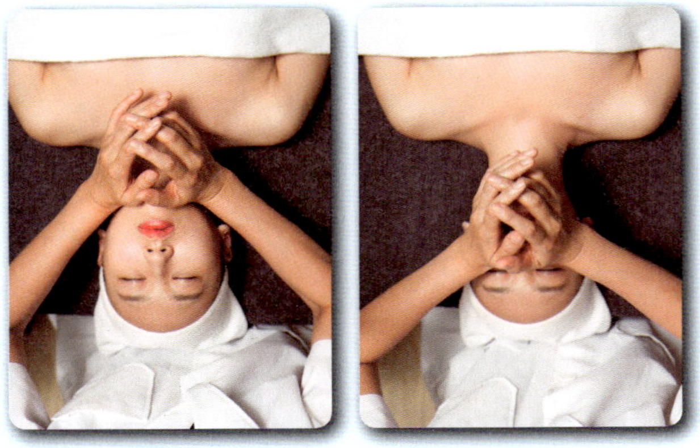

㉞ 코벽을 소지측으로 쓸어준다.(5회)

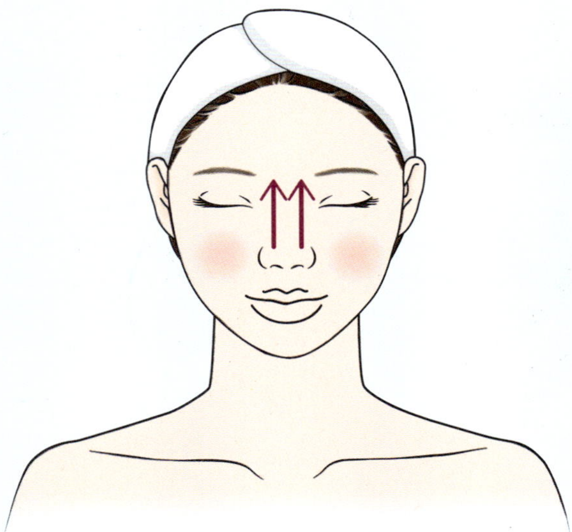

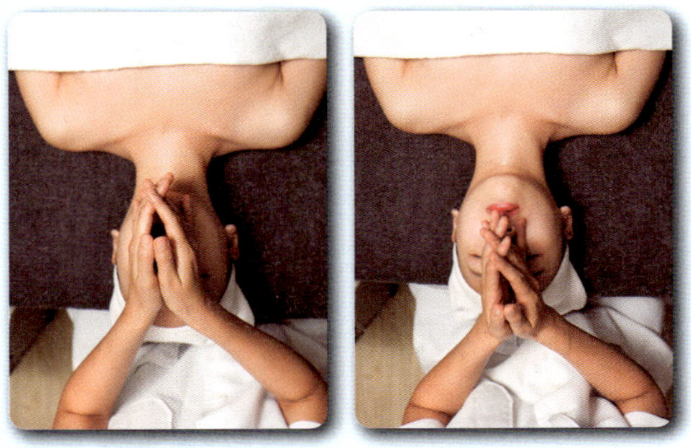

㉟ 손목을 잡고 콧등에서 이마까지 척부로 쓸어준다.(5회)

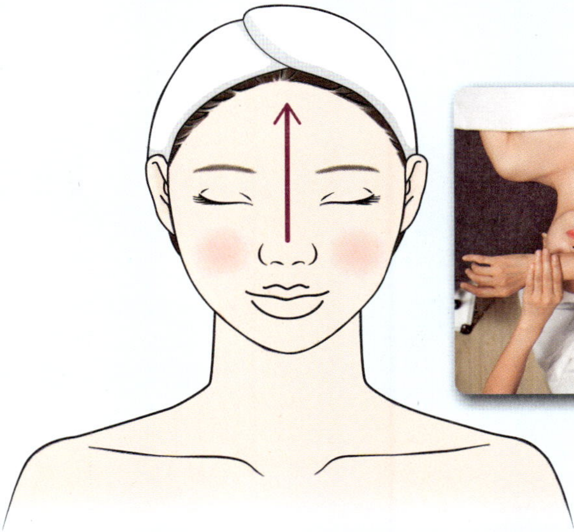

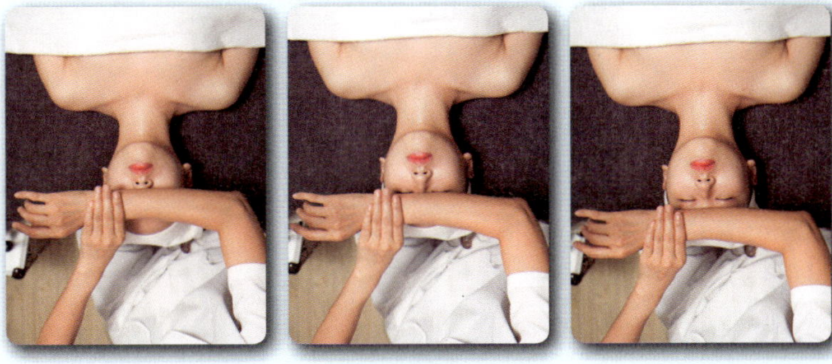

㊱ 양쪽 눈썹을 척부로 굴리며 쓸어준다.(2회)

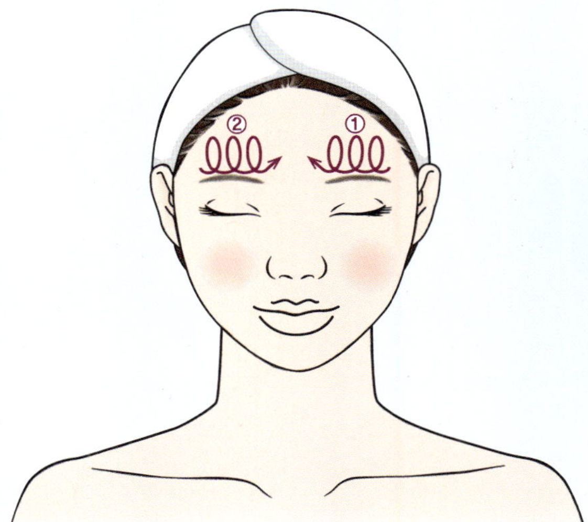

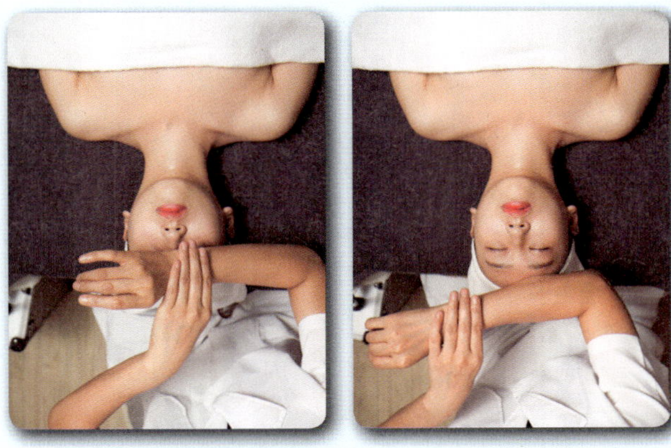

㊲ 손목으로 눈썹과 눈썹사이를 쓸어준다.(5회)

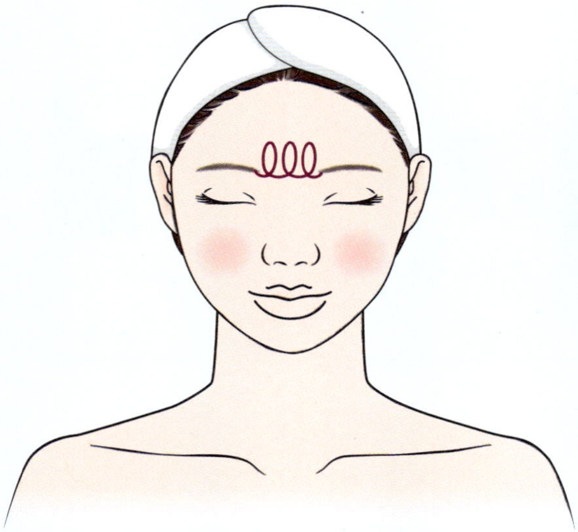

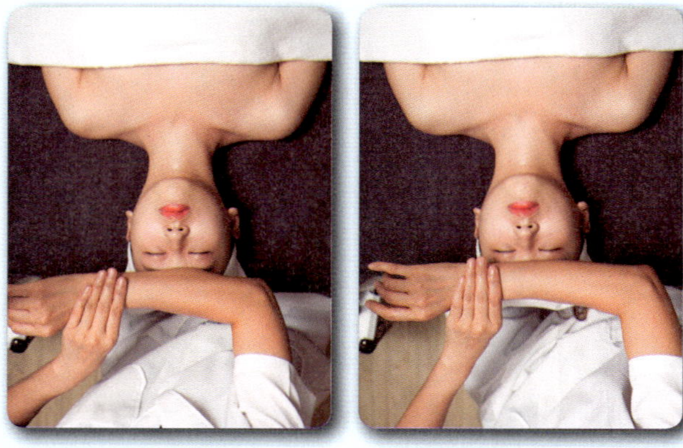

㊳ 이마 전체를 척부로 나선형으로 굴리며 쓸어준다.(3회)

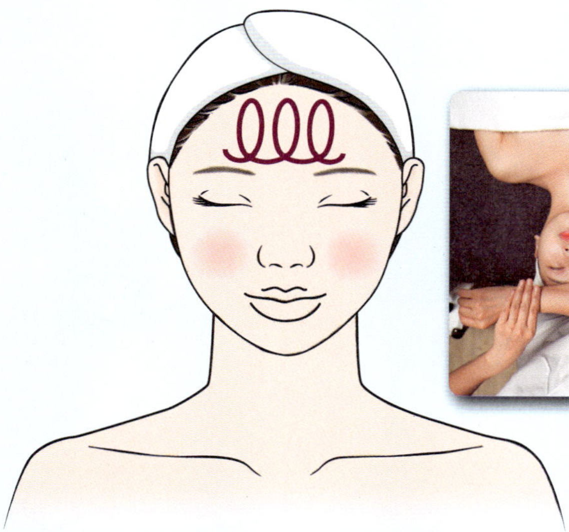

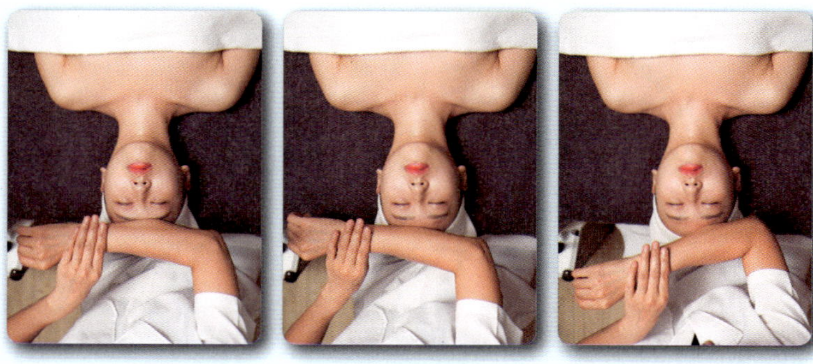

㊴ 이마에서 턱 밑으로 한 손씩 척부로 쓸면서 내려온다.(1회)

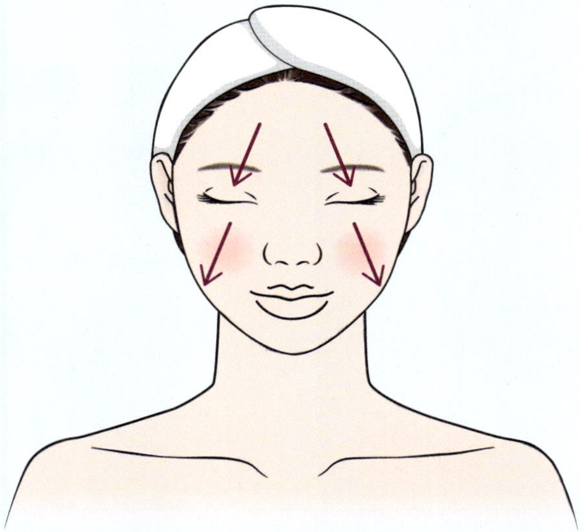

①

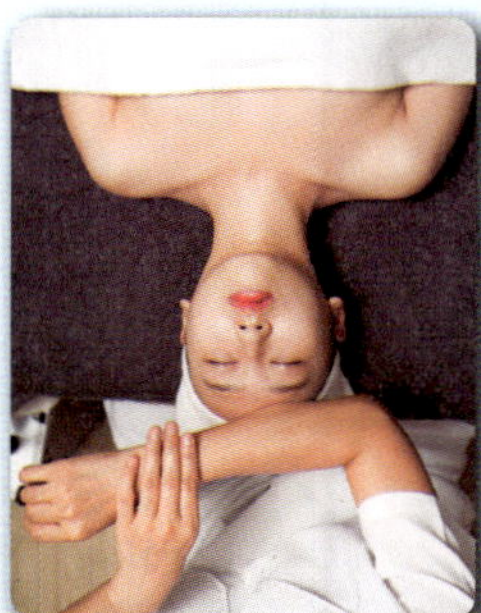

②

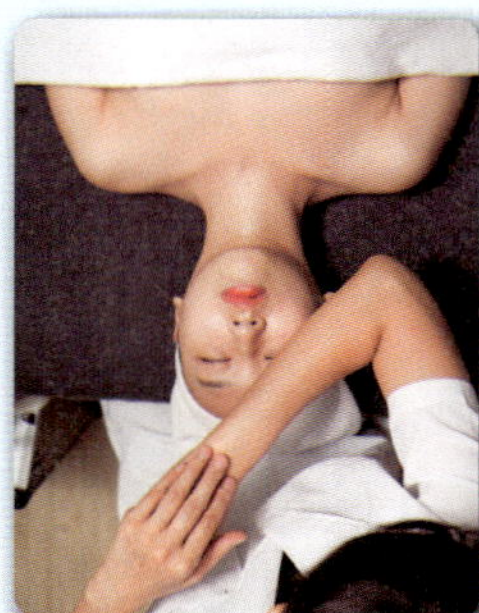

③

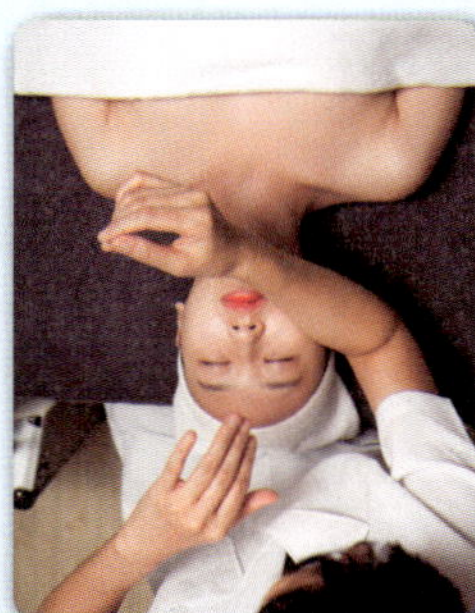

④

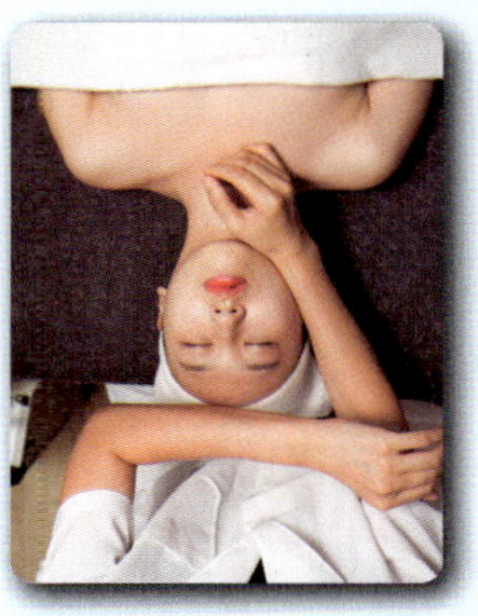

⑤

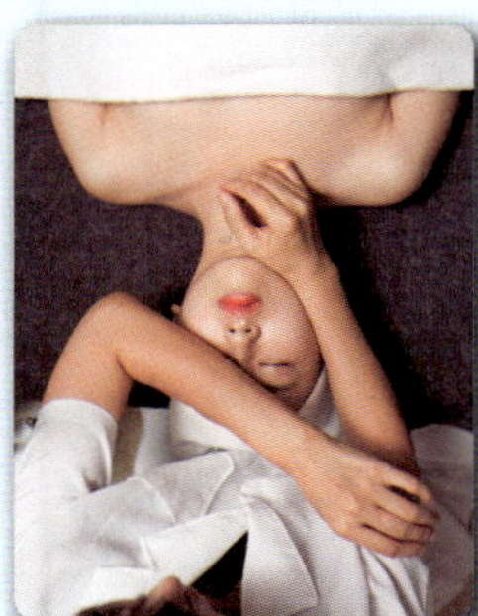

⑥

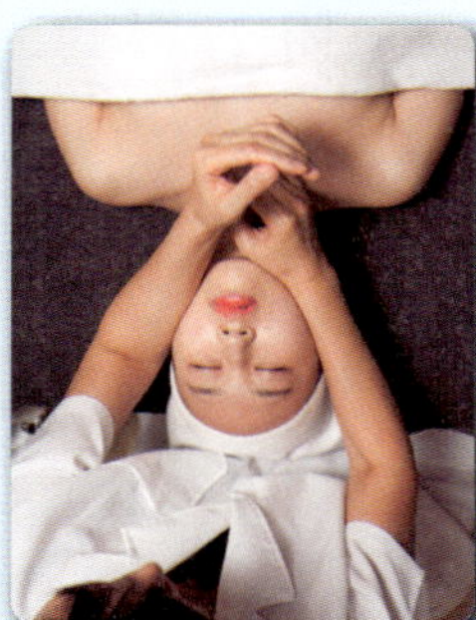

⑦

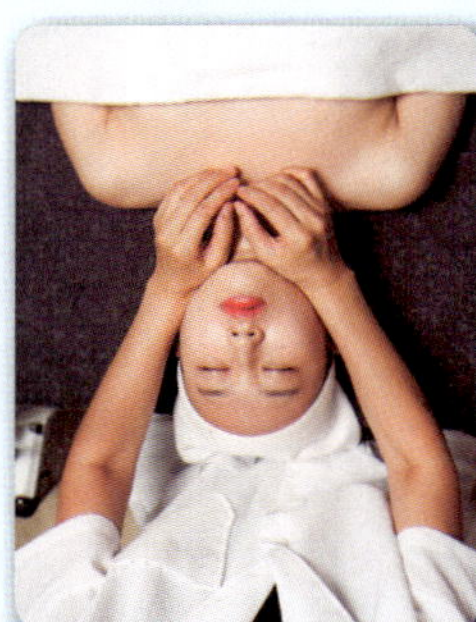

㊵ 양 손을 이용하여 턱에서 볼까지 손목을 회전하여 손바닥이 위를 본 상태에서 얼굴선을 쓸어준다.(1회)

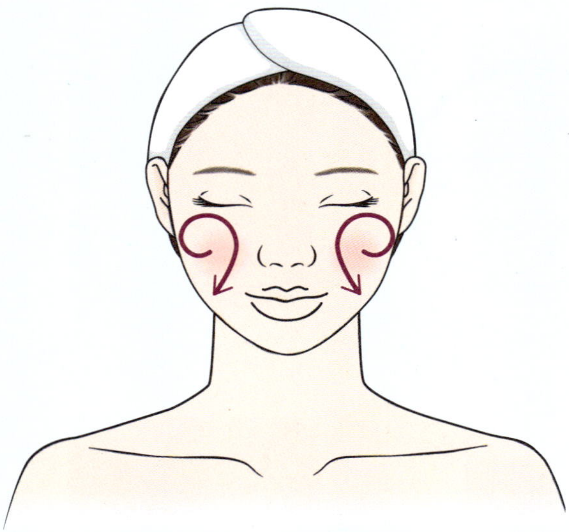

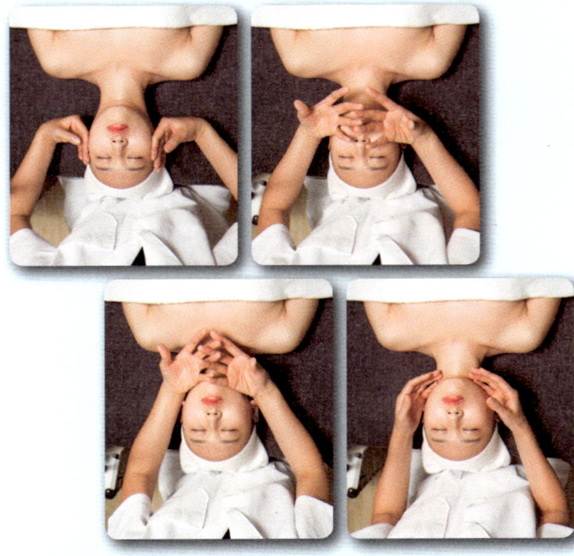

㊶ 귓볼 앞 부위에서 모지구로 반원을 그린다.(3회)

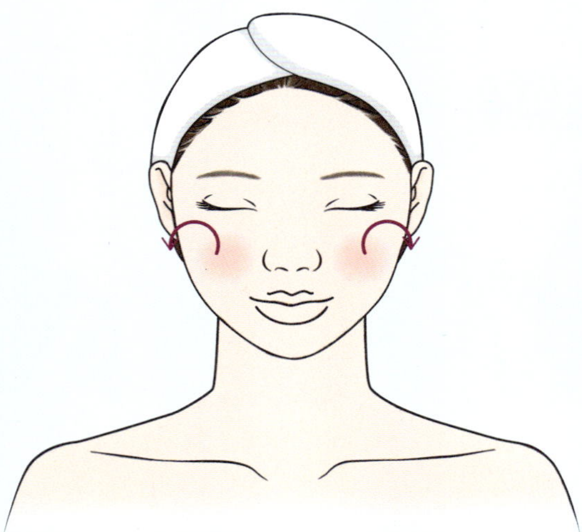

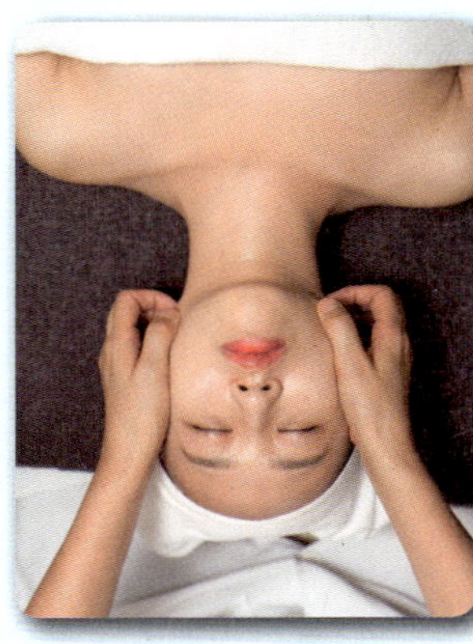

㊷ 귓볼 뒤 부위에서 지과면으로 반원을 그린다.(5회)

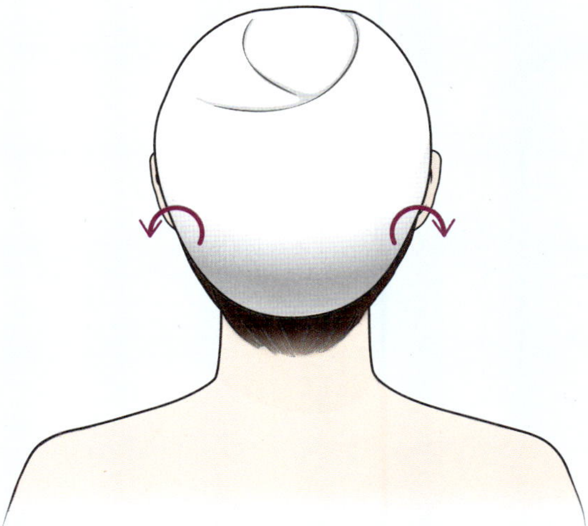

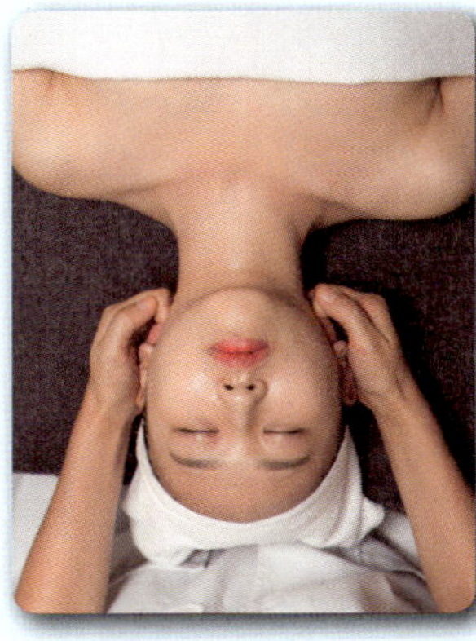

㊸ 양 손을 이용하여 목을 지과면으로 쓸어 내린다.(왕복2회)

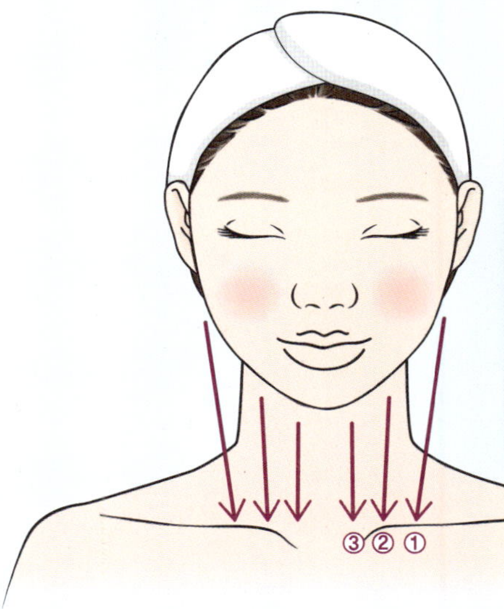

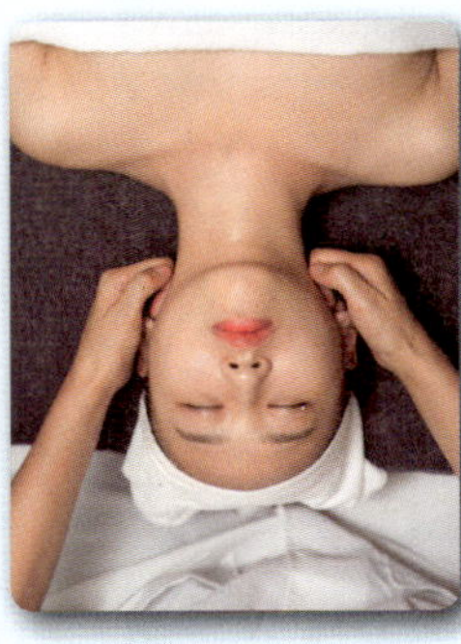

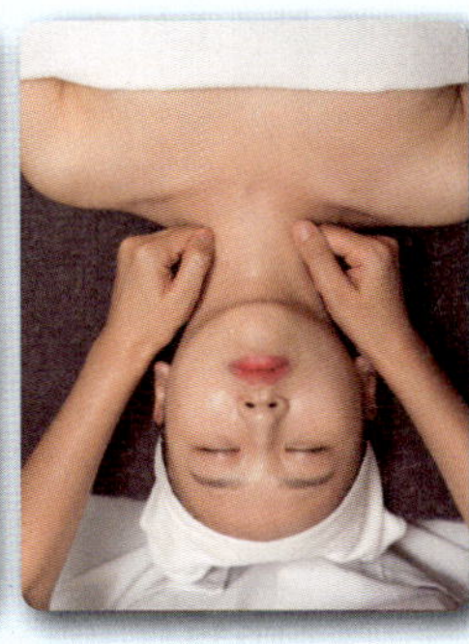

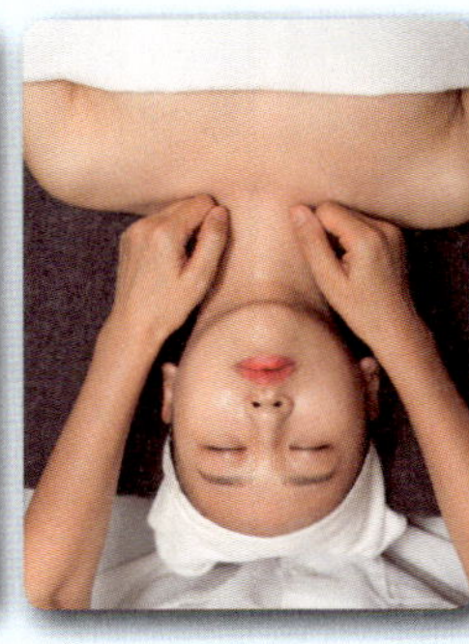

5. 얼굴 옆면

❹❹-1 턱에서부터 이마까지 손바닥으로 끌어 올려준다.(6회)

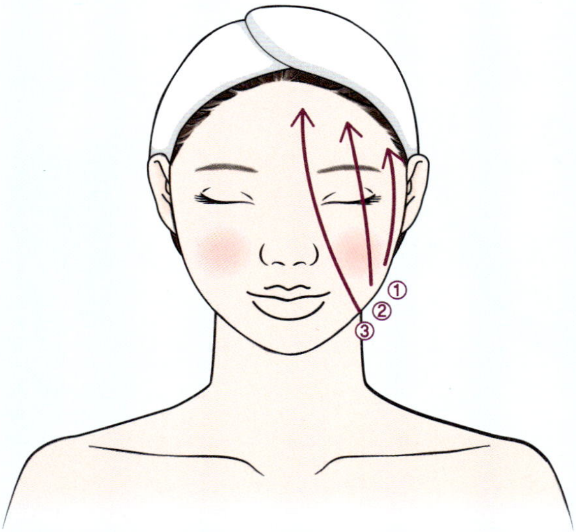

① 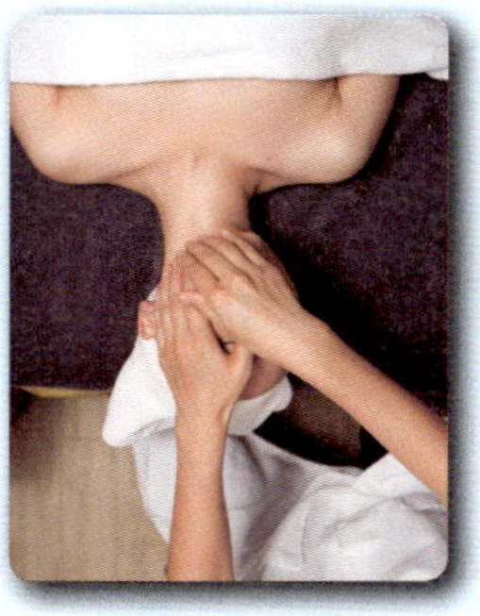
② 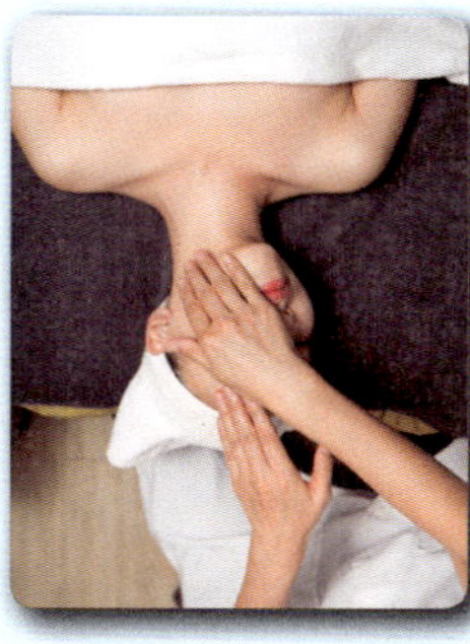
③ 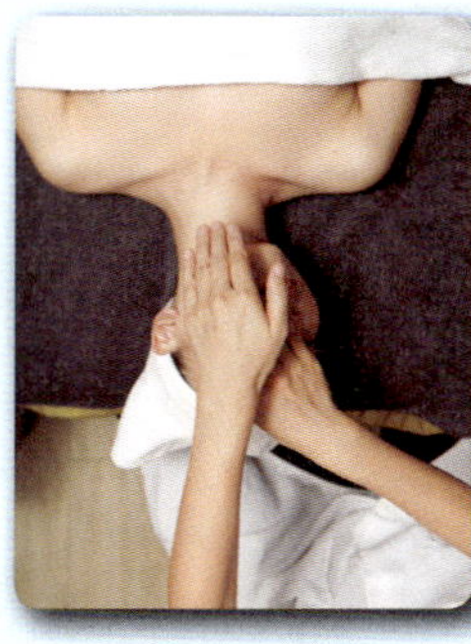

④ 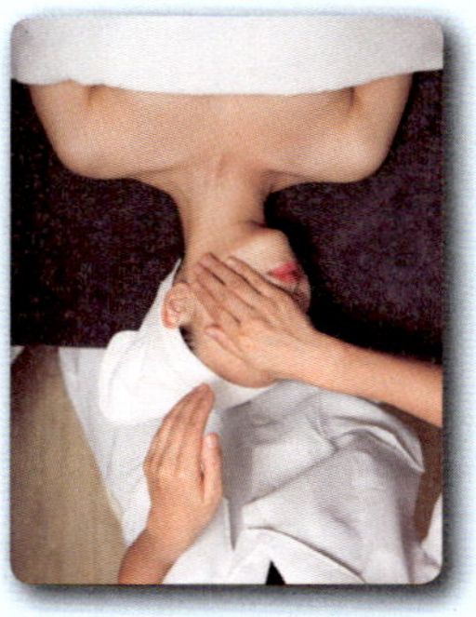
⑤ 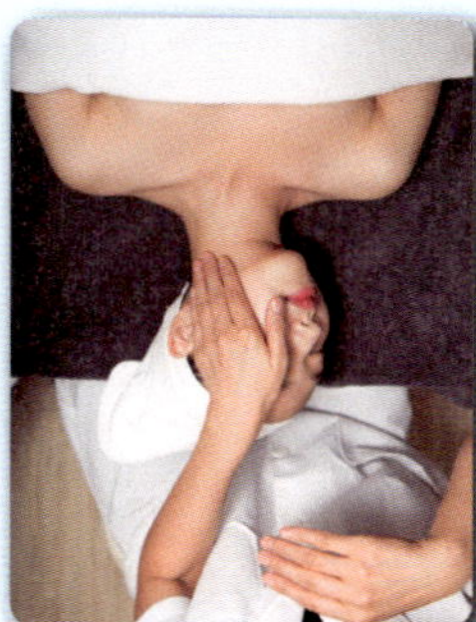
⑥ 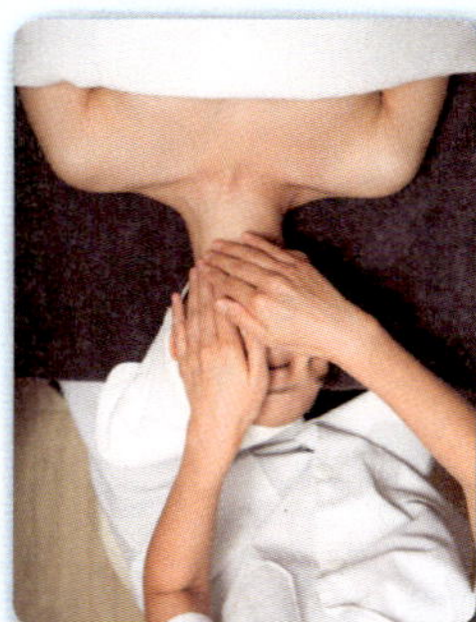

44-1~48
동영상 학습

44-2 턱에서부터 이마까지 두 손을 겹쳐 손바닥으로 끌어 올려준다.(6회)

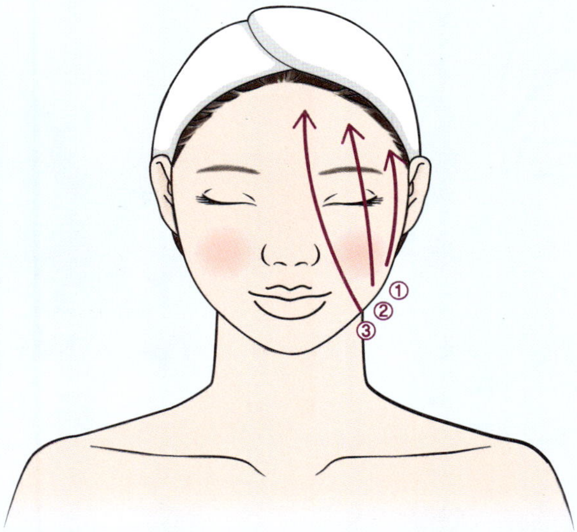

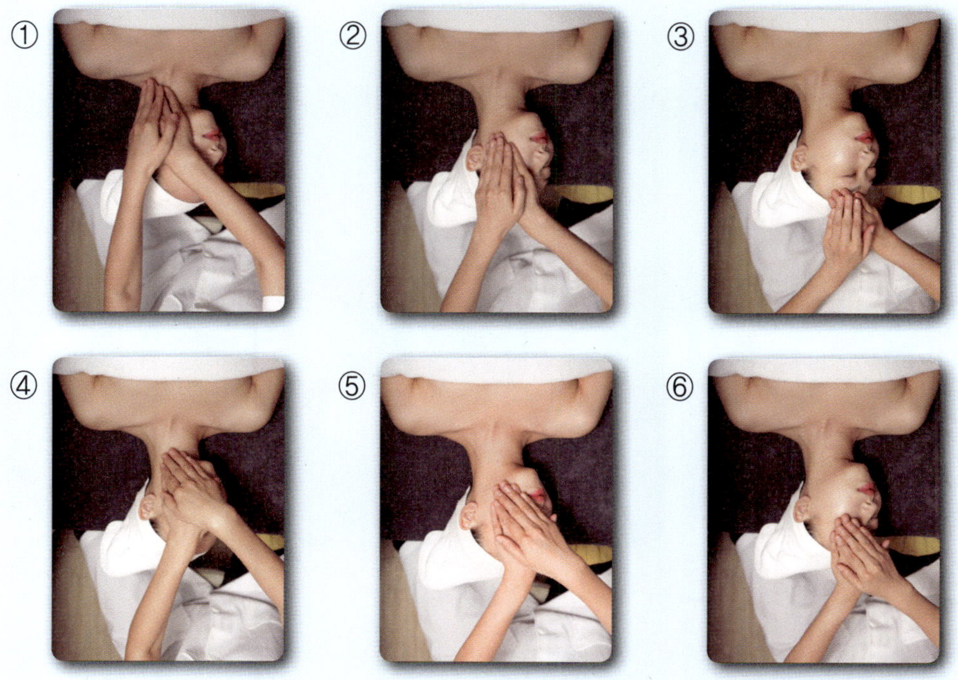

㊹-3 이마를 지나 측면으로 쓸어 내린다.(1회)

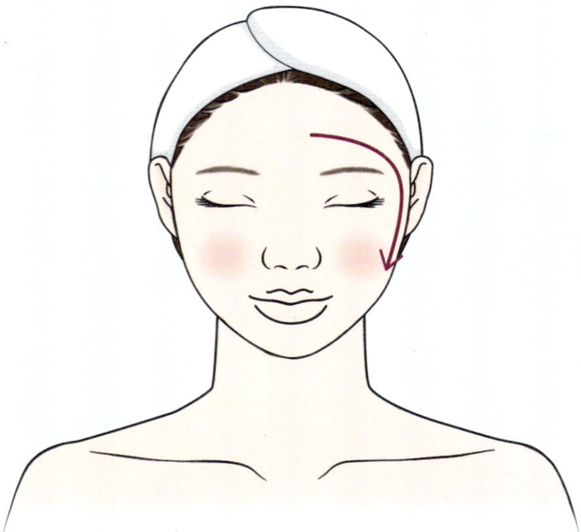

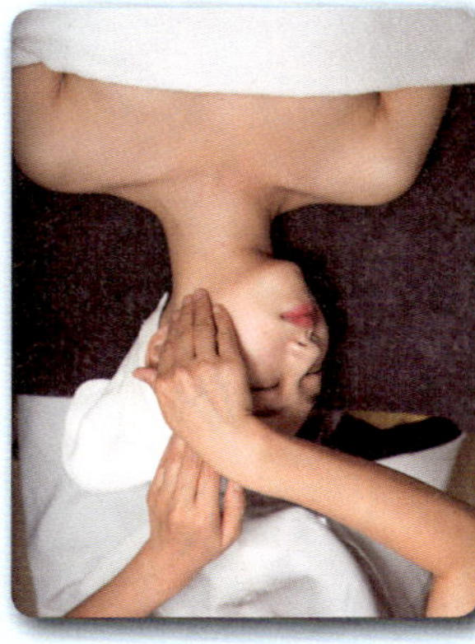

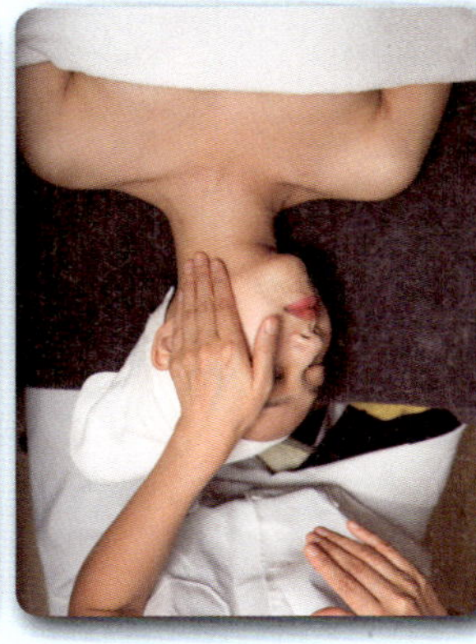

㊺ ①이마부터 ②턱선 ③볼을 수장사지로 쓸어준다.(1회)

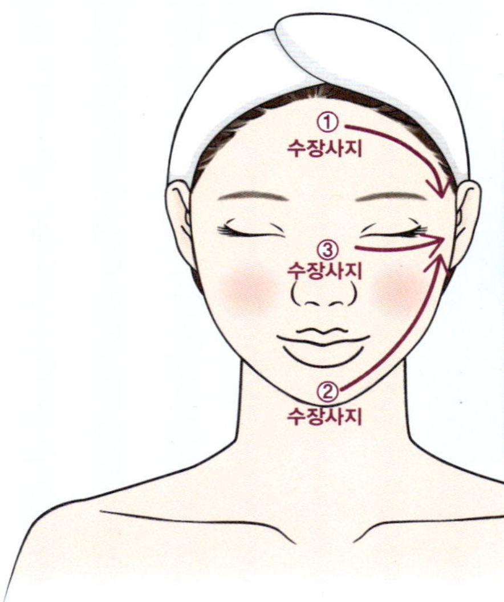

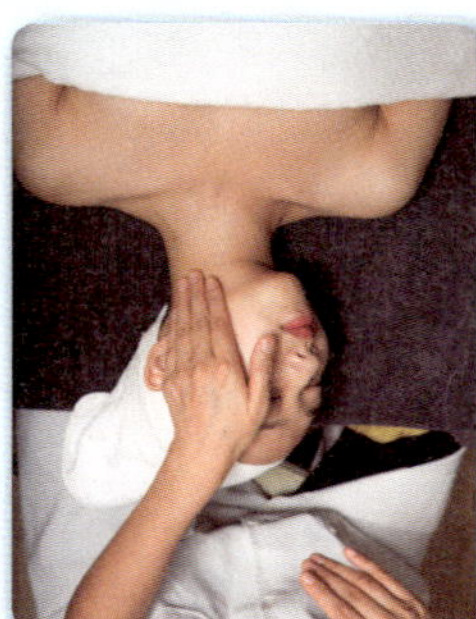

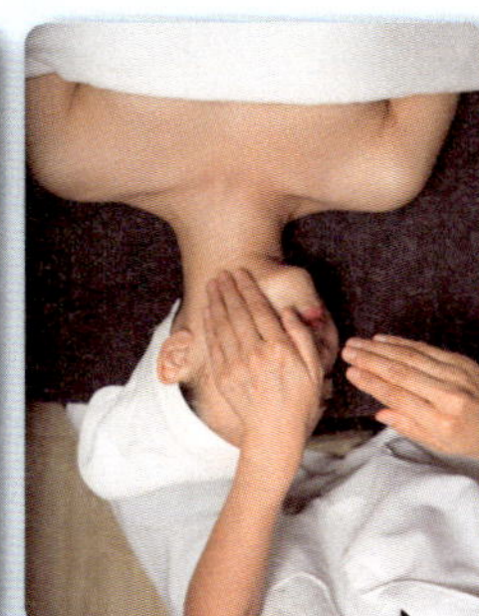

㊻ 볼을 수장사지로 쓸어주고 목부위를 쓸어준다.(2회)

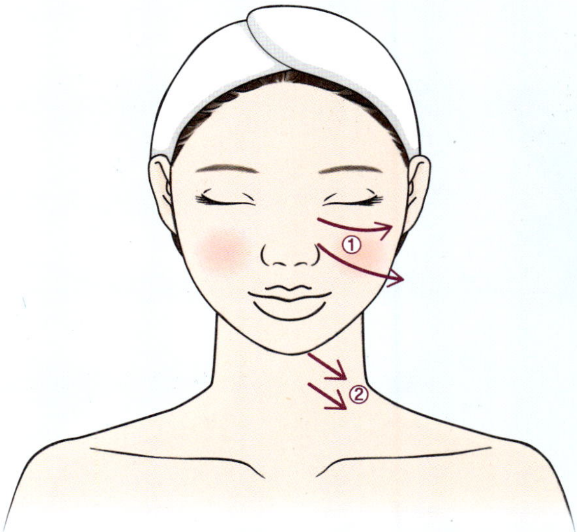

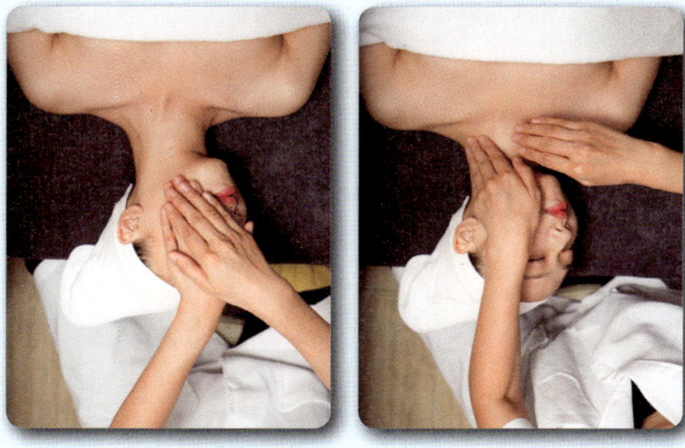

㊼ 얼굴 옆면을 끌어올리면서 쓸어준다. 척부로 옆면 끌어 올리면서 쓸어준다.(3회)

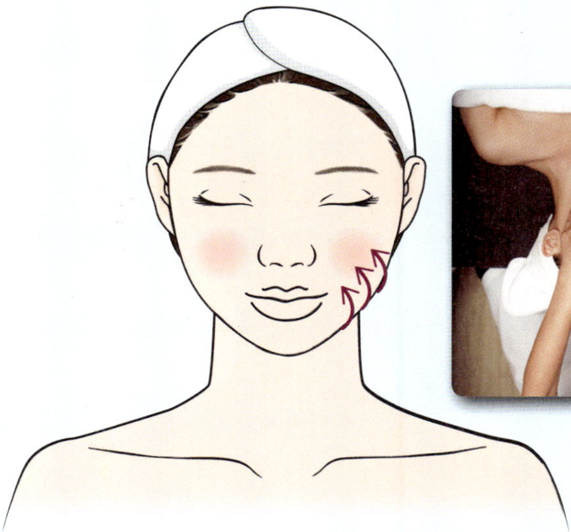

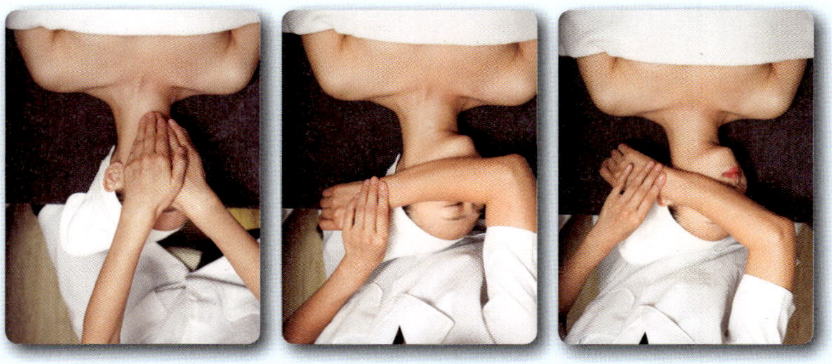

㊽ ①볼 위에서 척부로 쓸어준다. 반대손으로 ②턱선을 소지측으로 쓸어준다.(3회)

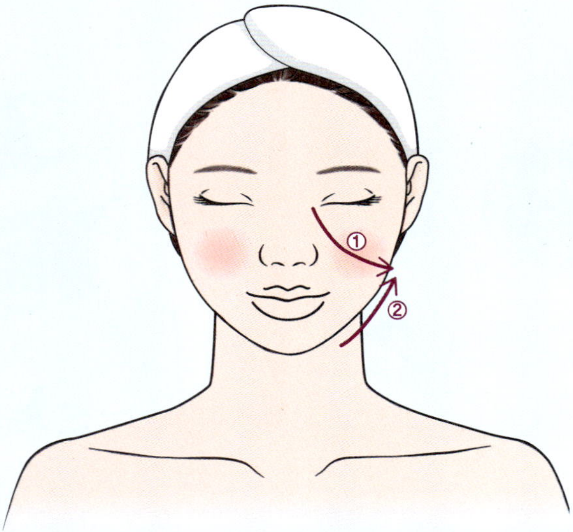

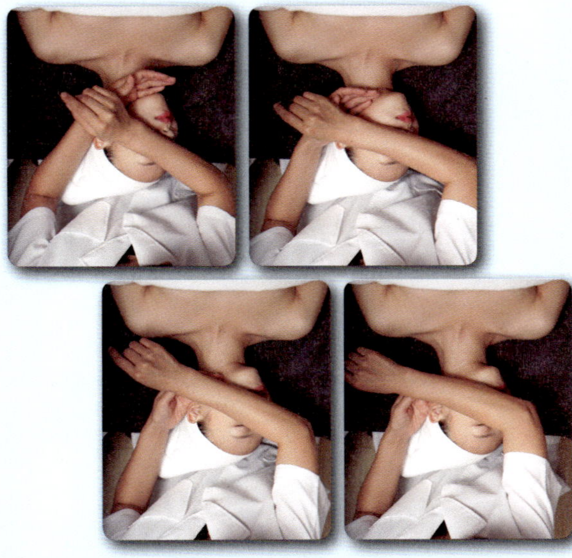

㊾-1 한 손씩 손바닥으로 목에서부터 이마까지 끌어올려준다.(6회)

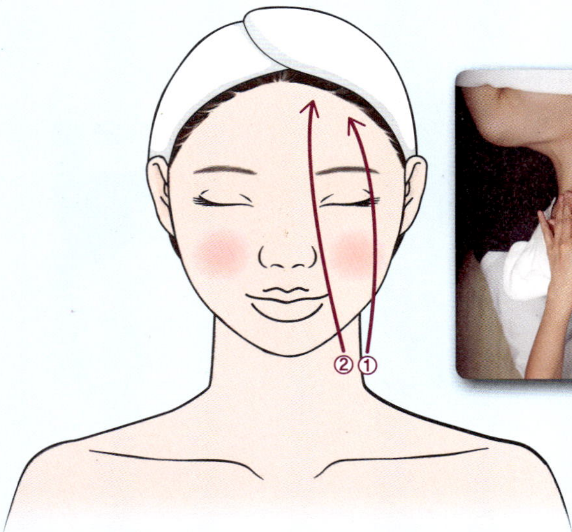

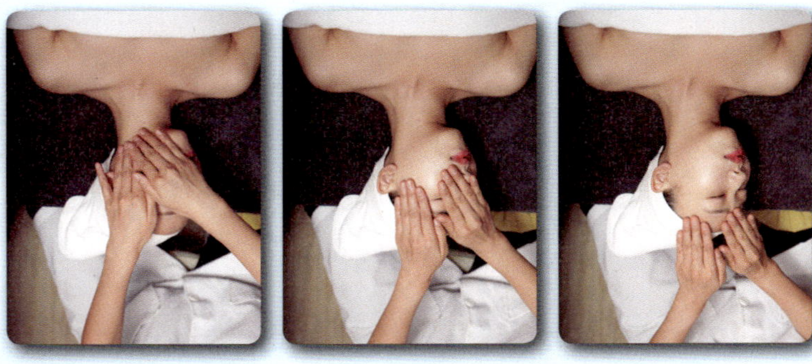

㊾-2 두 손을 겹쳐 목에서부터 이마까지 끌어올려준다.(6회)

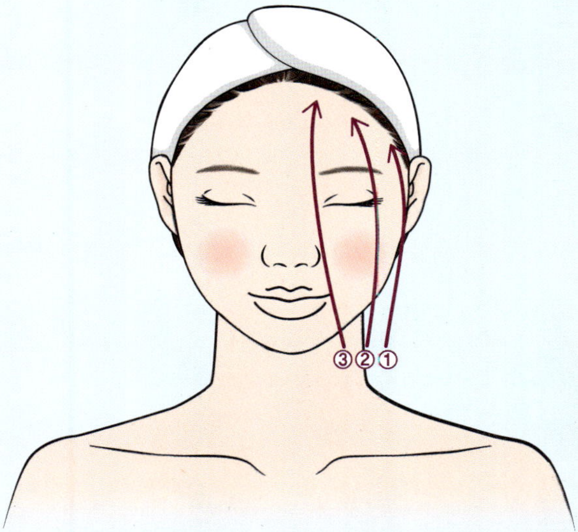

①

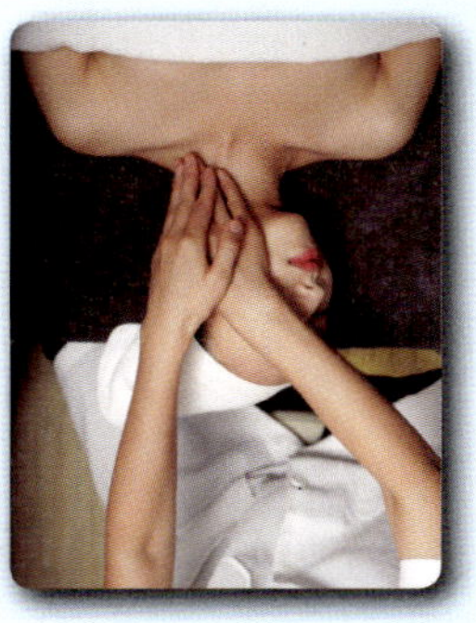

②

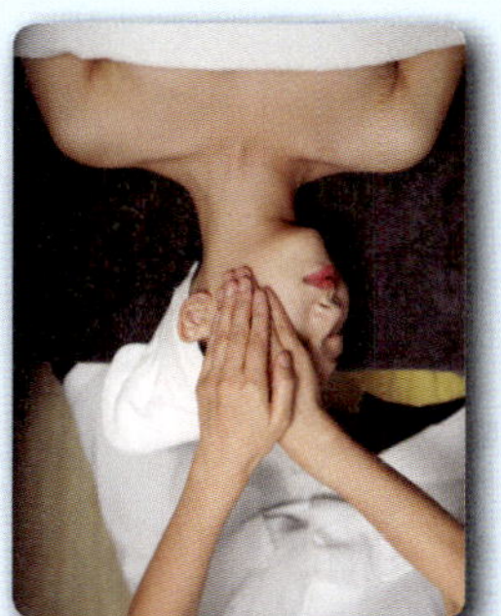

③

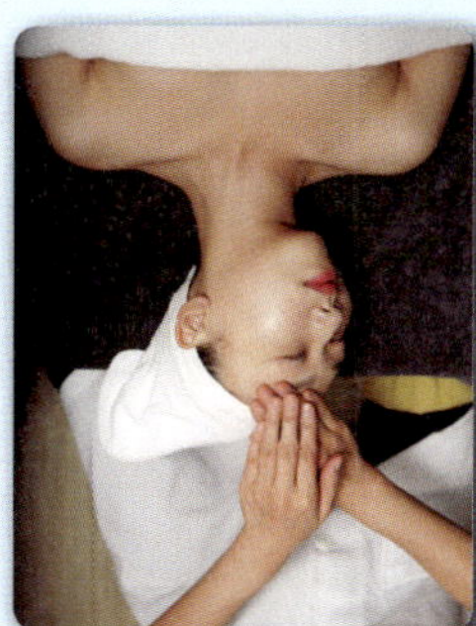

④
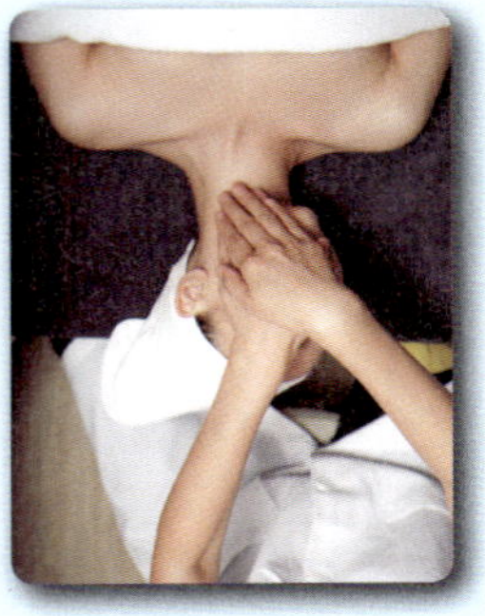

⑤
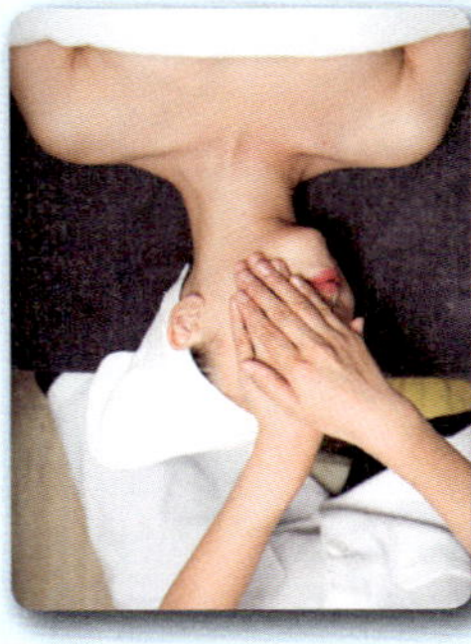

⑥
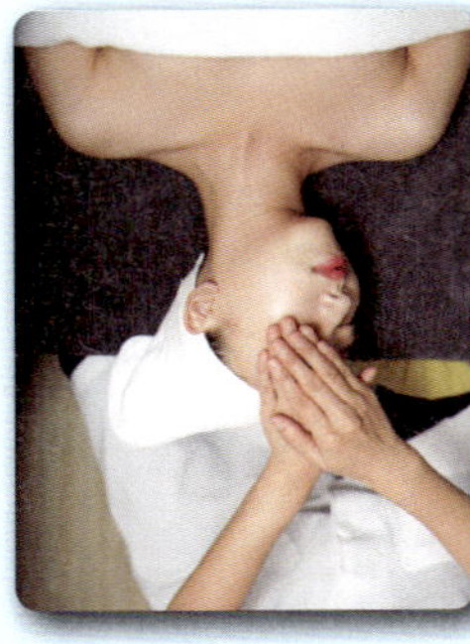

⑦
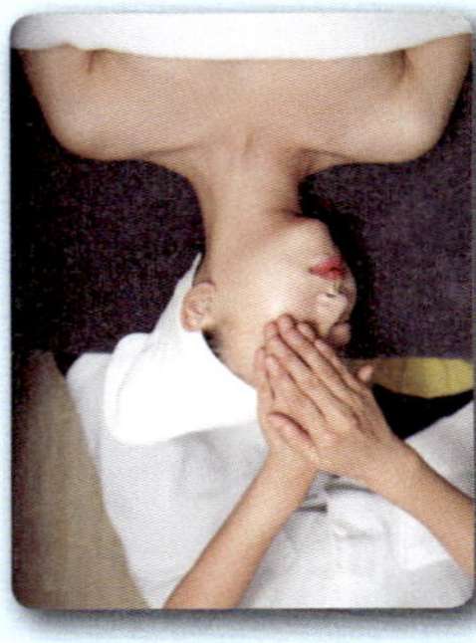

⑧
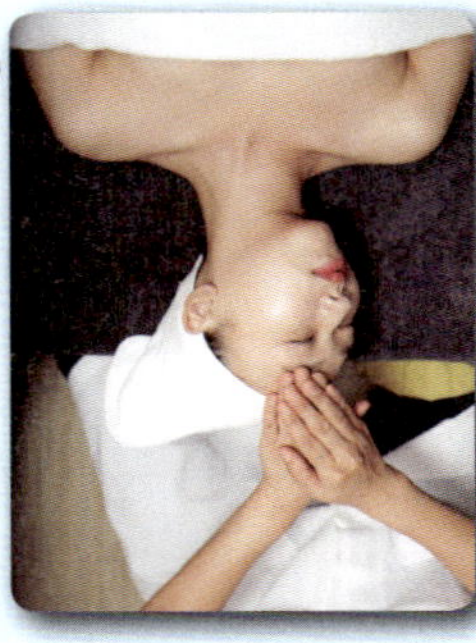

⑨
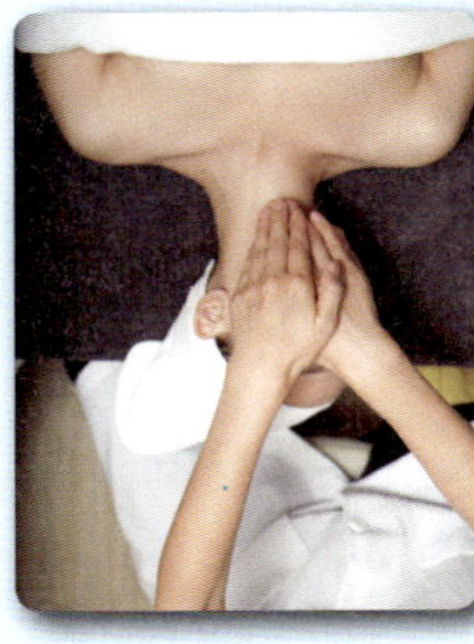

⑩
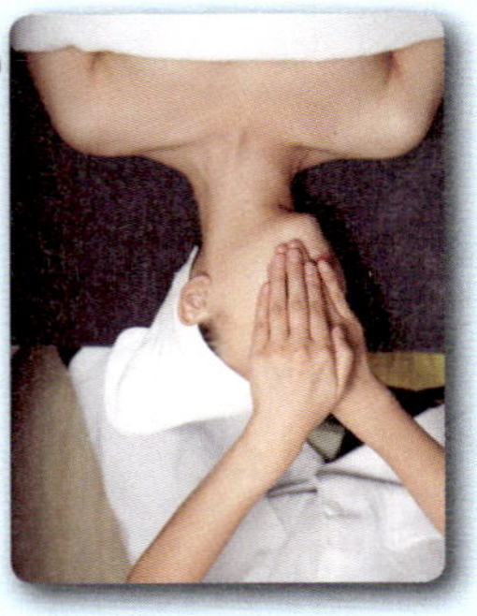

⑪
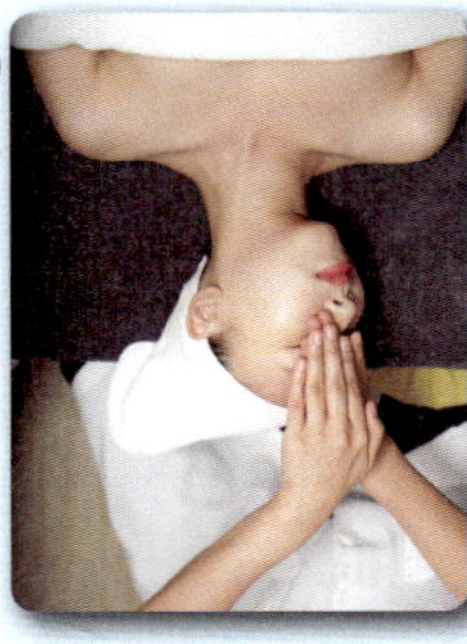

⑤⓪ 눈주위를 척부로 압력을 조절하며 원을 그린다.(3회)

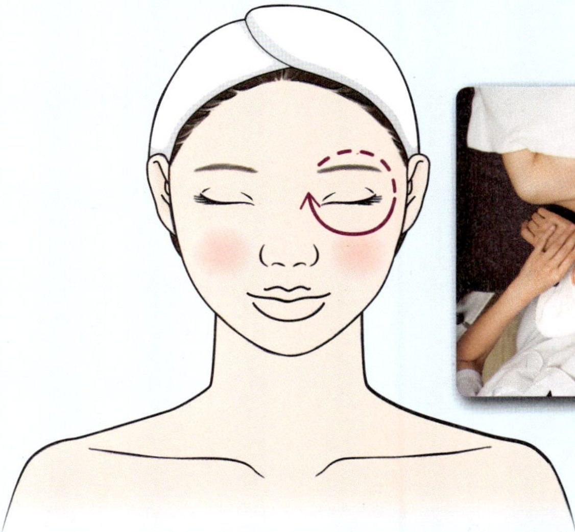

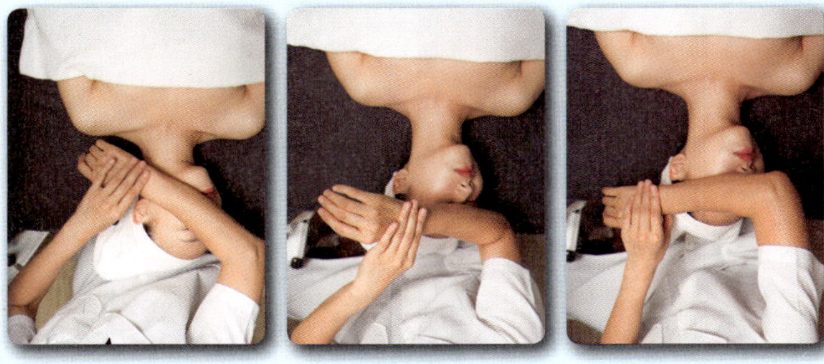

㉛ 뺨을 척부로 쓸어 올려준다.(1회)

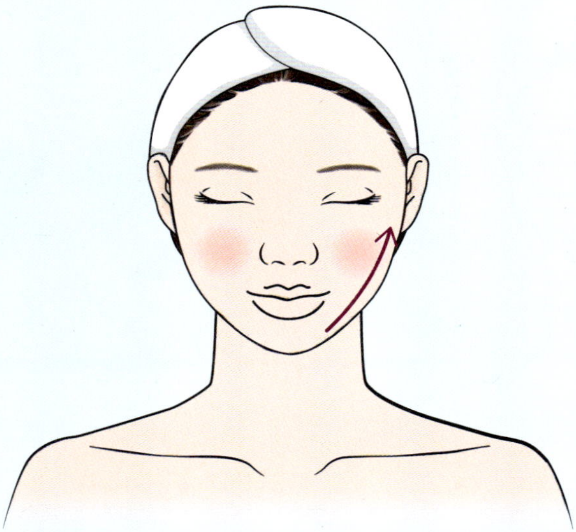

① 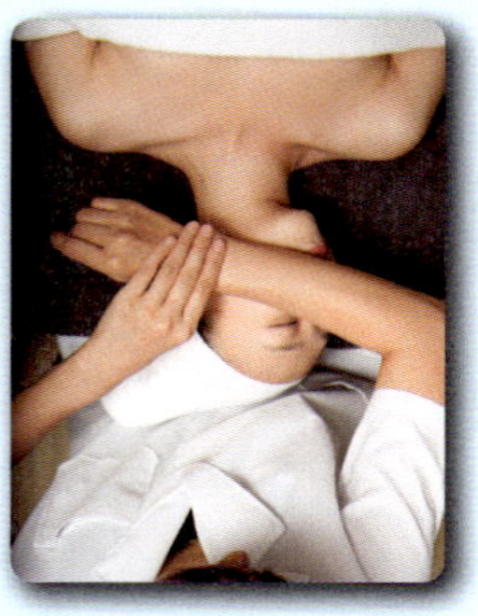

② 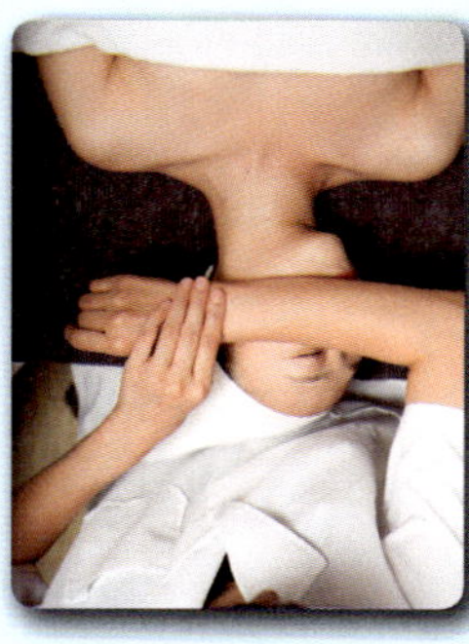

③ 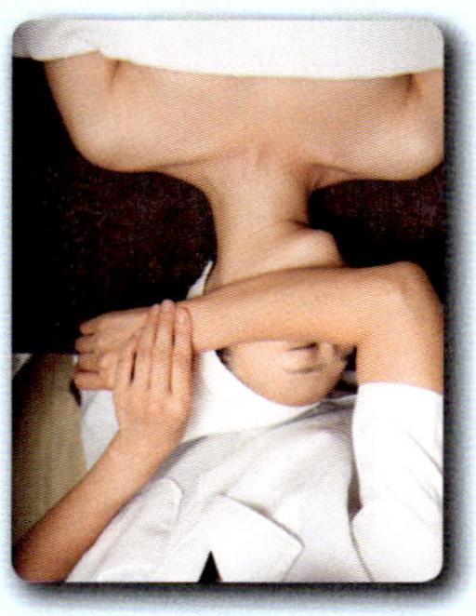

④ 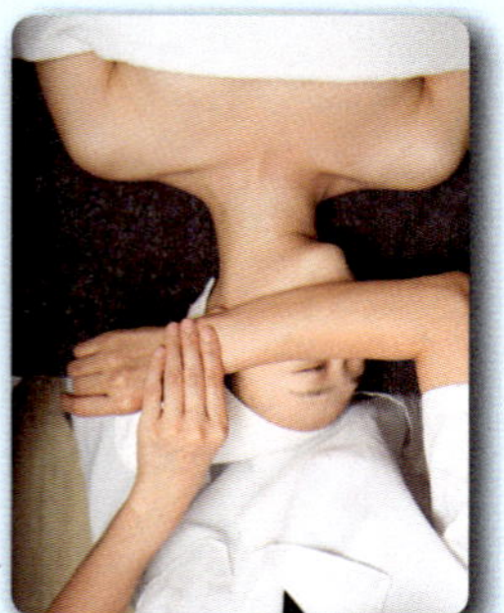

⑤ 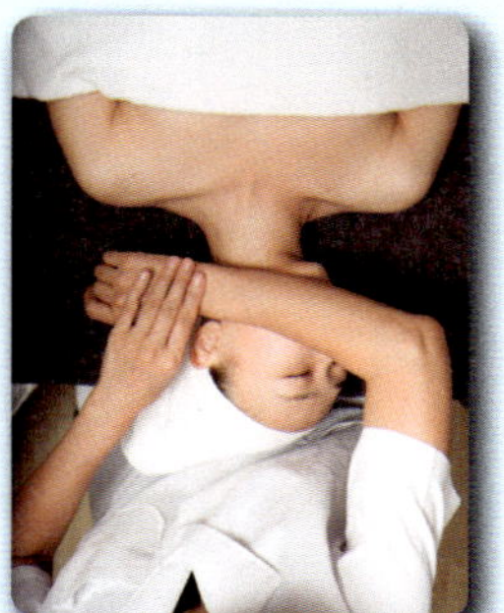

⑥ 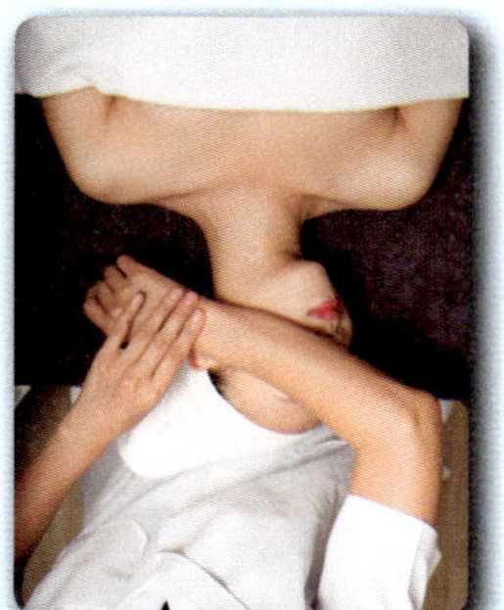

52 얼굴 옆면을 지과면으로 바이브레이션 한다.(1회)

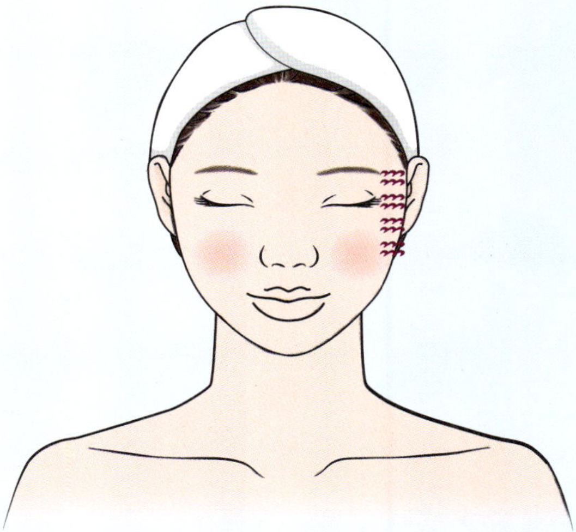

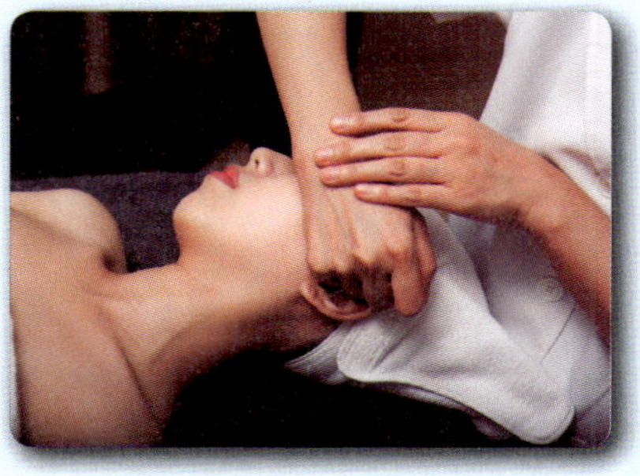

53-1 손목을 잡고 뺨라인을 척부로 쓸어준다.(3회)

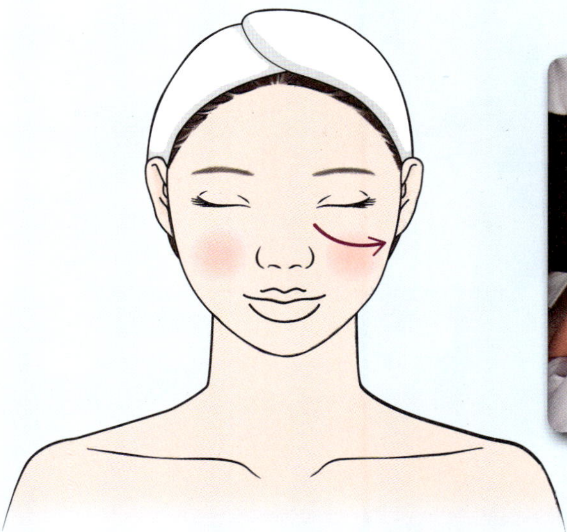

(53)-2 손목을 잡고 척부로 뺨 라인(①, ②, ③, ④)을 중등압을 주며 끌어올려준다.

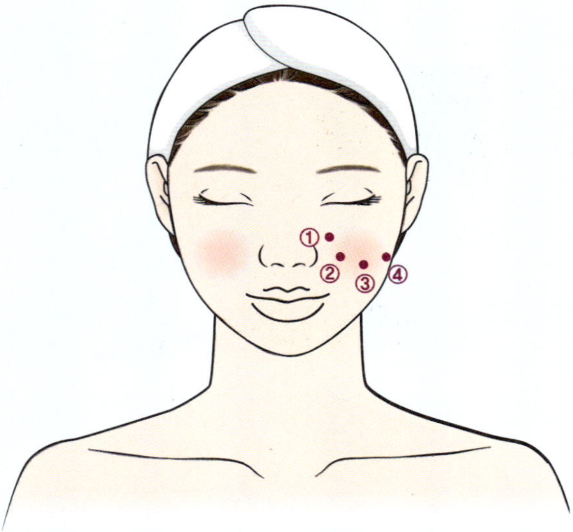

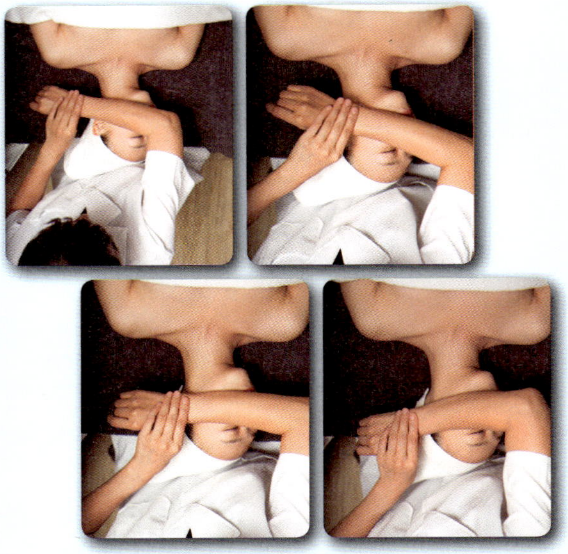

(53)-3 ①턱 밑에서 귓볼까지 쓸어 올려준 후 ②입술 끝에서 뺨까지 척부로 쓸어 올려준다. (3회)

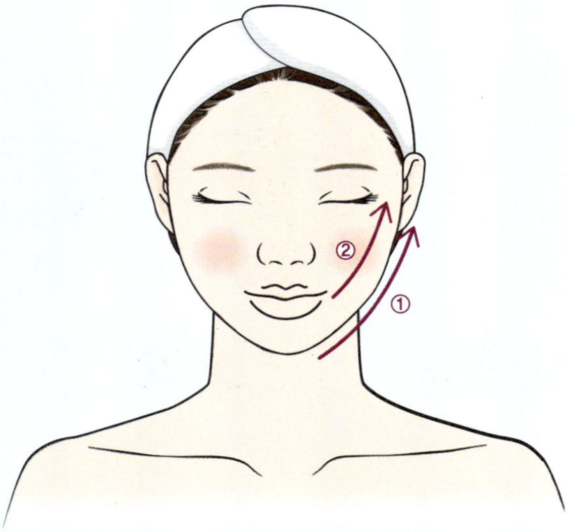

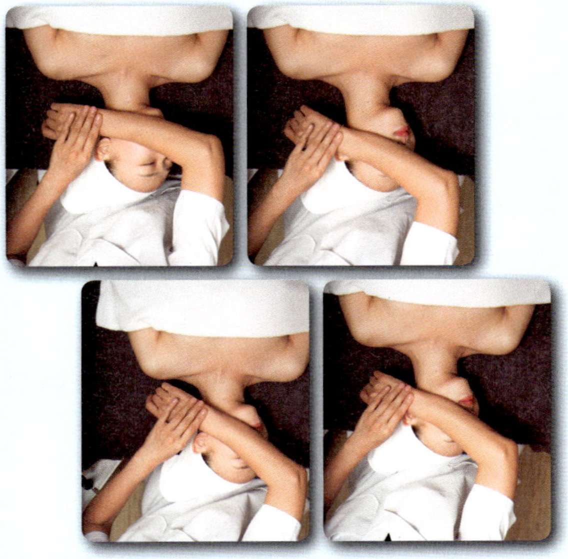

54-1 턱에서부터 이마까지(①, ②, ③) 두 손을 겹쳐 끌어올리며 쓸어준다.(3회)

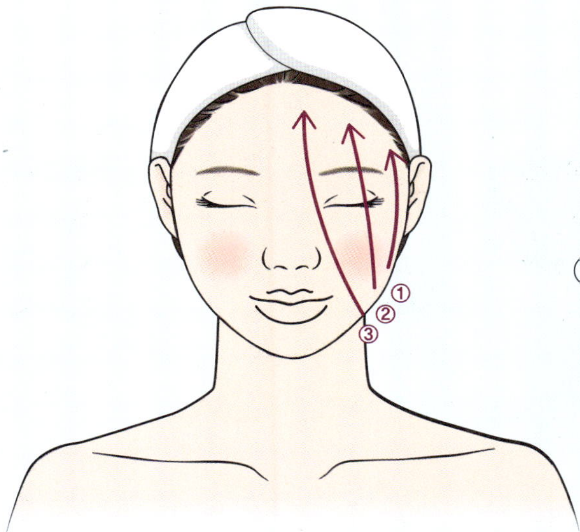

①
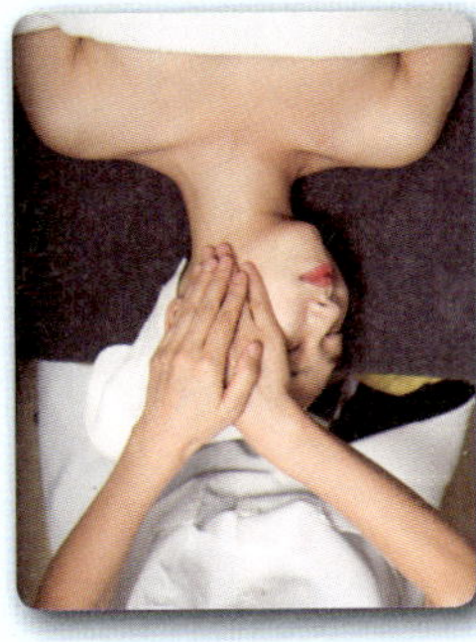

②
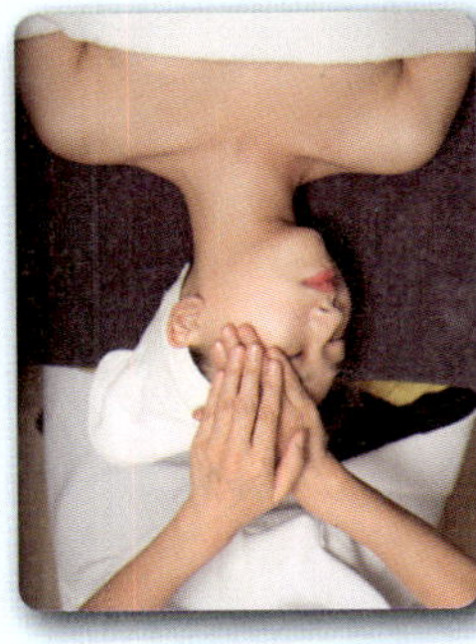

③
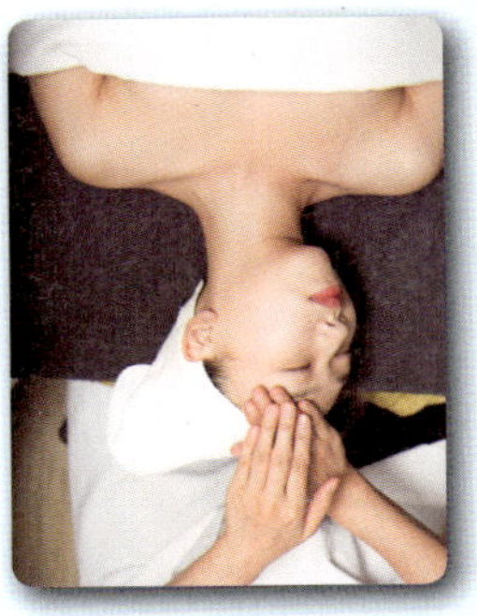

④
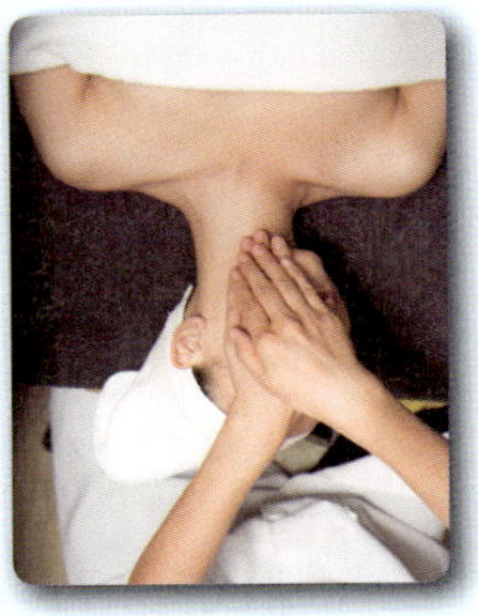

⑤
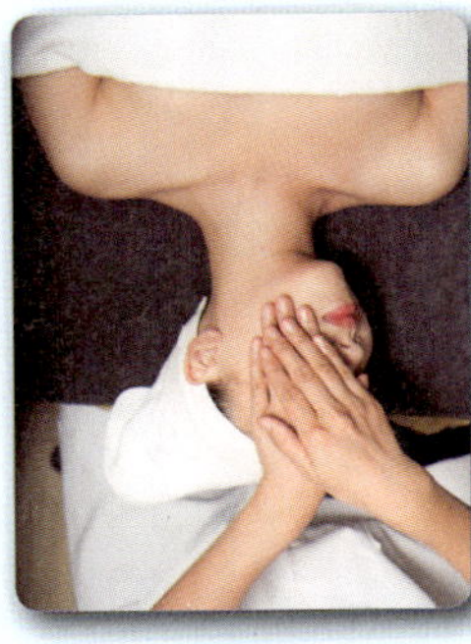

⑥
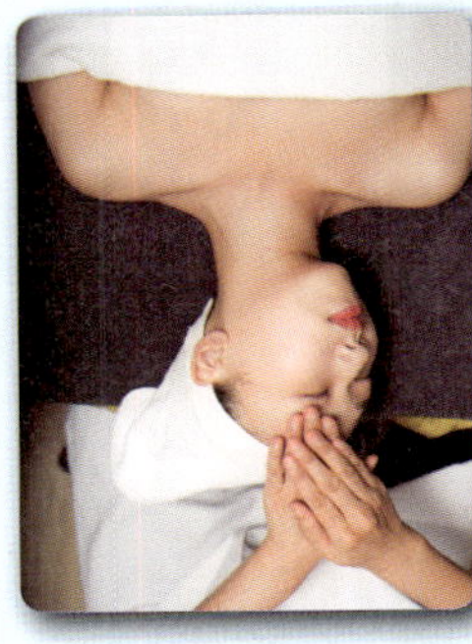

⑦
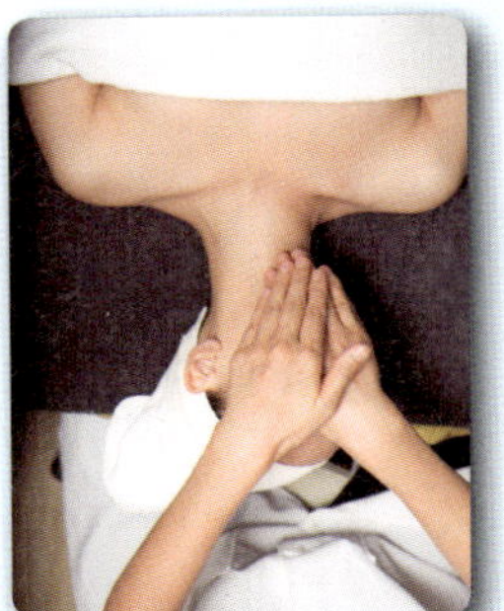

⑧
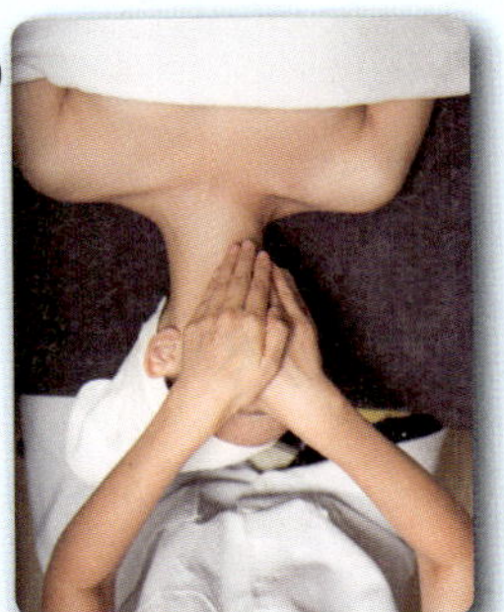

⑨
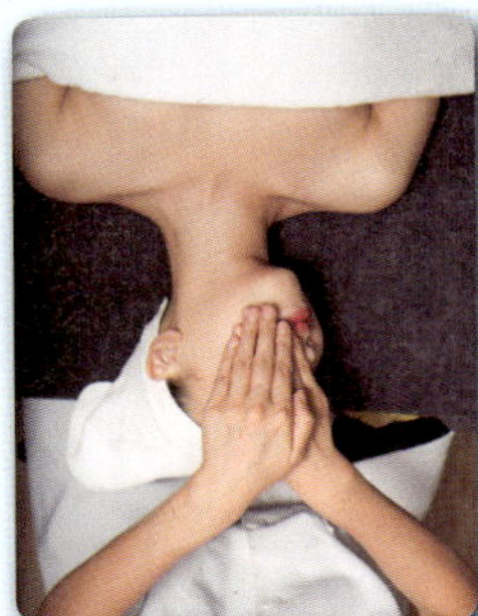

⑩
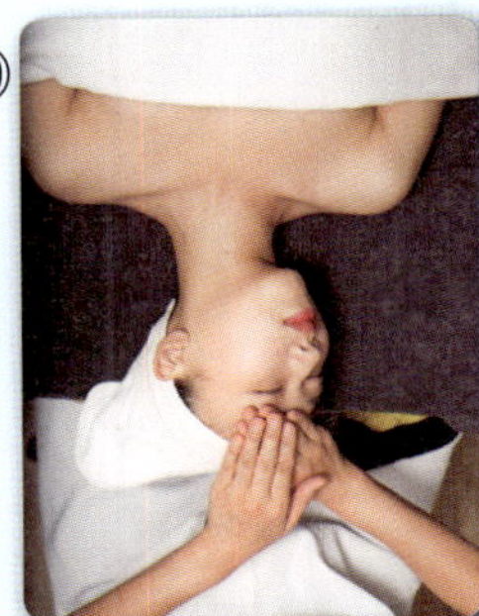

54-2 이마를 지나 측면으로 쓸어 내린다.(1회)

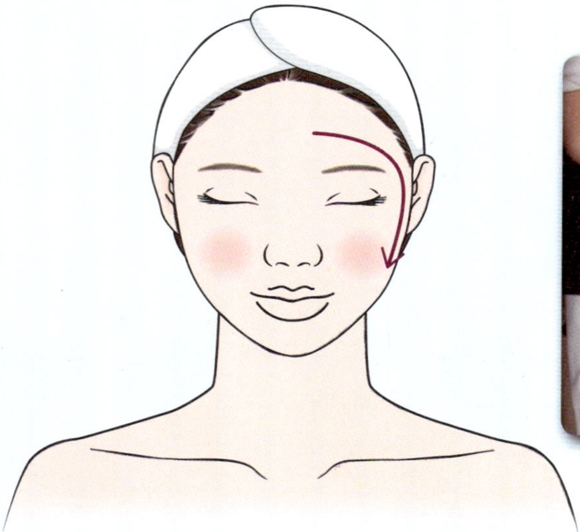

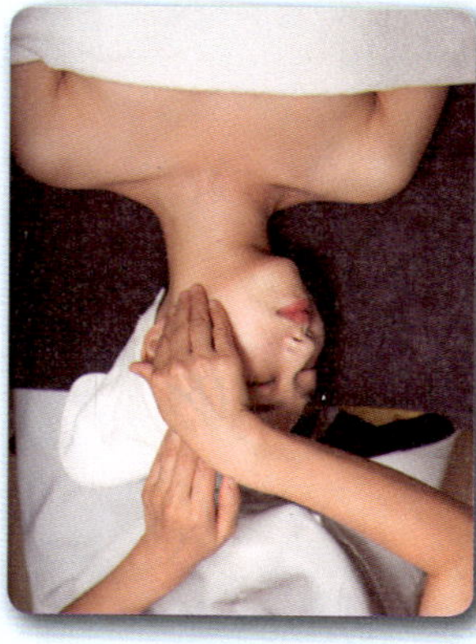

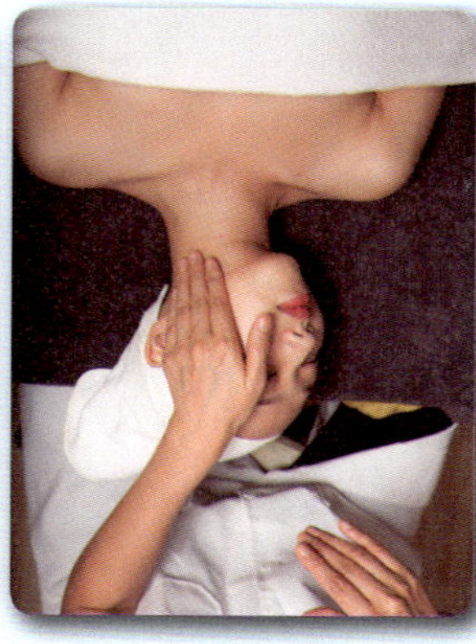

55 얼굴 옆면에서 목까지 쓸어 내려준다.(6회)

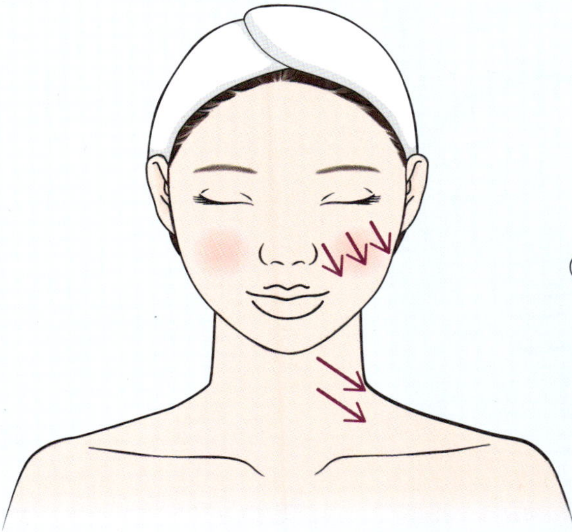

①

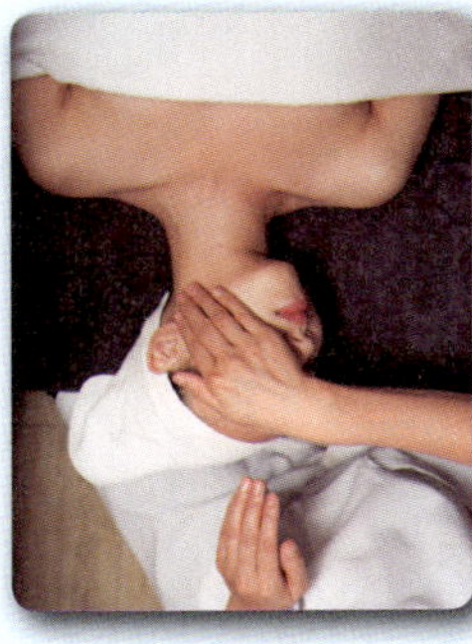

②

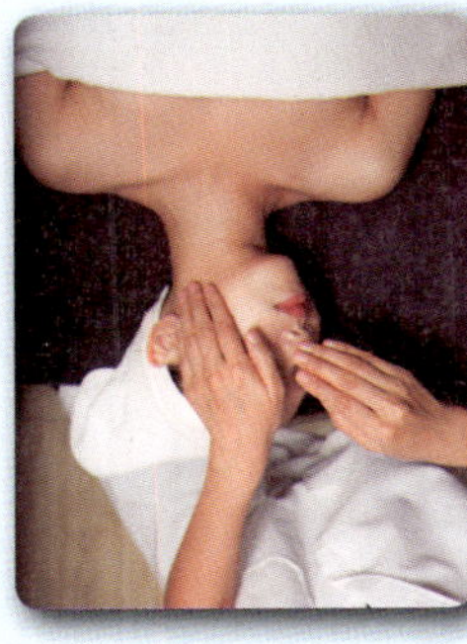

③

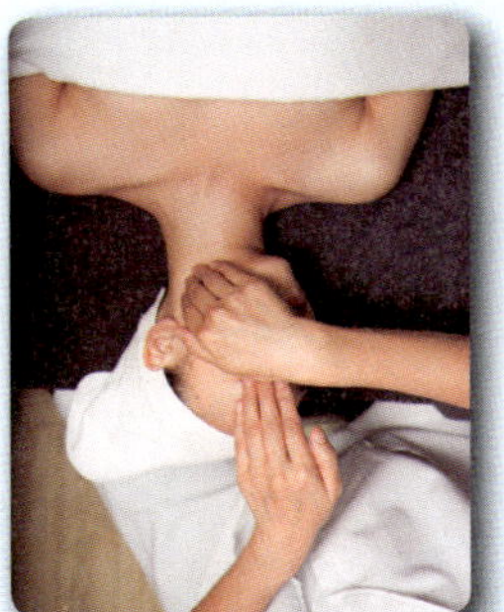

④

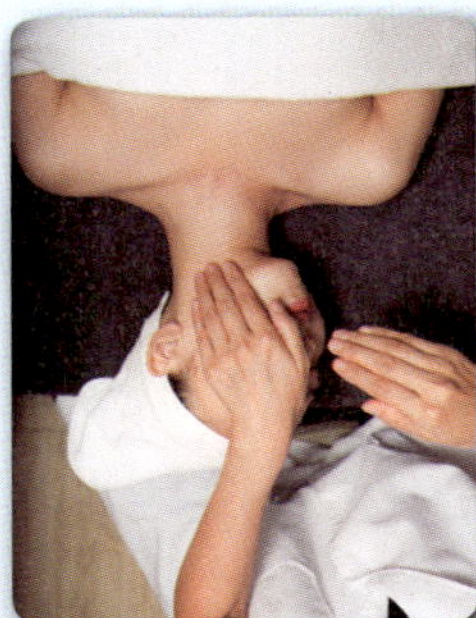

⑤

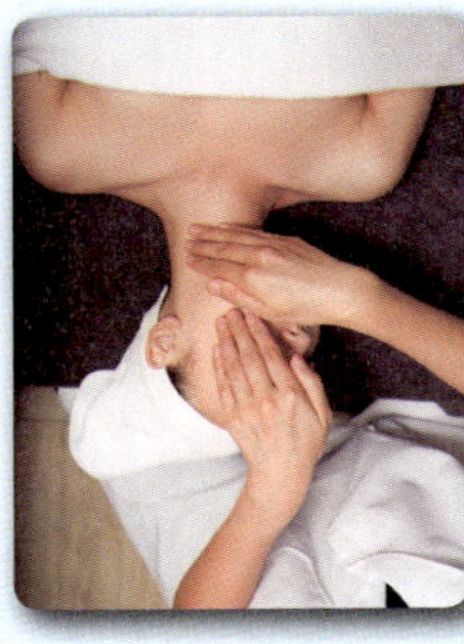

⑥

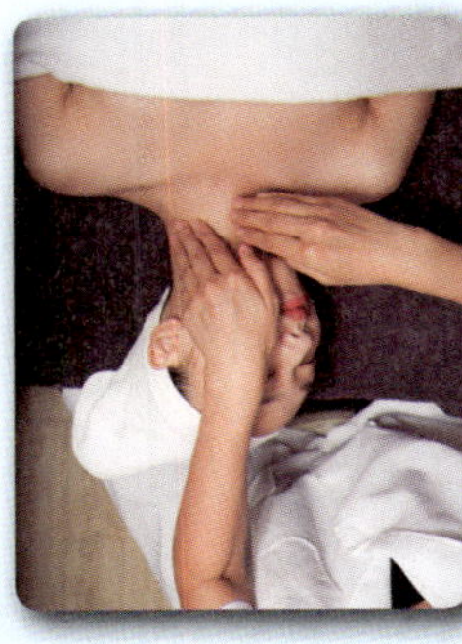

⑦

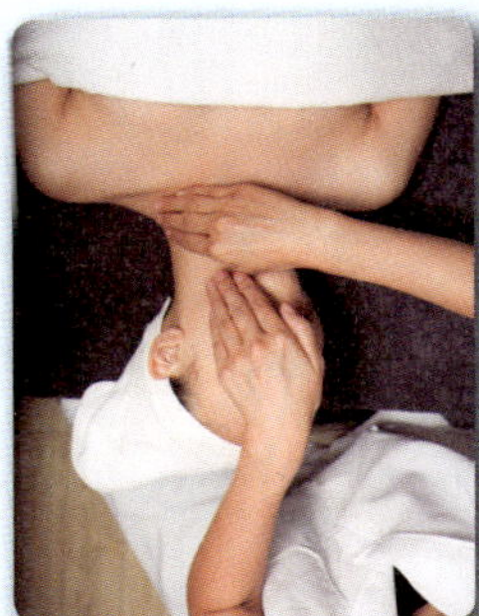

⑧

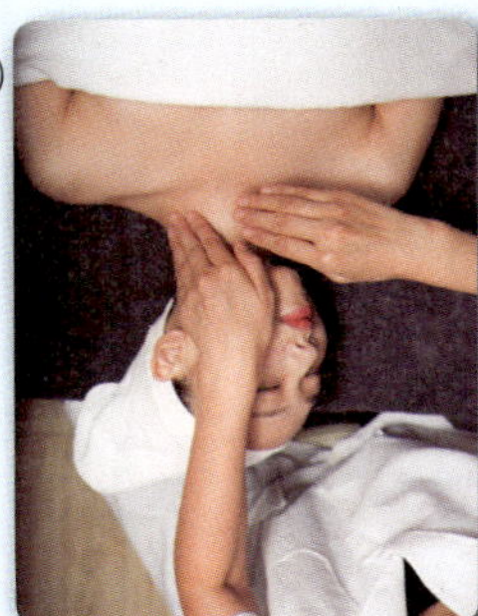

⑨

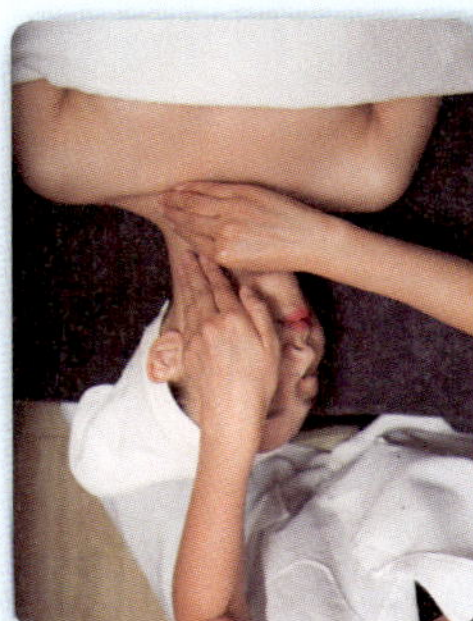

⑩

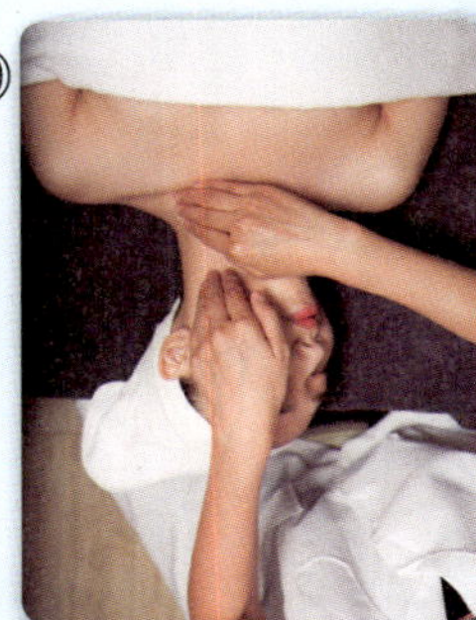

56 귀 뒤쪽에서 척부로 반원을 그린 후, 척부를 이용하여 목의 위쪽에서 아래로 쓸어준다.(5회)

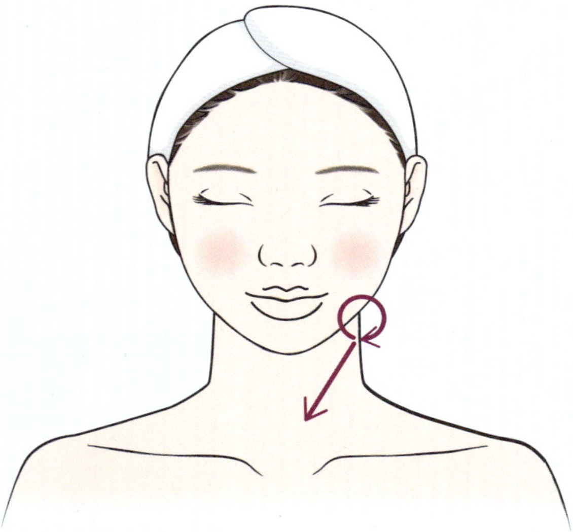

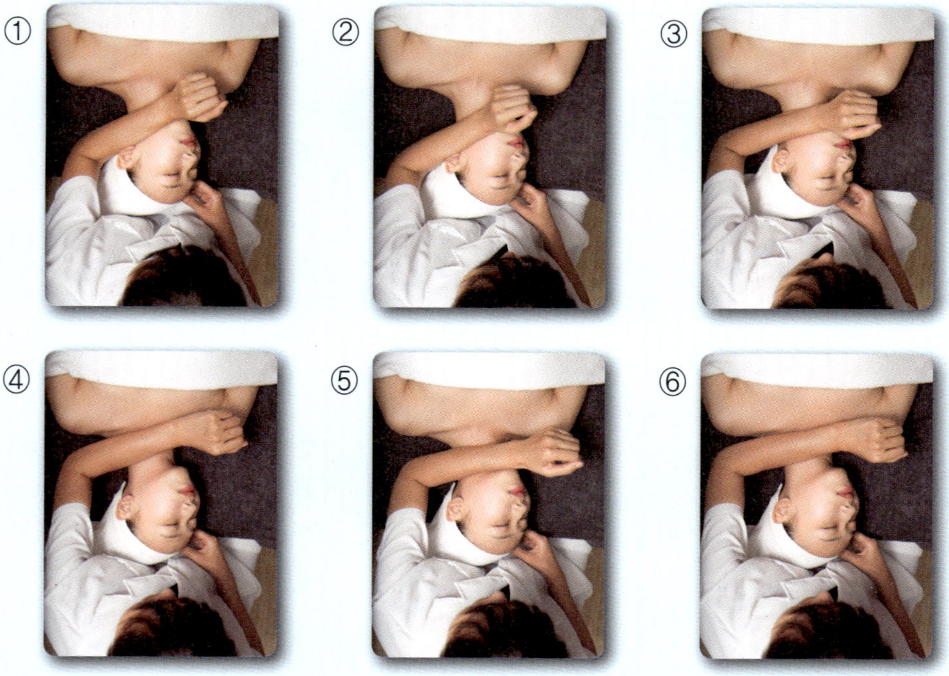

6. 얼굴 앞면

57 한 손으로 반대손의 손목을 잡고 이마전체를 척부로 나선형으로 굴리며 쓸어준 후, 볼 부위를 한 손씩 척부로 원모양으로 굴린 후, 턱선에 걸친다.(1회) 반대쪽도 동일하게 실시한다.

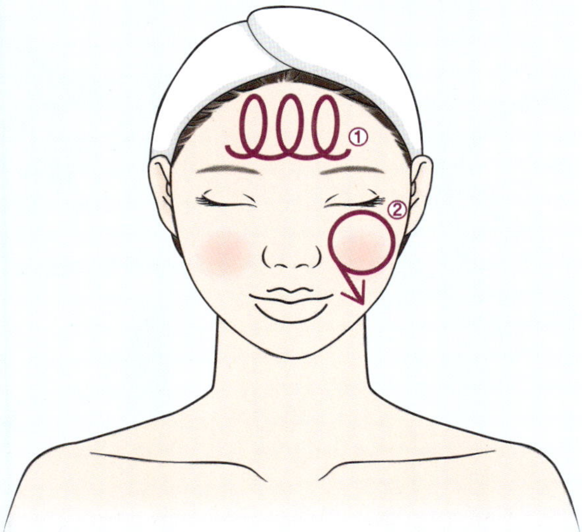

①

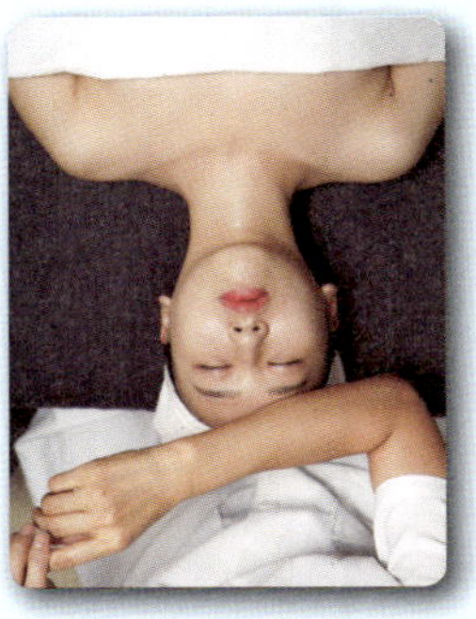

②

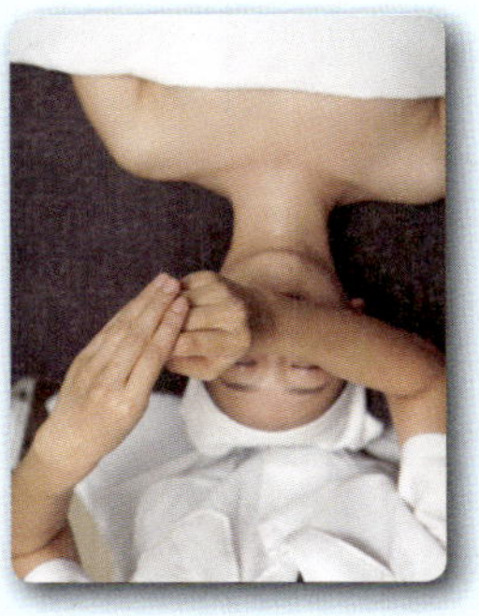

③

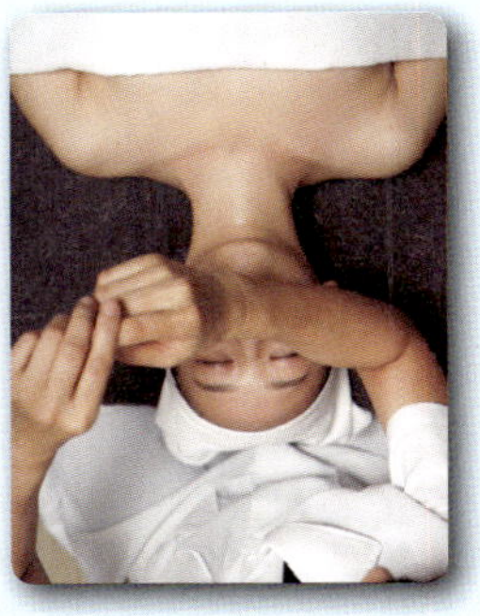

④

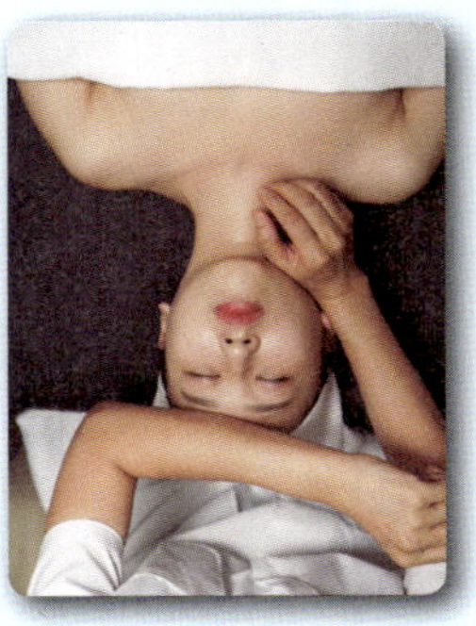

⑤

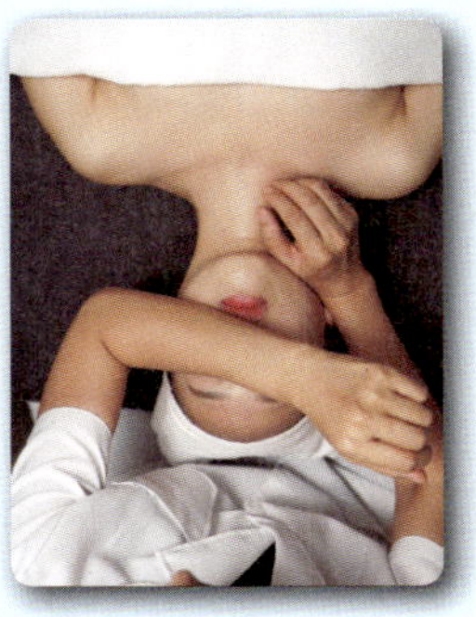

⑥

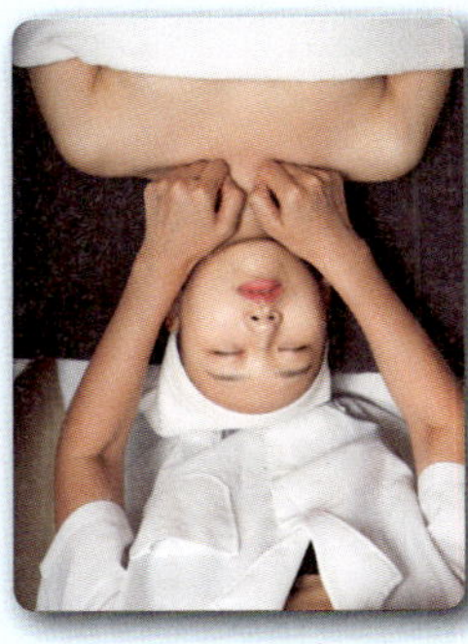

58 턱에서 볼까지 손목을 회전하여 손바닥이 위를 본 상태에서 얼굴선을 쓸어준다.(1회)

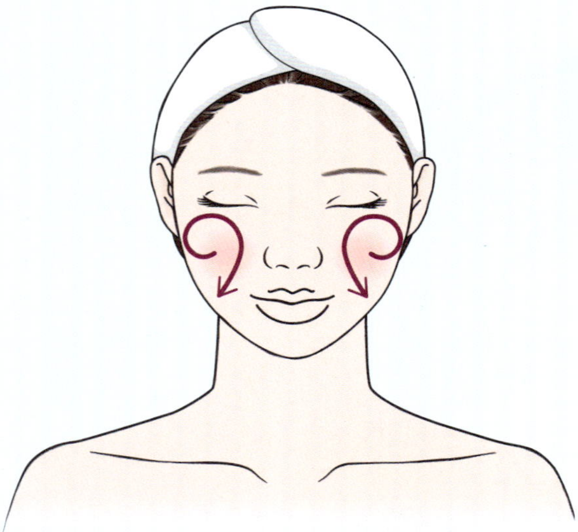

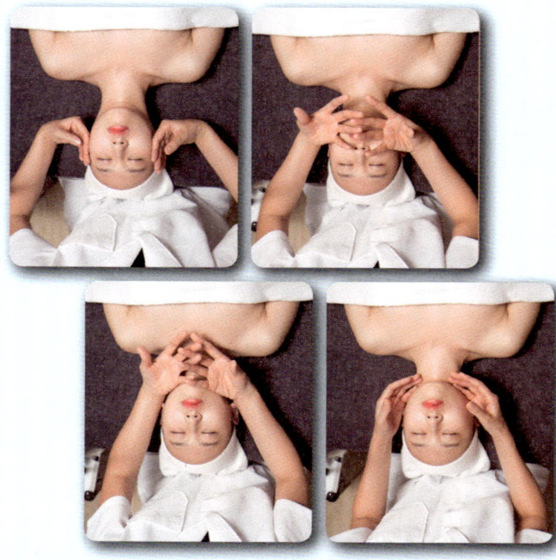

59 귓볼 앞 부위에서 모지구로 반원을 그린다.(5회)

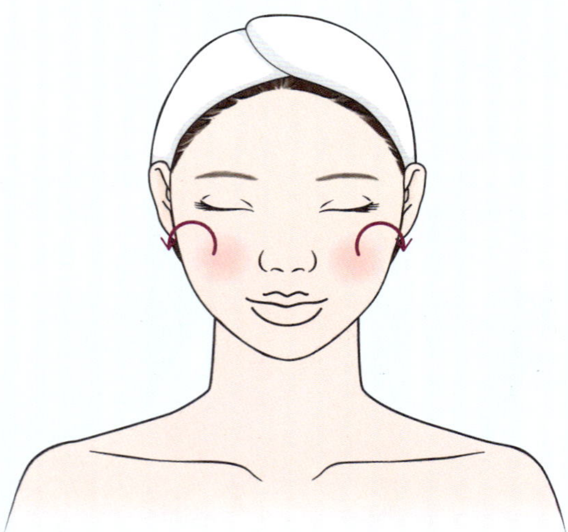

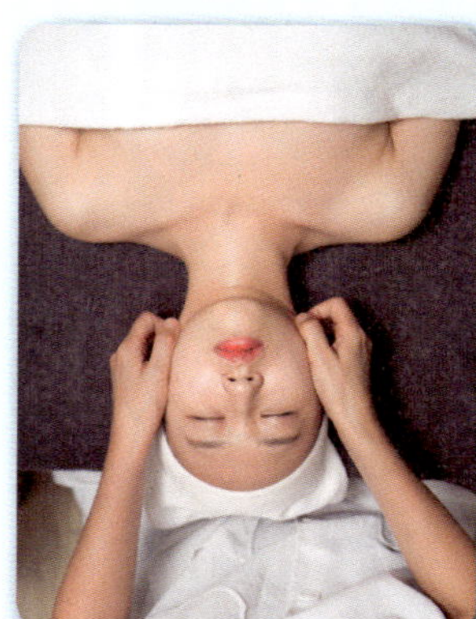

⑥⓪ 귓볼 뒤 부위에서 지과면으로 반원을 그린다.(5회)

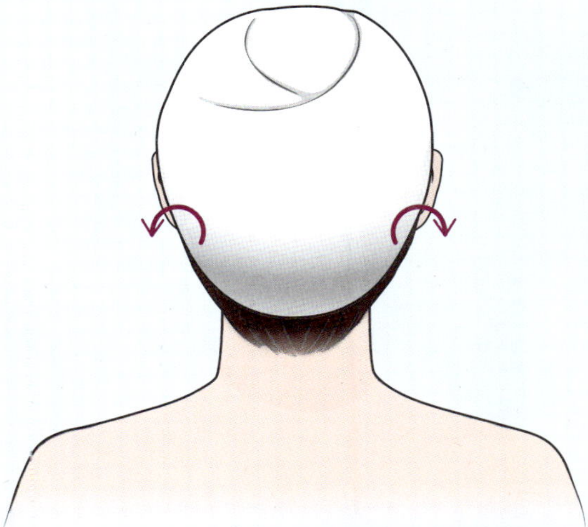

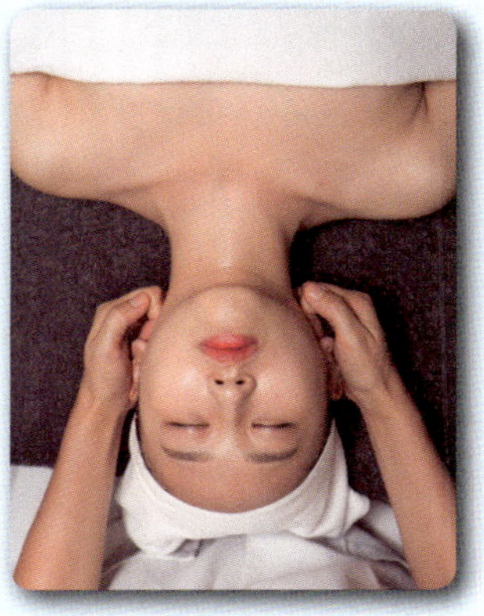

⑥① 목을 지과면으로 쓸어 내린다.(왕복 2회)

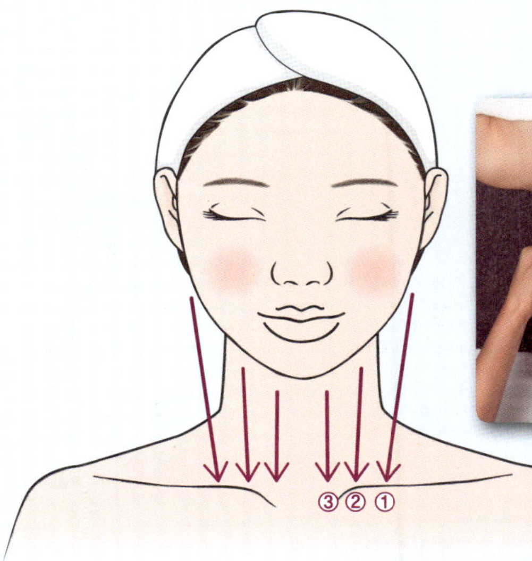

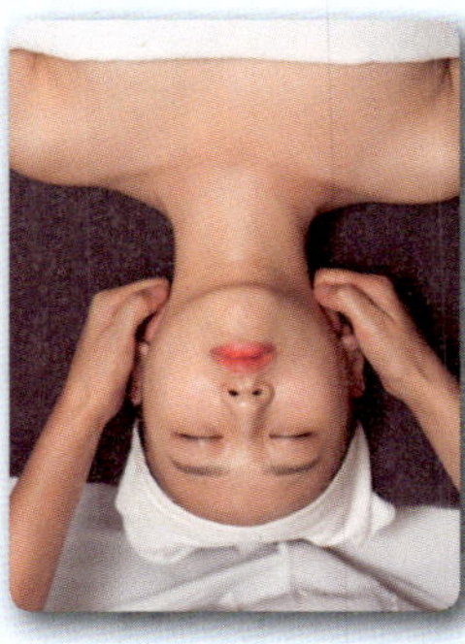

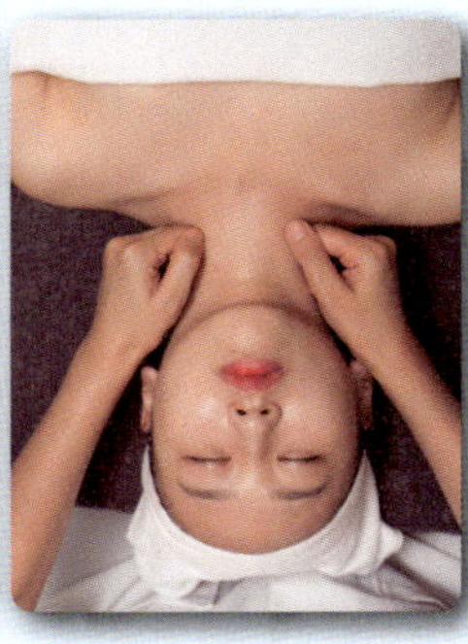

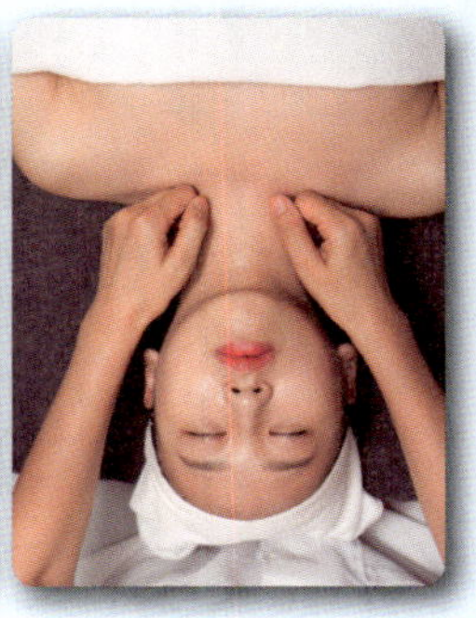

62 이마에서 턱 끝까지 모지구로 쓸어 내린 후, 반원을 그린다.(1회)

63 눈 밑을 쓸어 턱 끝까지 모지구로 쓸어 내린 후 반원을 그린다.(1회)

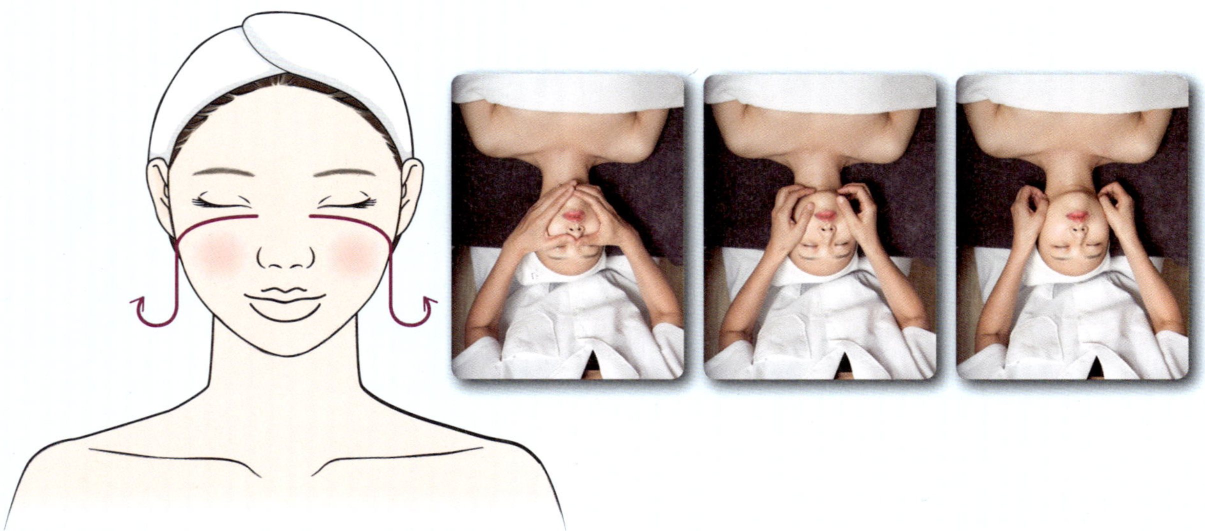

64 입술 중앙 부위 귓볼 앞까지 쓸어올린 후 반원을 그린다.(1회)

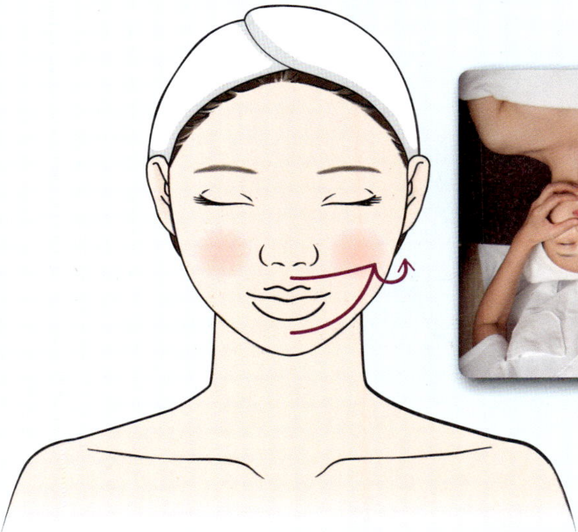

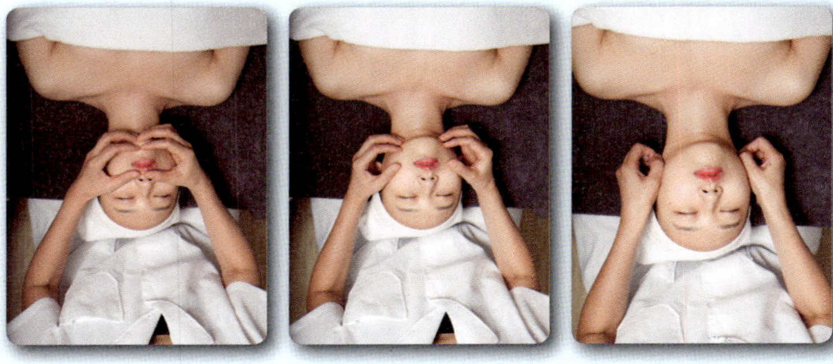

65 턱선에서 귓볼까지 쓸어올린 후 반원을 그린다.(1회)

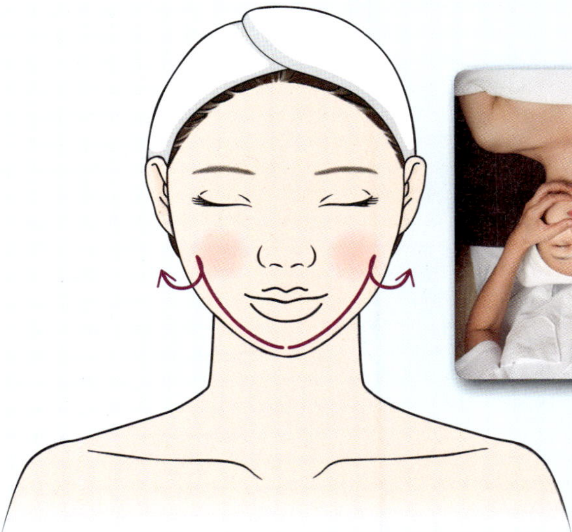

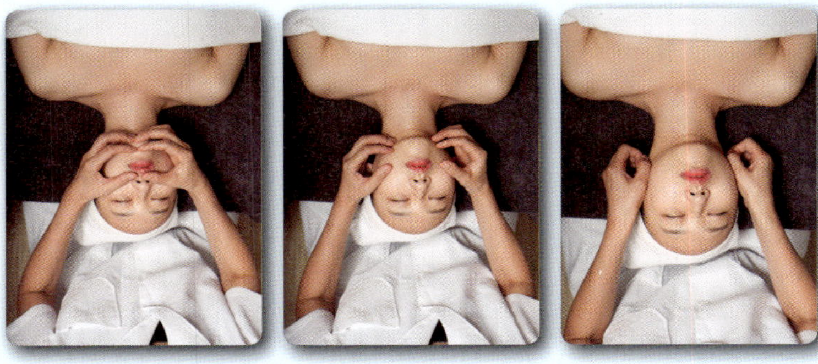

66 귀 뒤 부위에서 지과면으로 반원을 그린다.(5회)

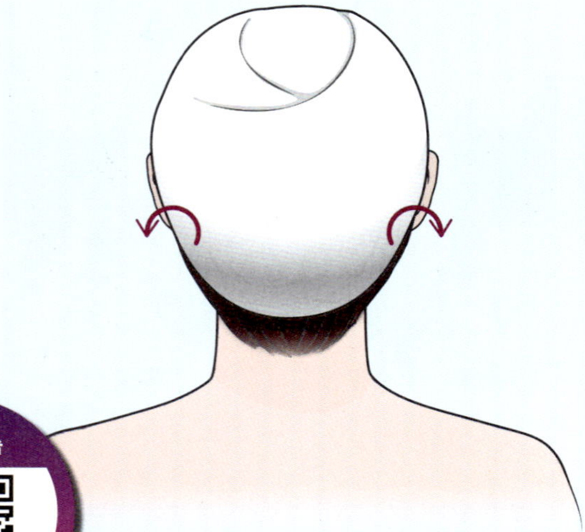

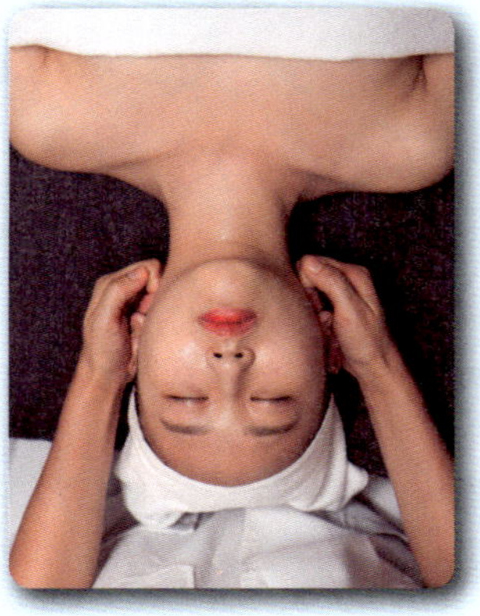

67 목의 위에서 아랫방향으로 지과면을 지과면으로 목 쓸어 내린다.(왕복2회)

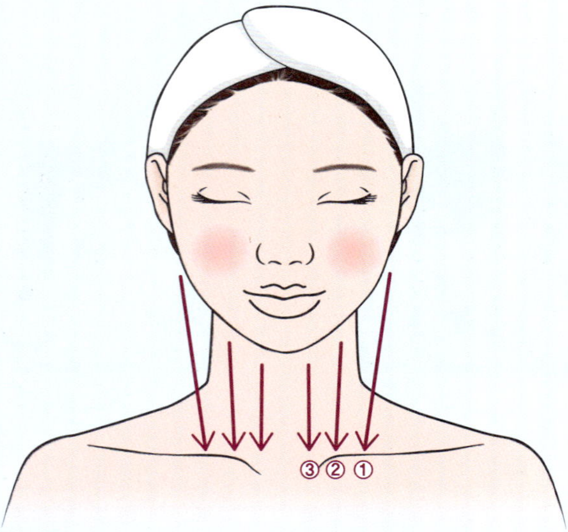

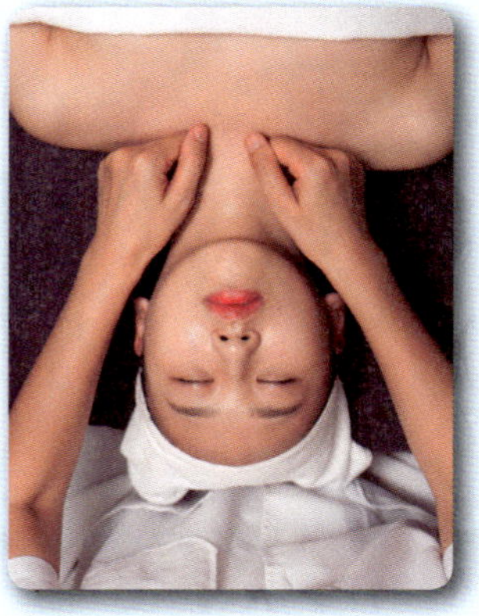

68 천천히 마무리를 해준다.

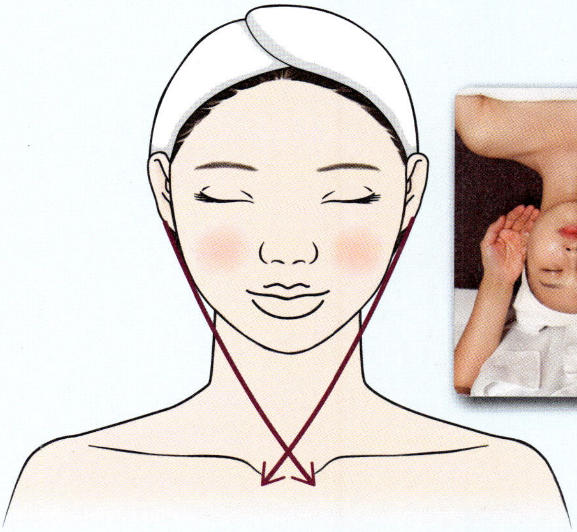

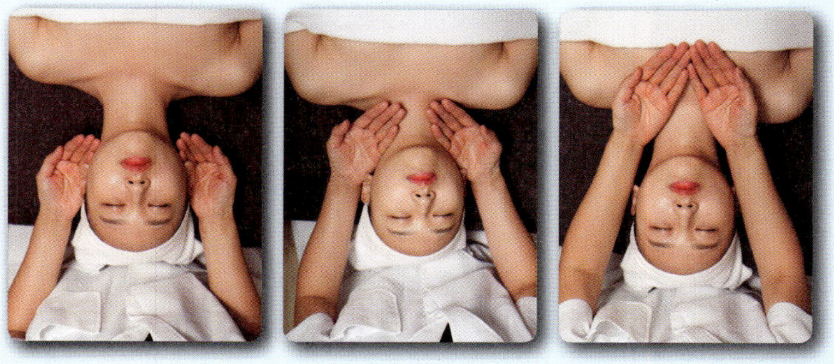

한국형배농테라피

부록

Chapter

1. 일반 · 예민 & 성형시술후 피부관리
2. 부종 피부의 피부관리

1. 크림도포

①

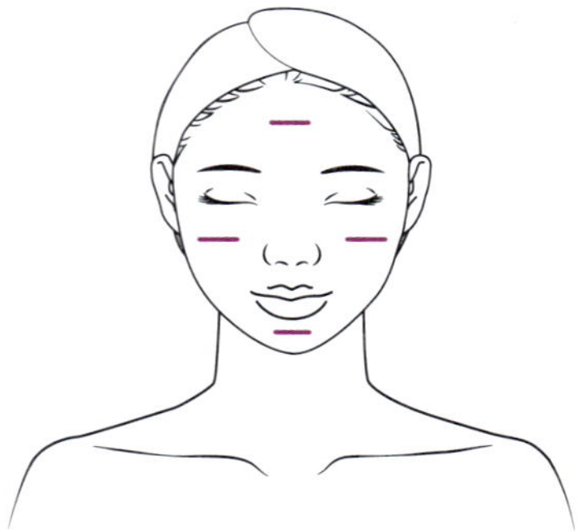

②

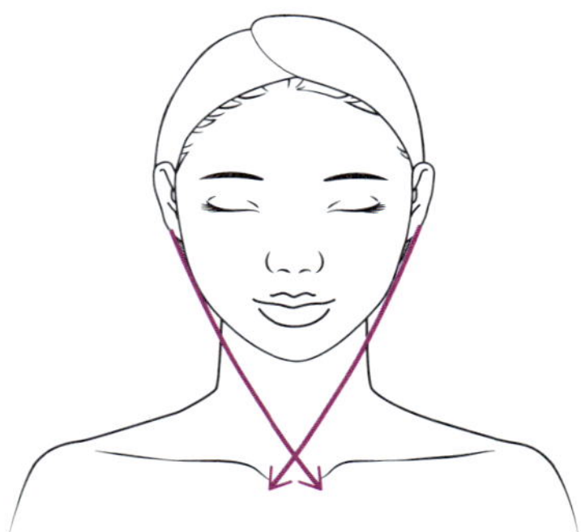

2. 데콜테

①

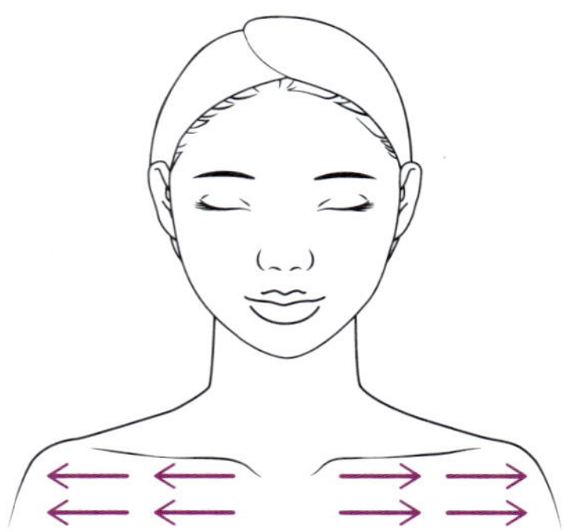

②

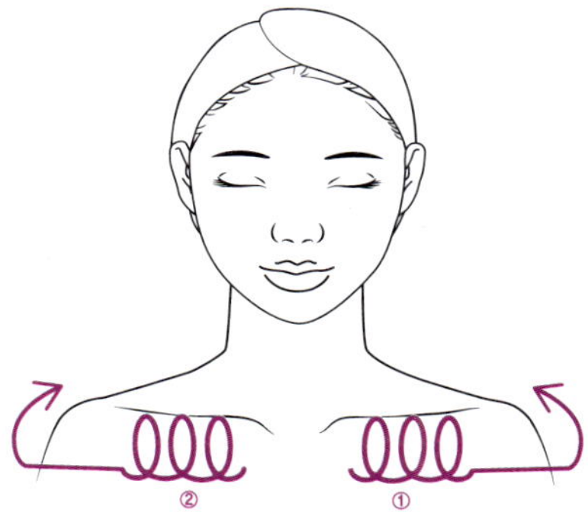

③

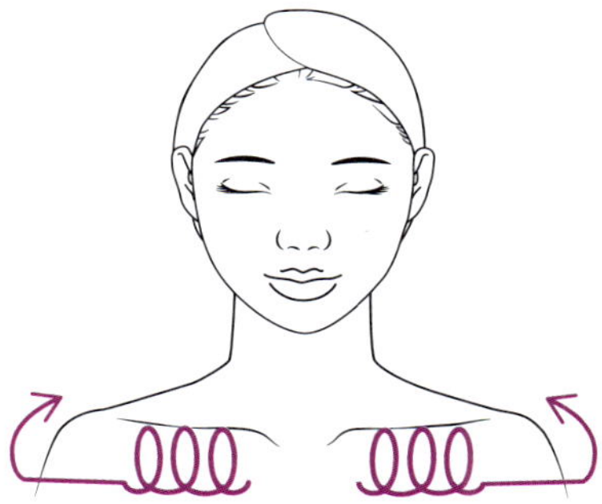

④

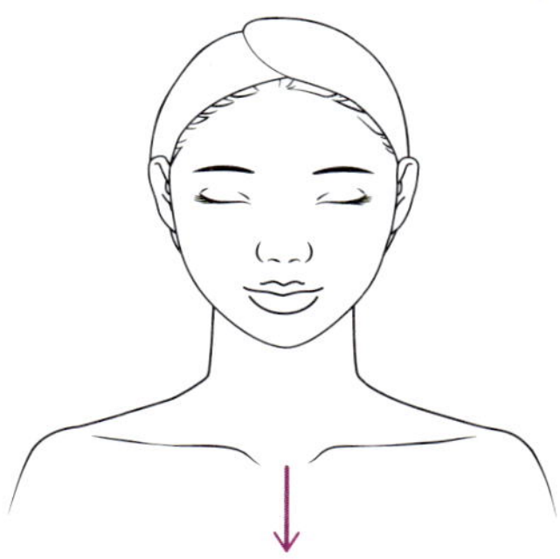

⑤-1

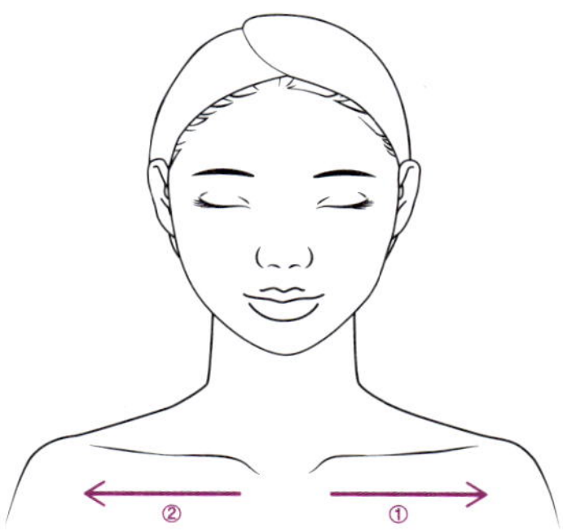

⑤-2

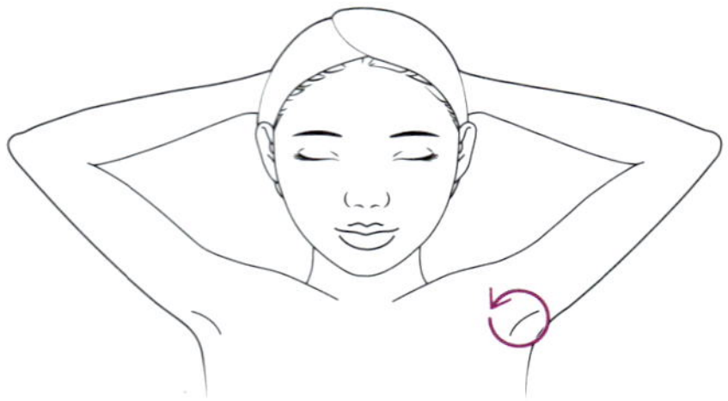

⑤-3

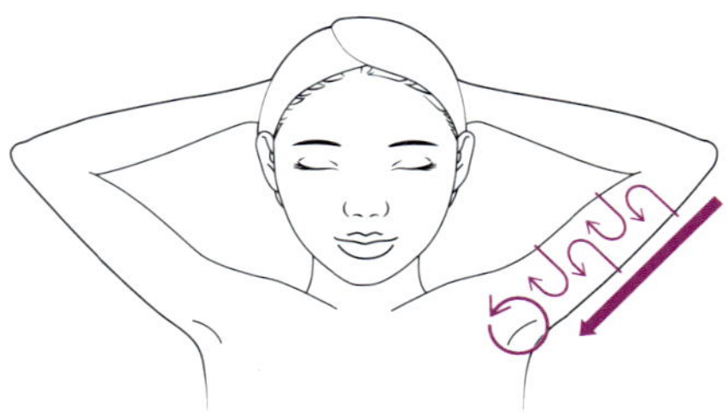

⑥

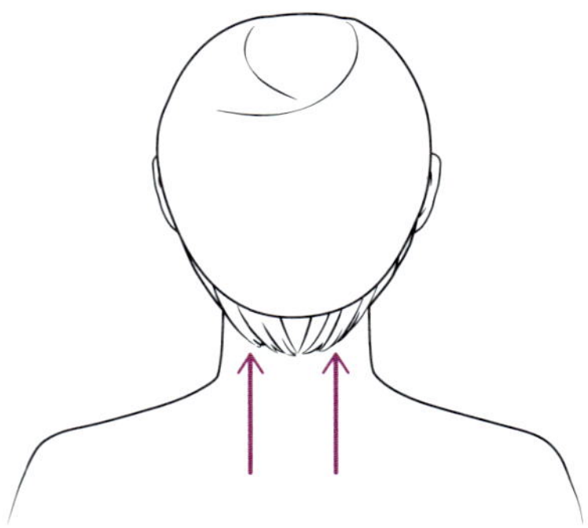

⑦

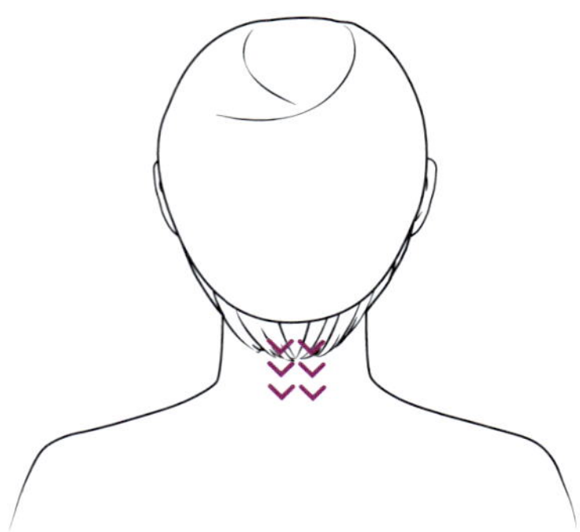

⑧

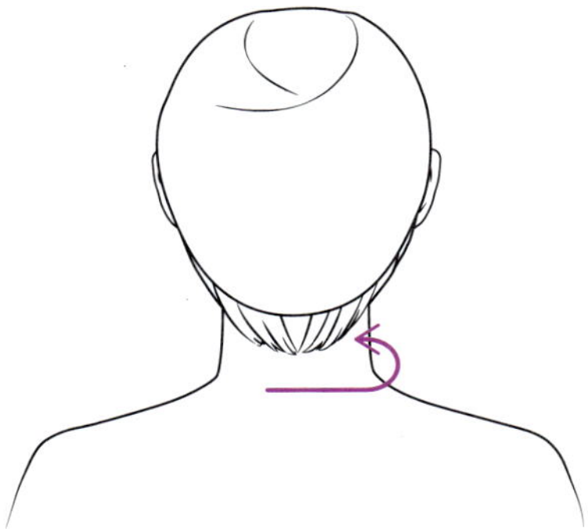

⑨

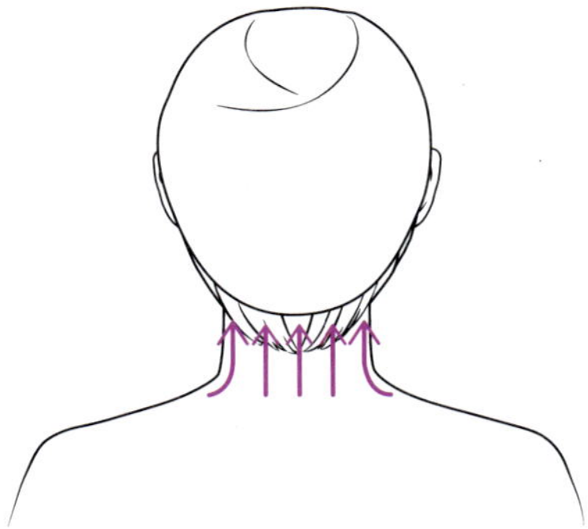

⑩

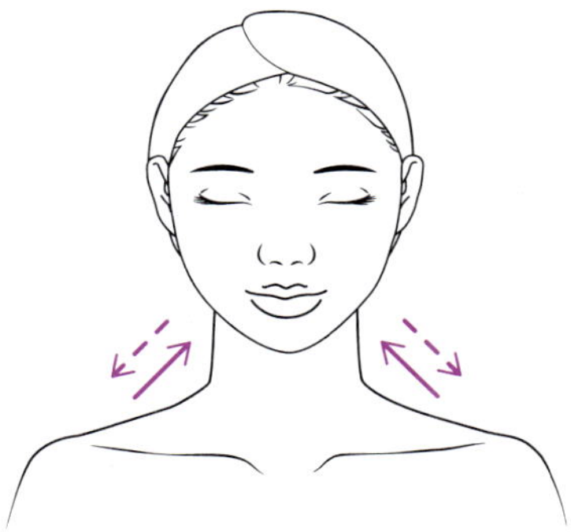

3. 얼굴 앞면

①

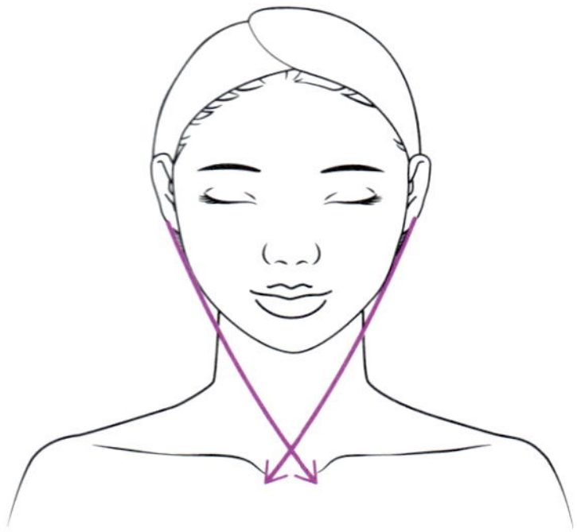

①-2

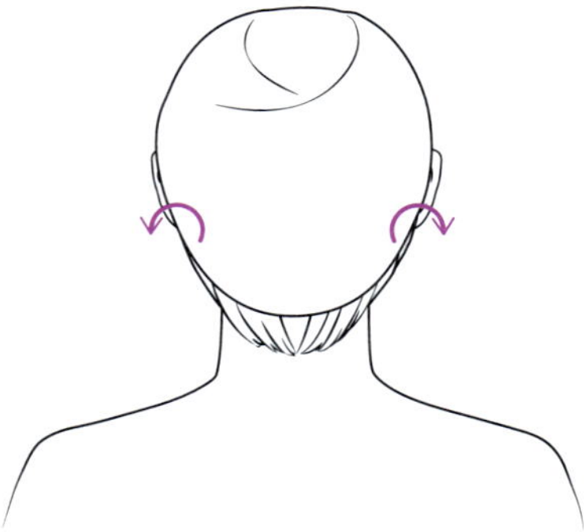

①-3

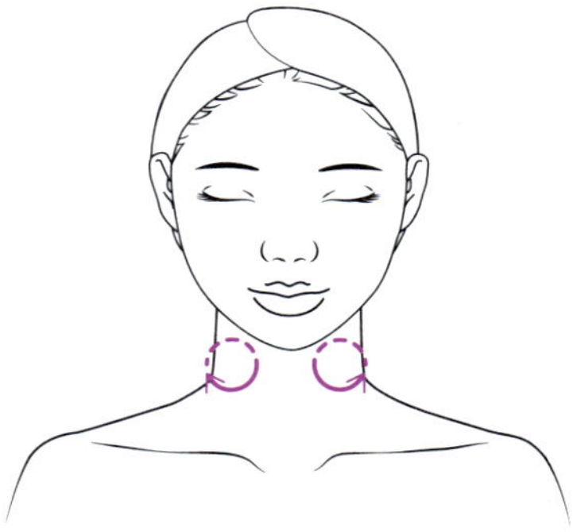

②-1

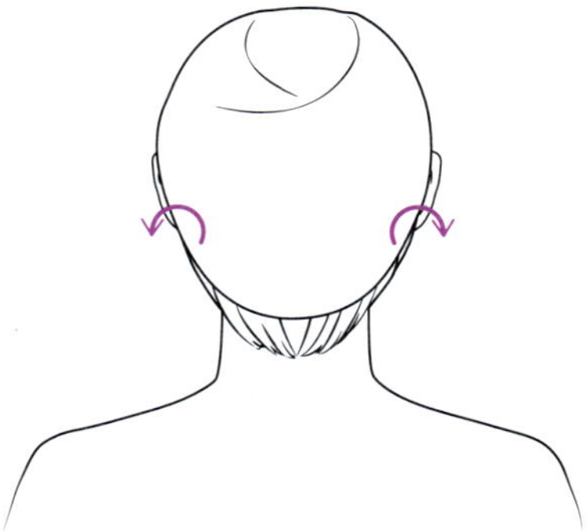

②-2

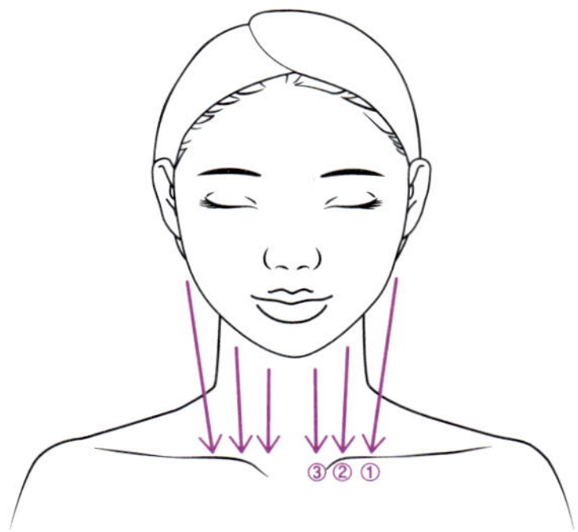

③

④

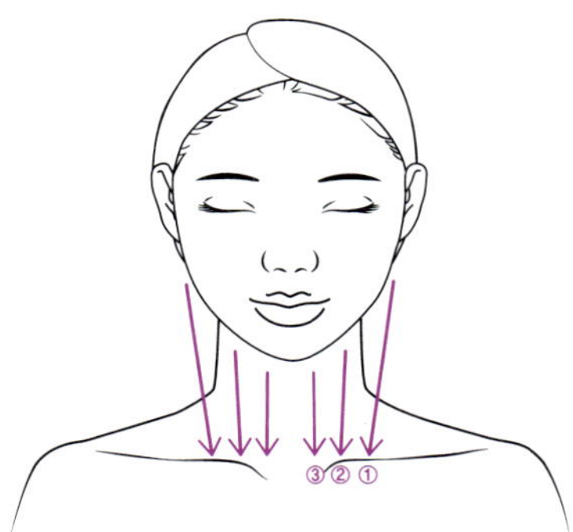

⑤

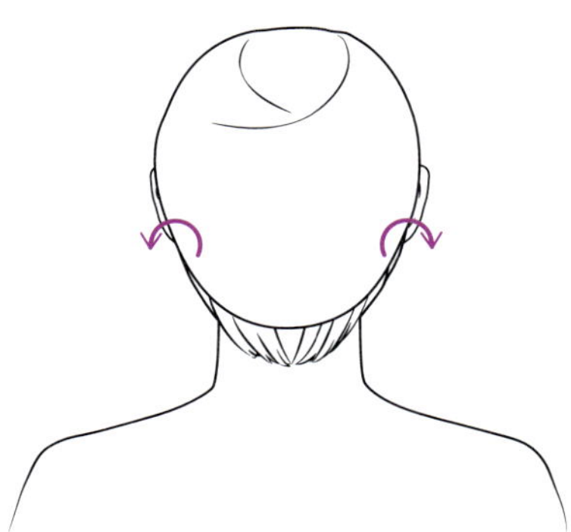

⑥

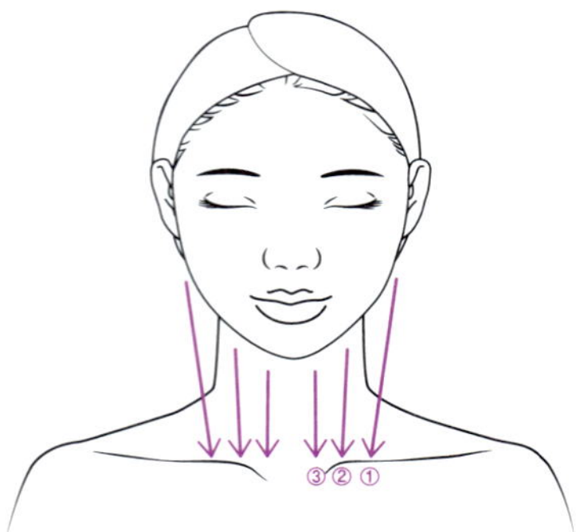

⑦-1

⑦-2

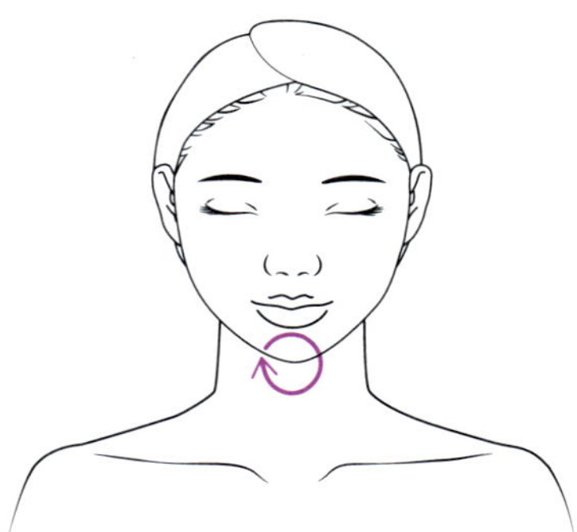

⑧

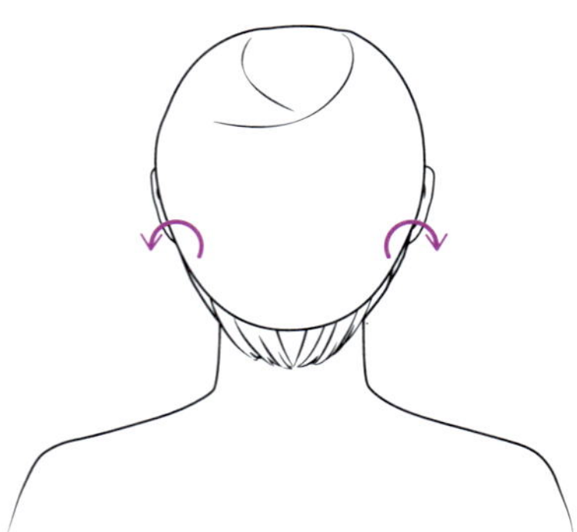

⑨

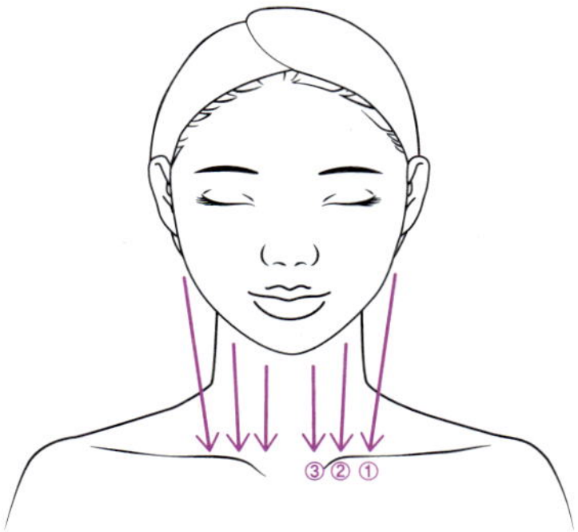

⑩

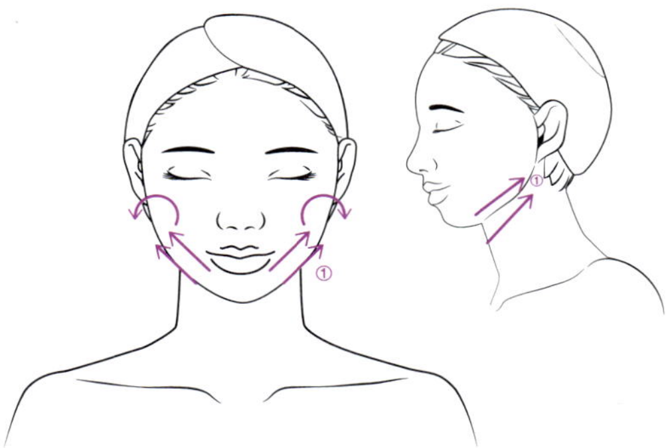

⑪

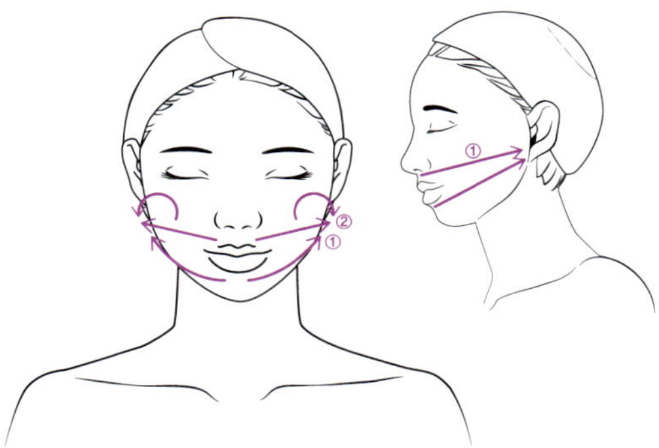

⑫

⑬

⑭

⑮

⑯

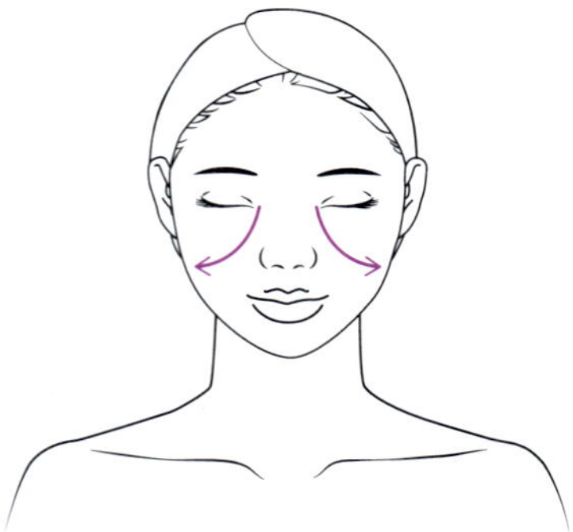

⑰

⑱

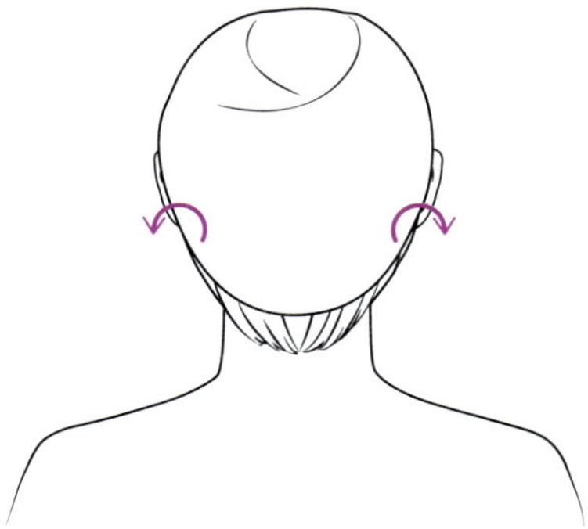

⑲

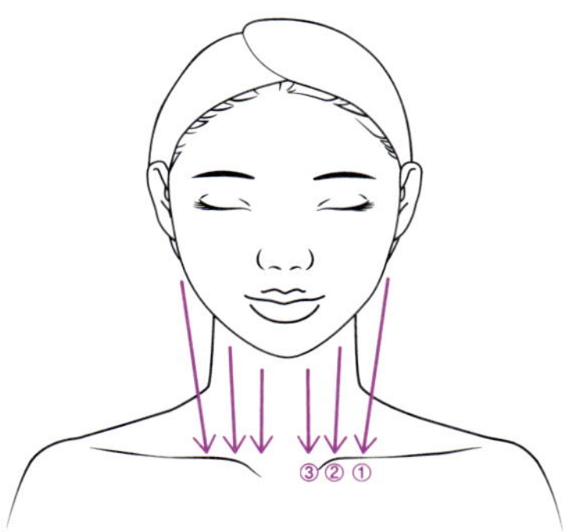

⑳

㉑

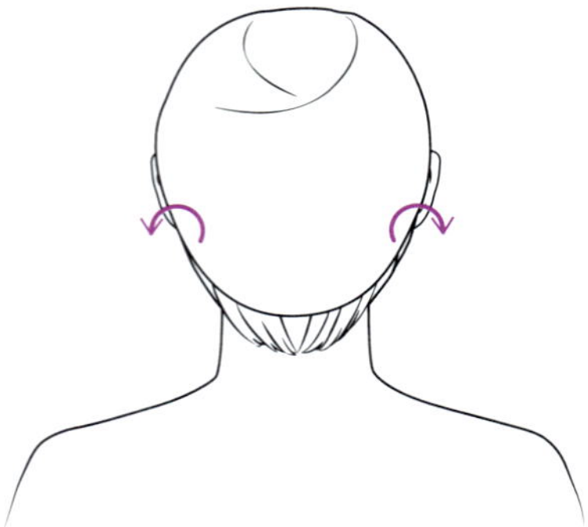

㉒

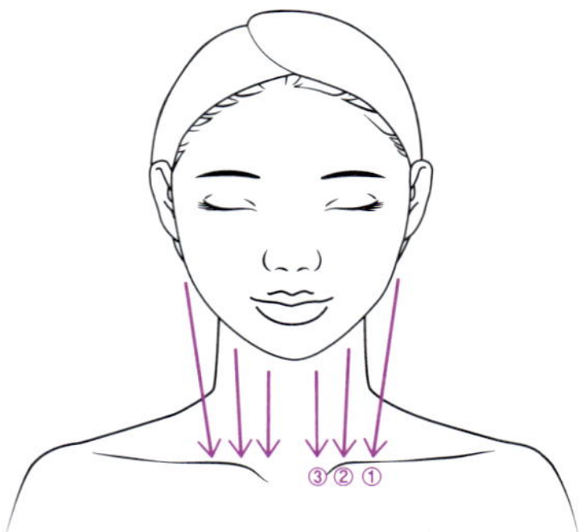

㉓-1

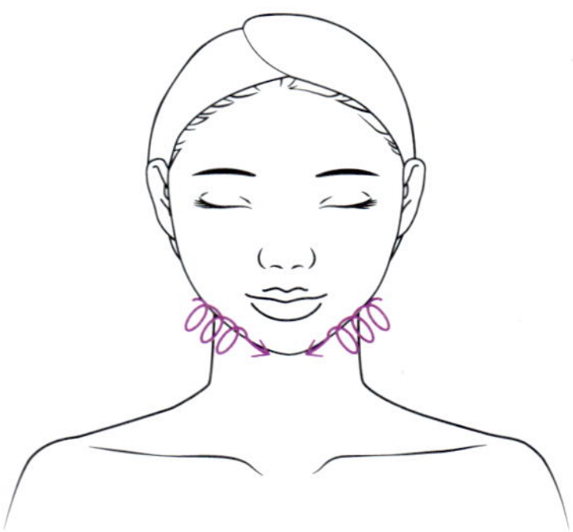

㉓-2

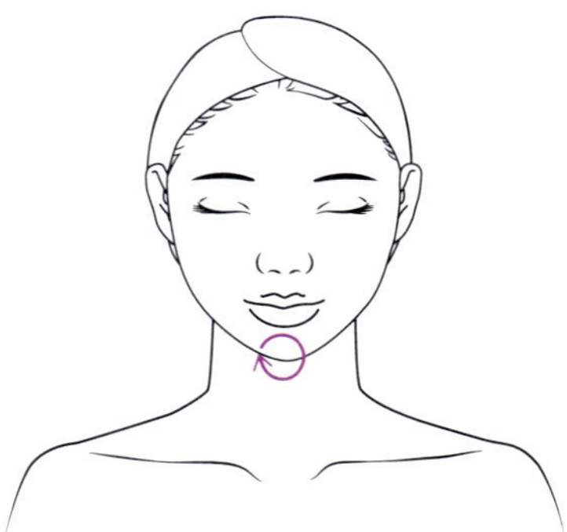

㉔-1

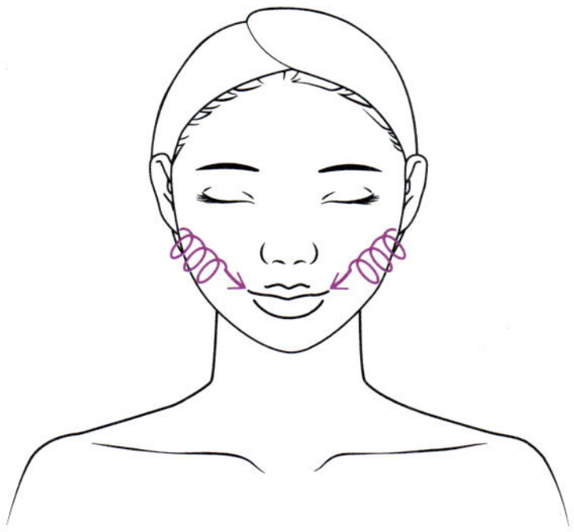

㉔-2

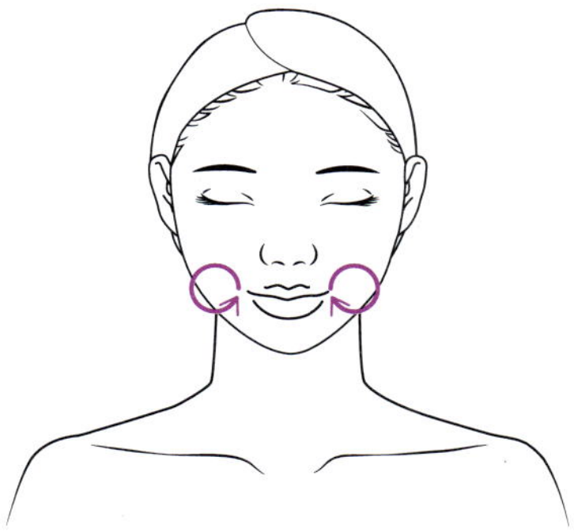

㉕-1

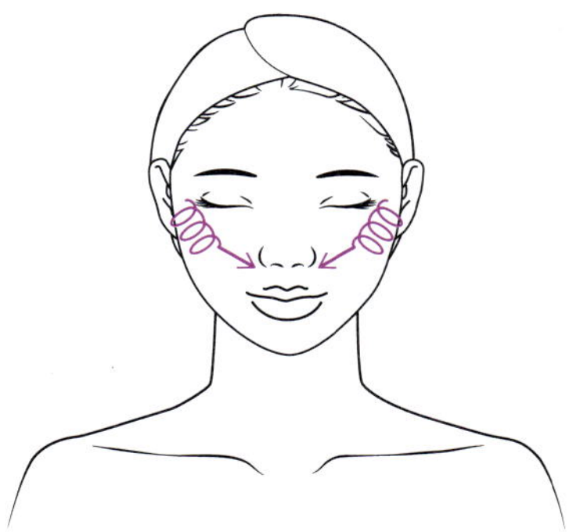

㉕-2

㉖

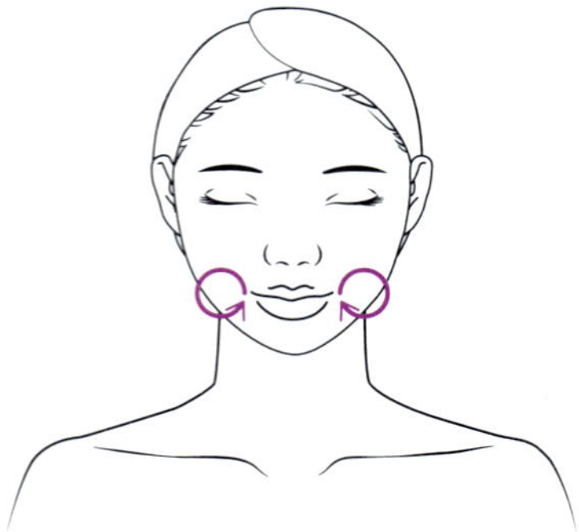

㉗

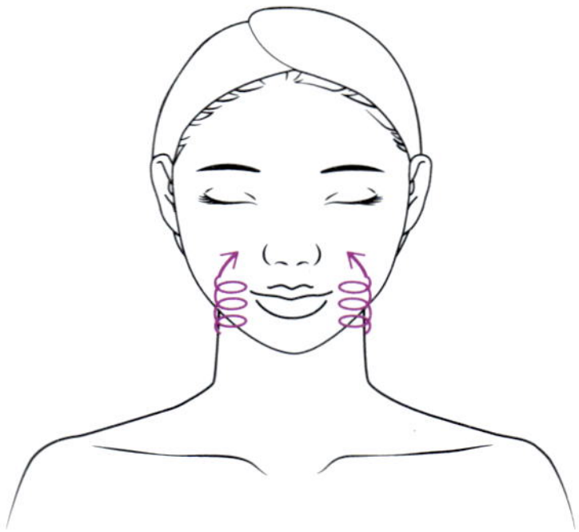

㉘

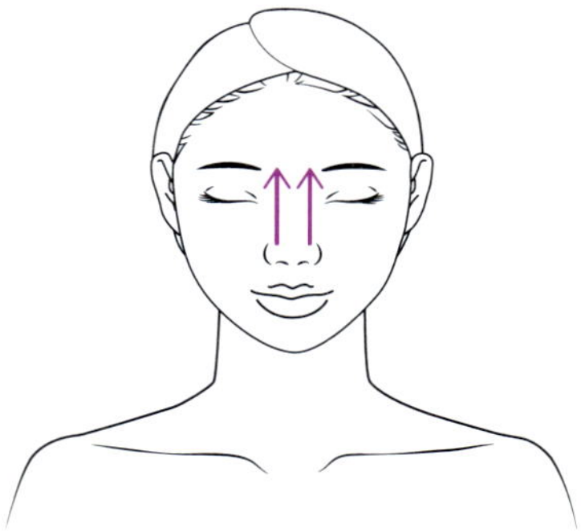

㉙

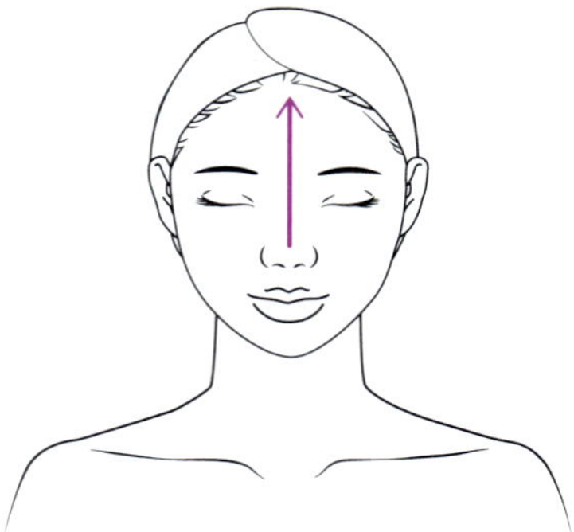

㉚

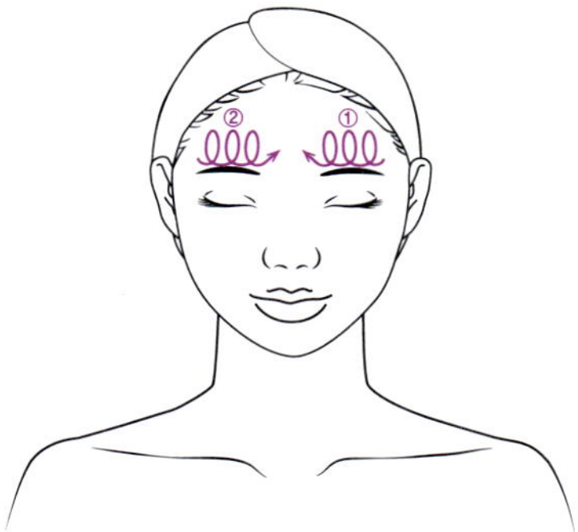

㉛

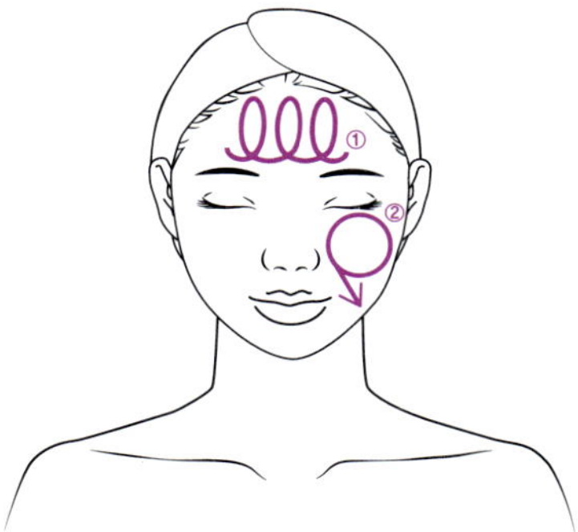

㉜

㉝

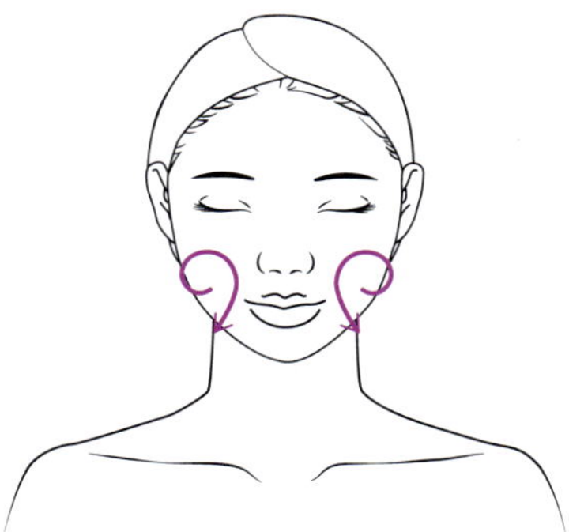

㉞

㉟

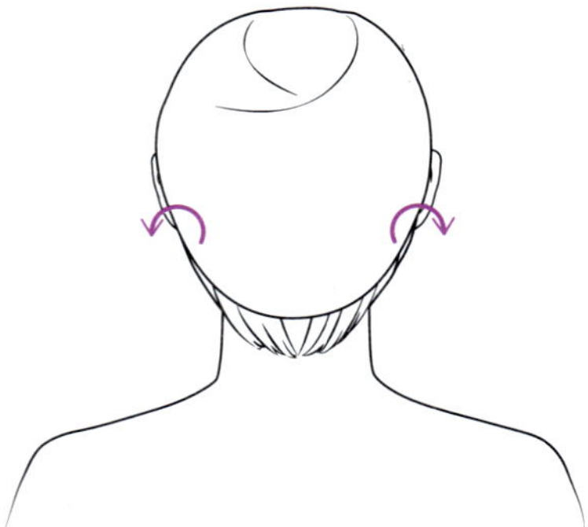

㊱

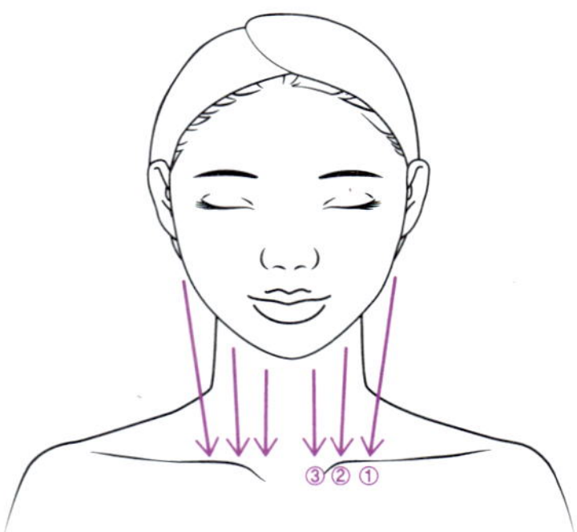

4. 얼굴 옆면

㊲

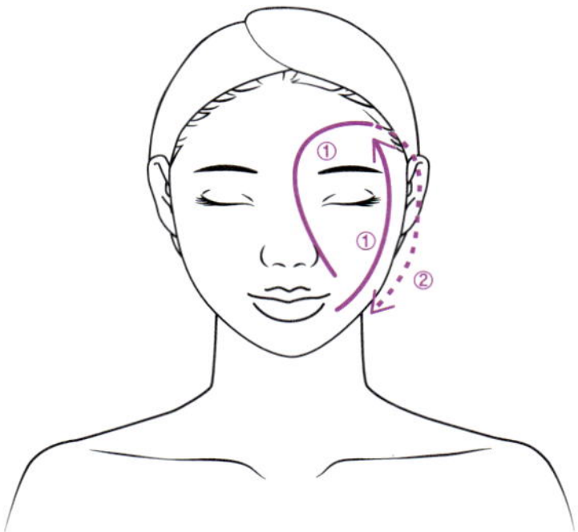

㊳

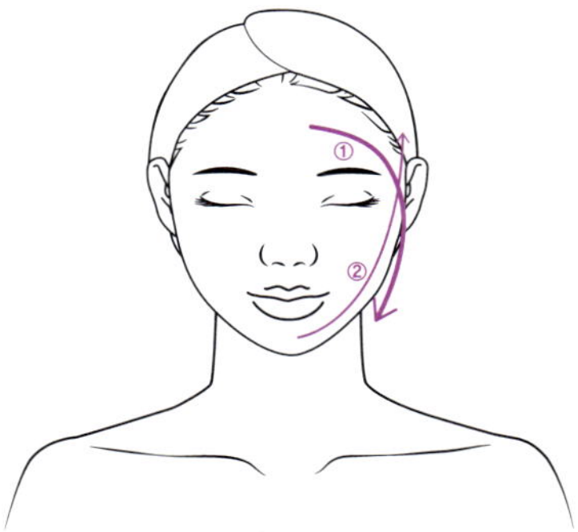

㊴

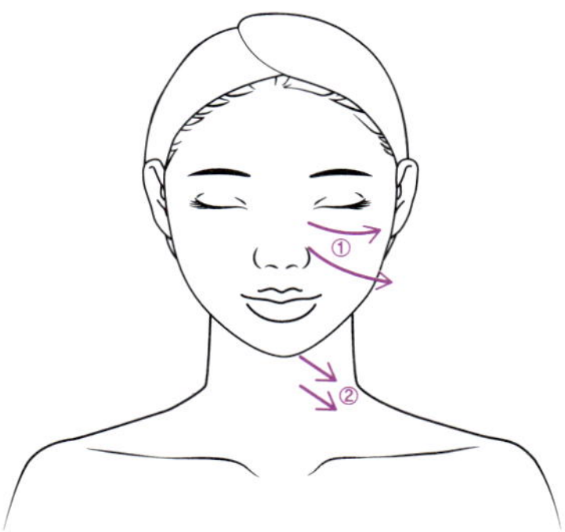

㊵

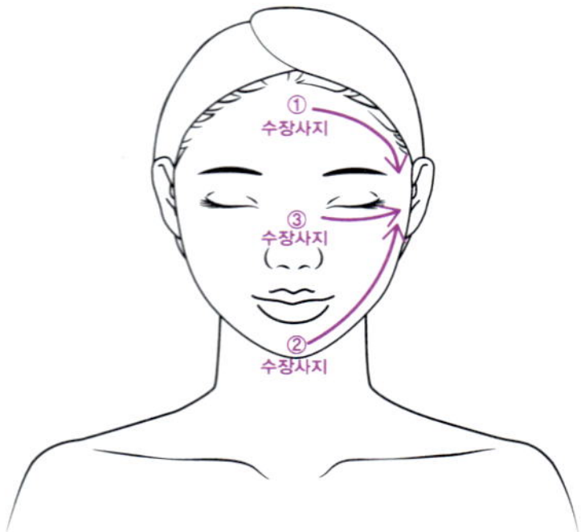

㊶

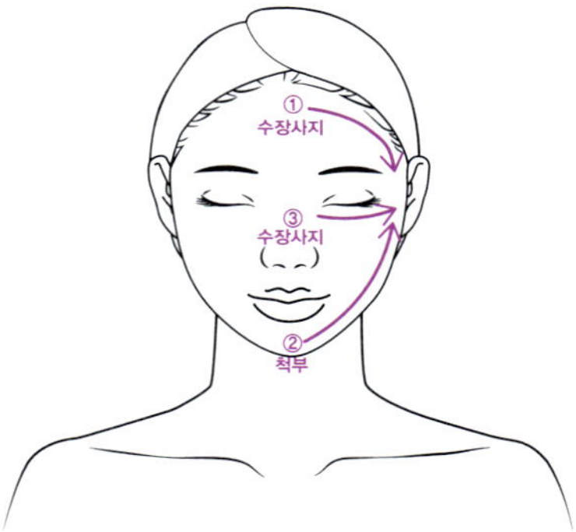

㊷

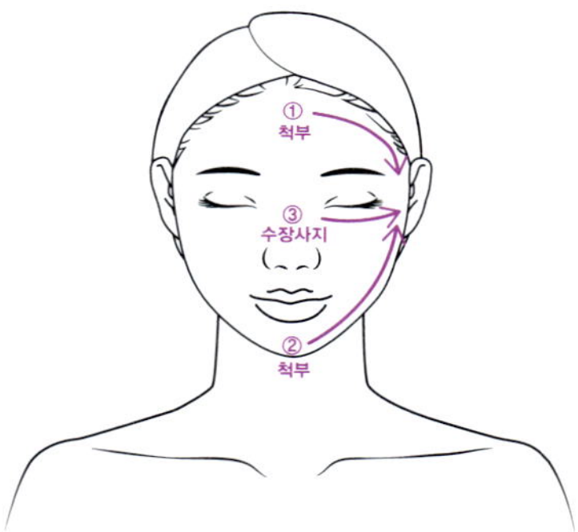

㊸

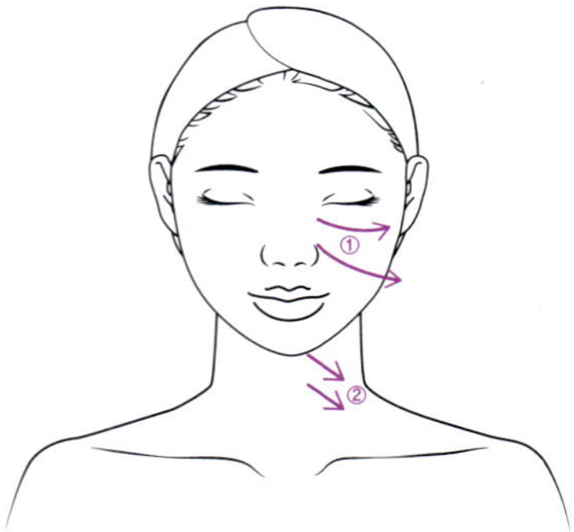

㊹

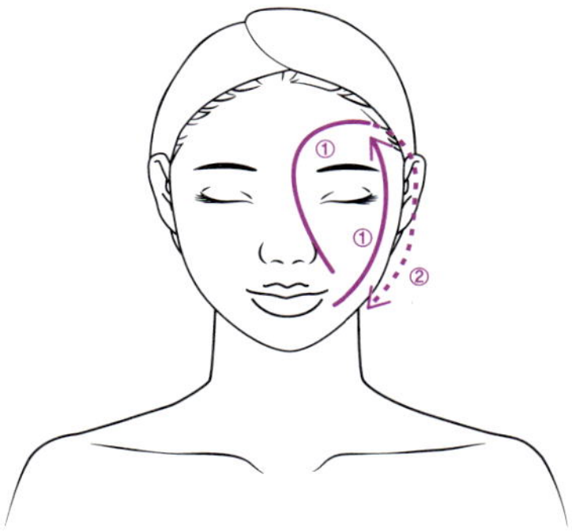

㊺

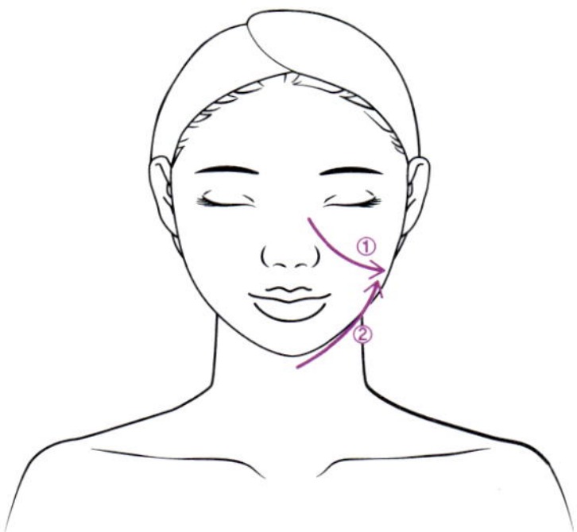

㊻

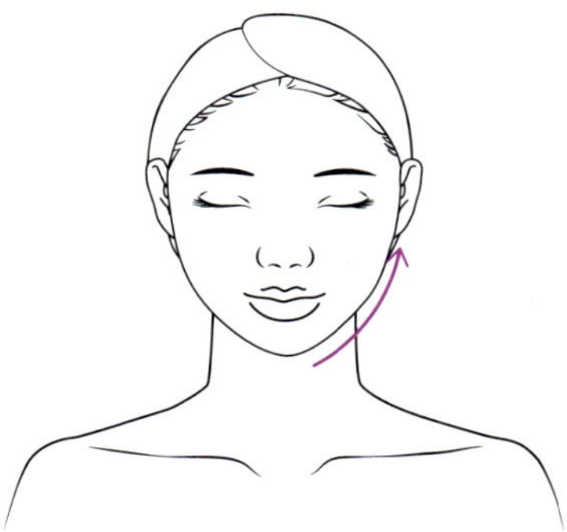

㊼

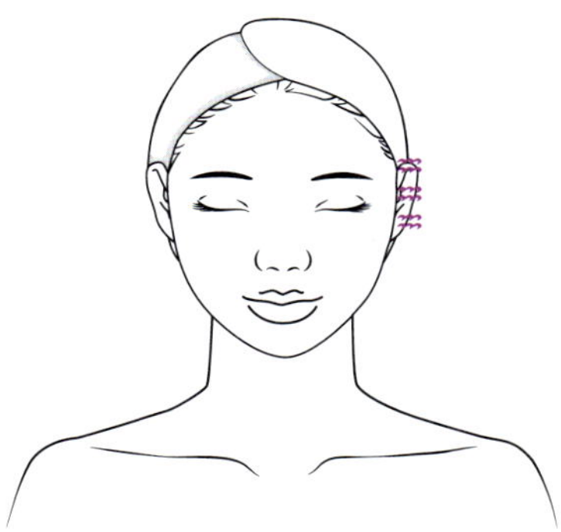

⑱

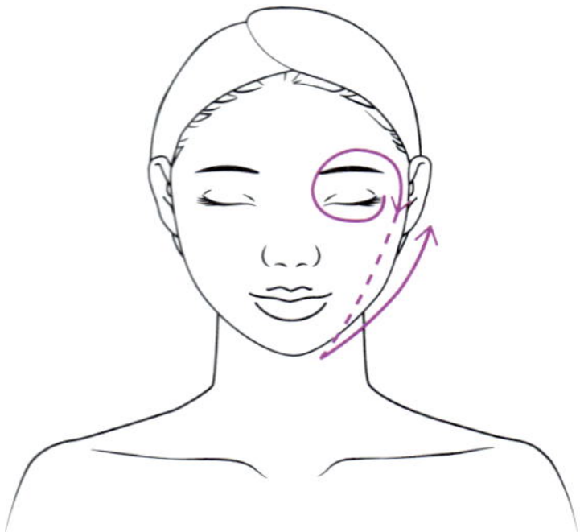

⑲

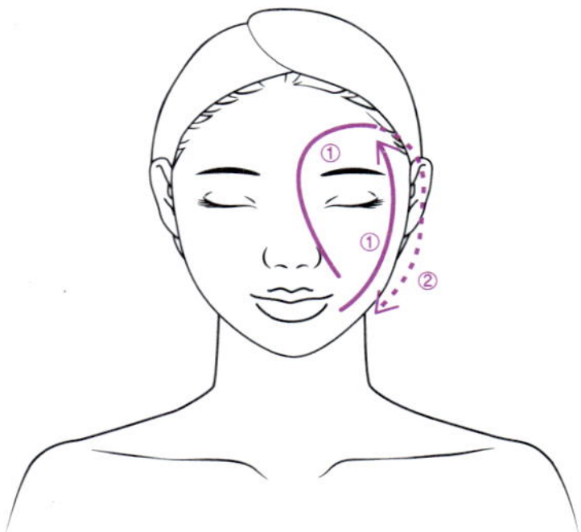

⑳

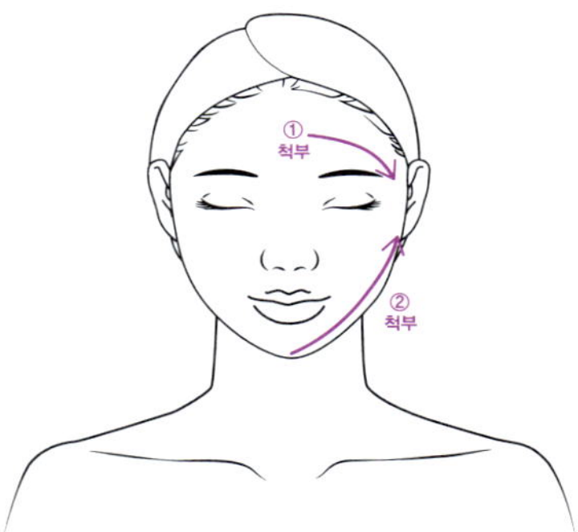

㉑

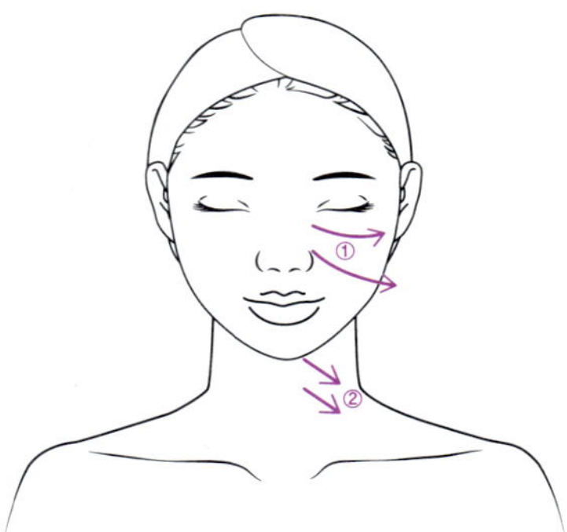

52

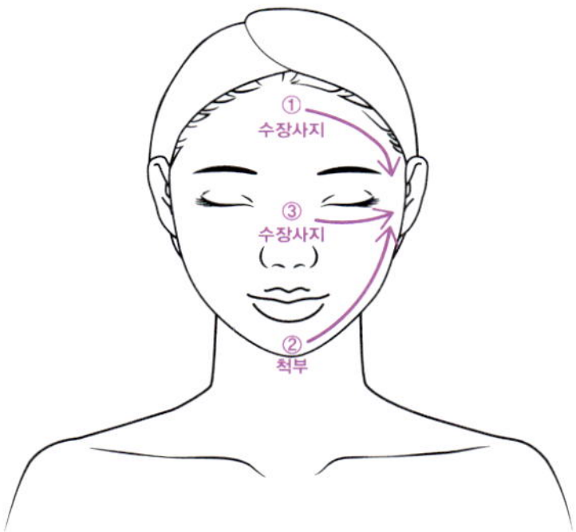

53

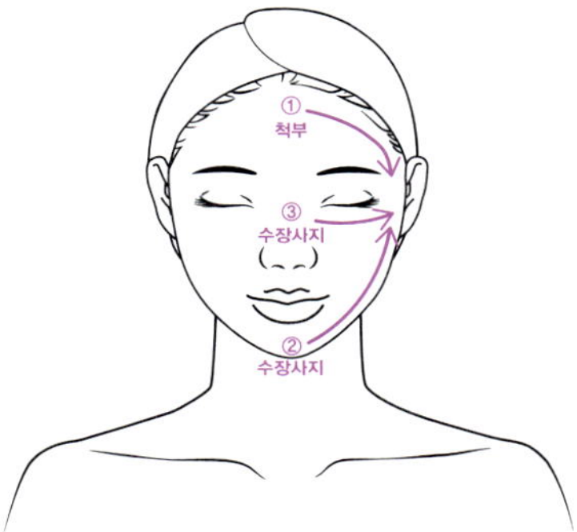

54

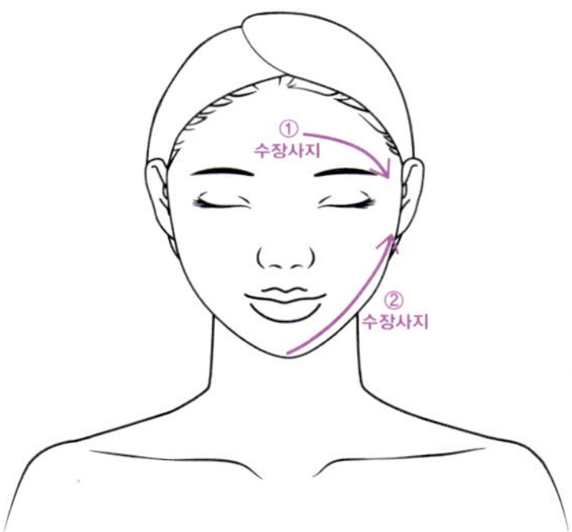

55

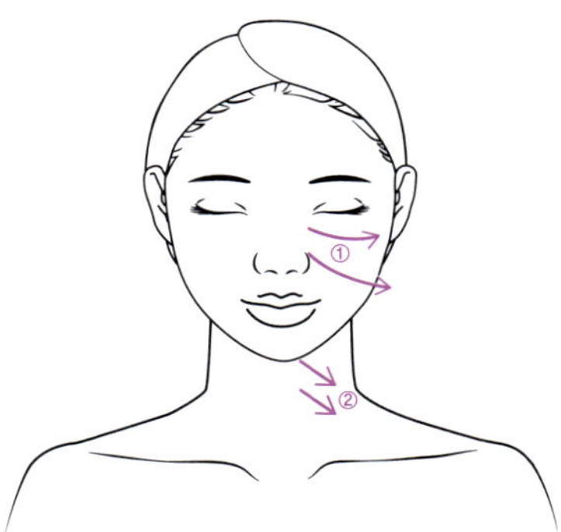

56

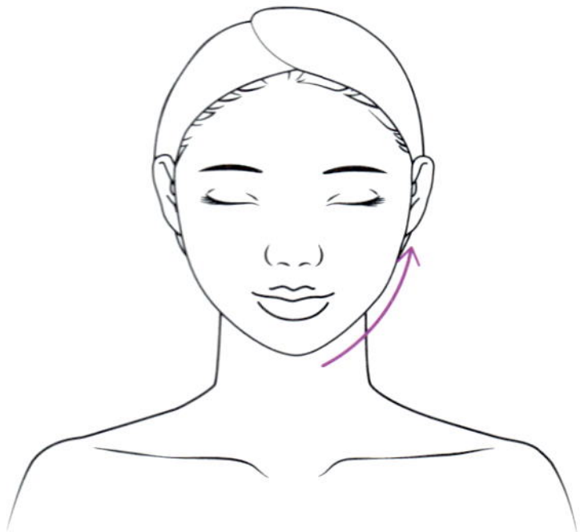

57

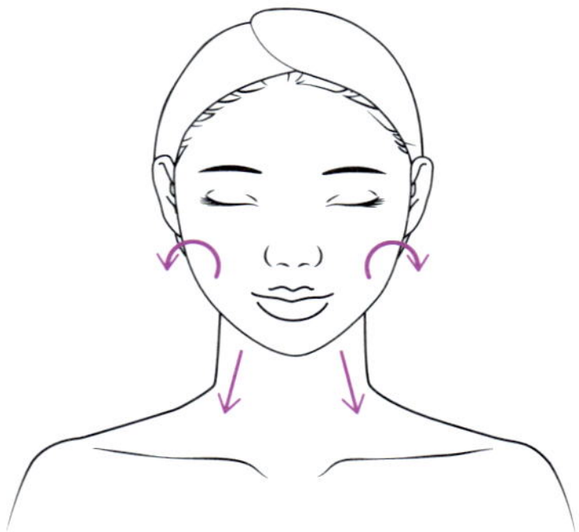

5. 얼굴 앞면

⑸8

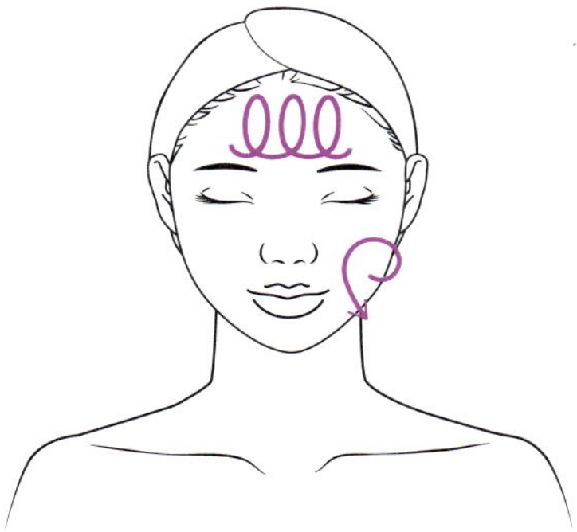

⑸9

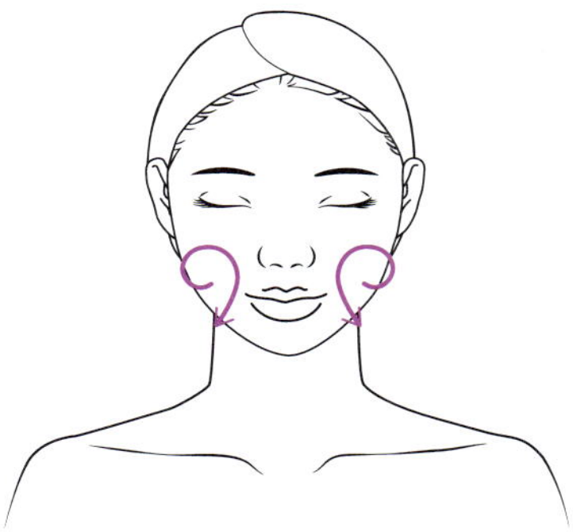

⑹0

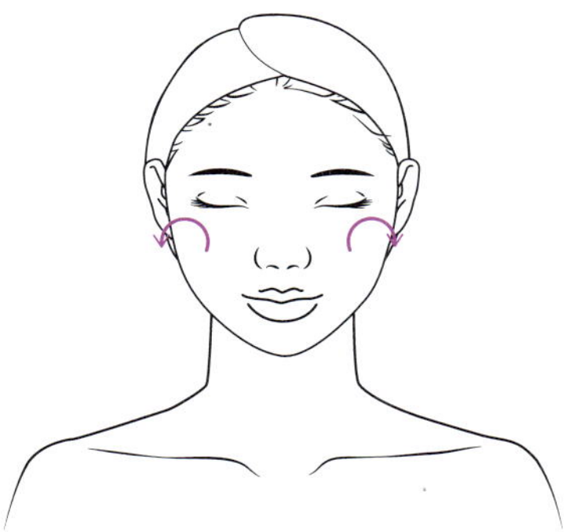

⑹1

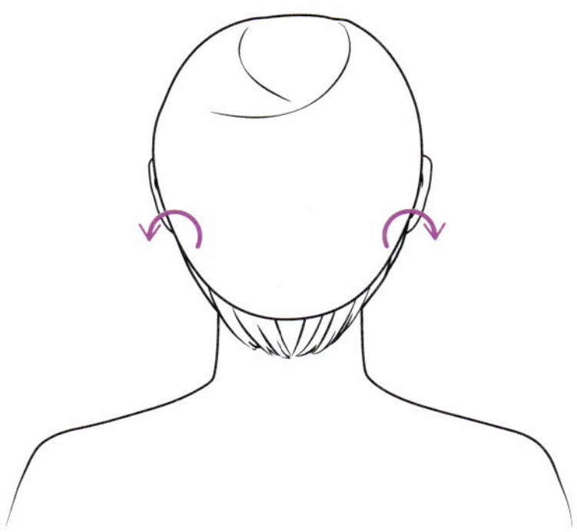

62

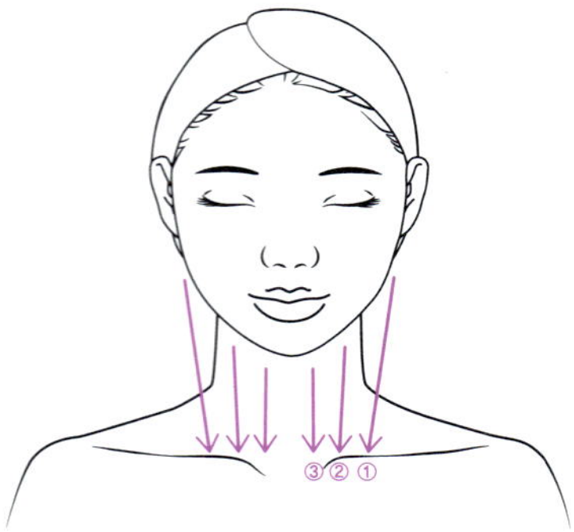

63

64

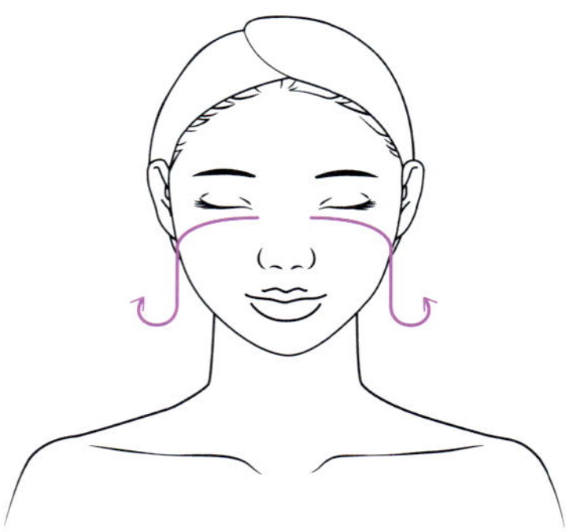

65

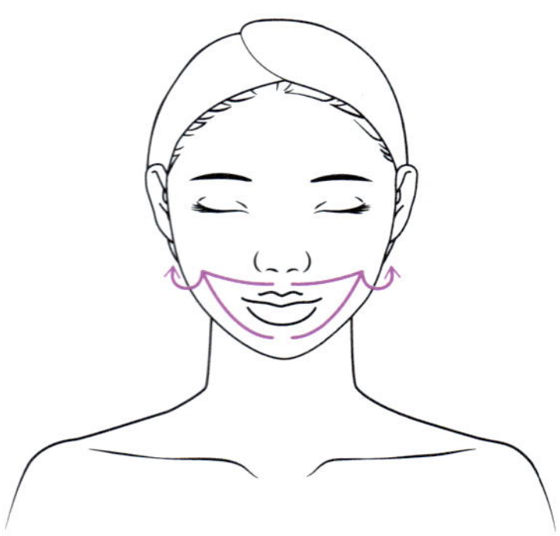

⑥⑥

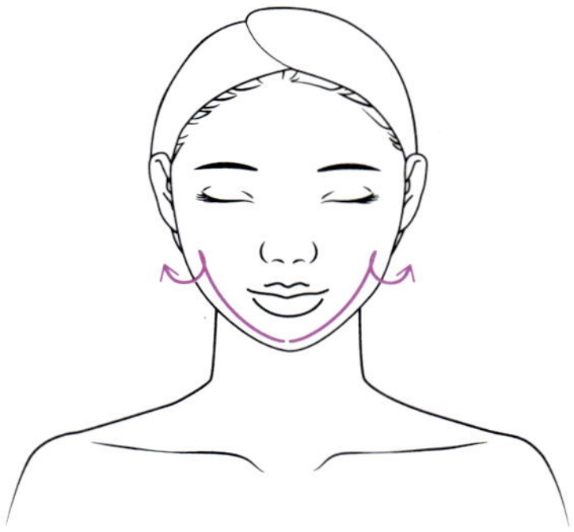

⑥⑦

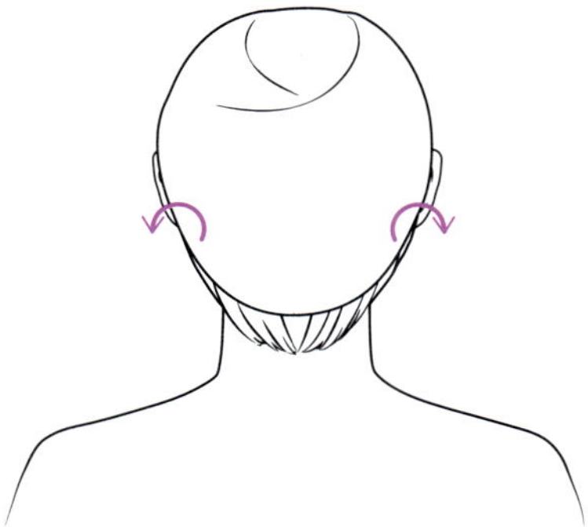

⑥⑧

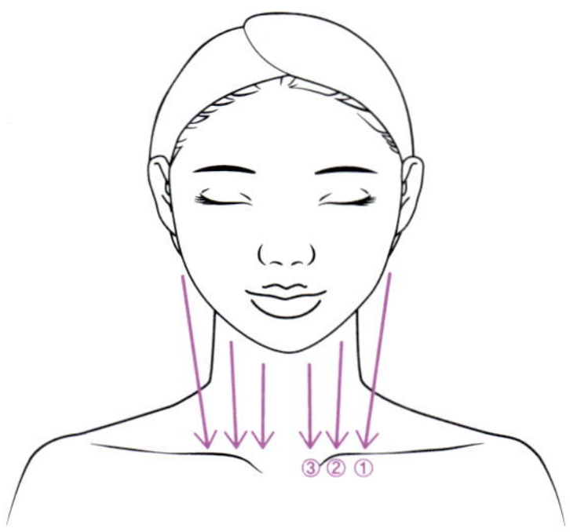

⑥⑨

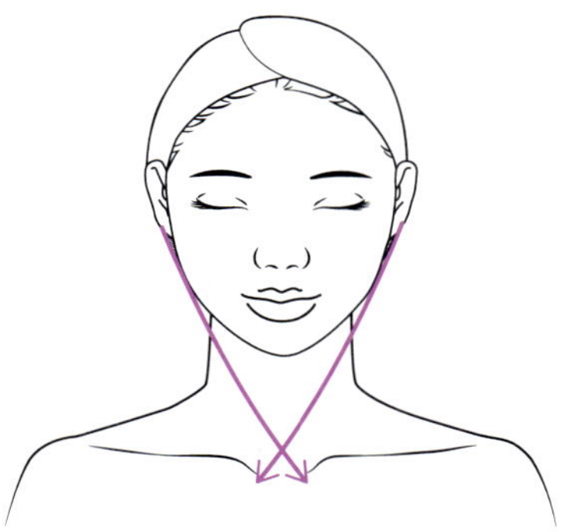

Chapter 2 부종 피부의 피부관리

1. 크림도포

①

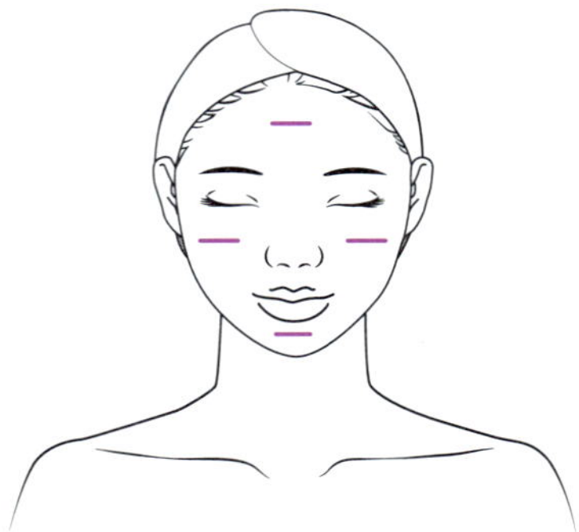

②

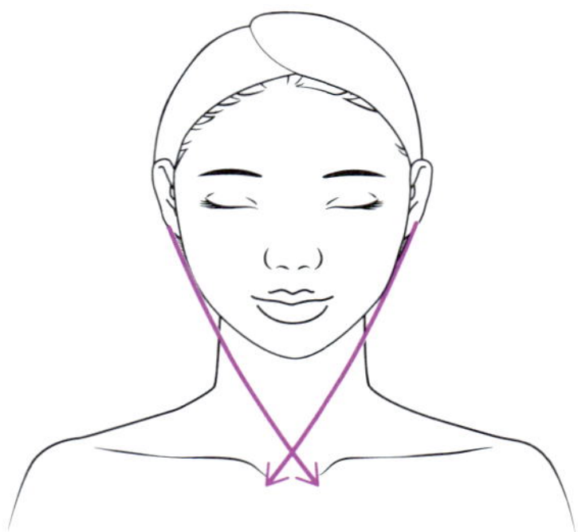

2. 데콜테

①

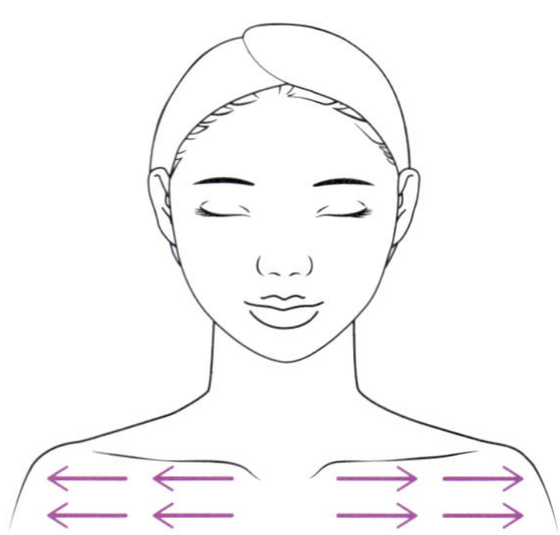

②

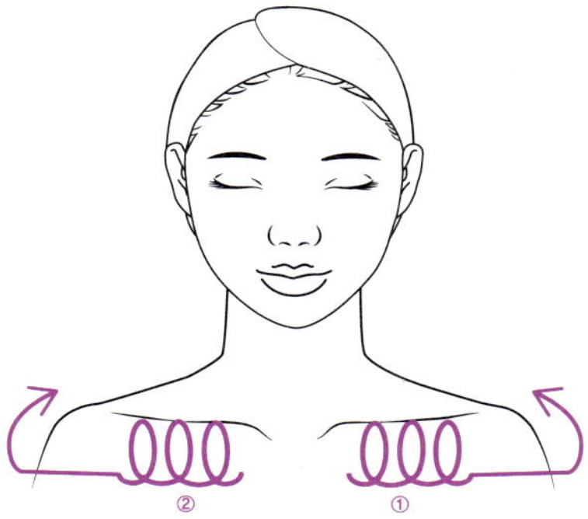

③

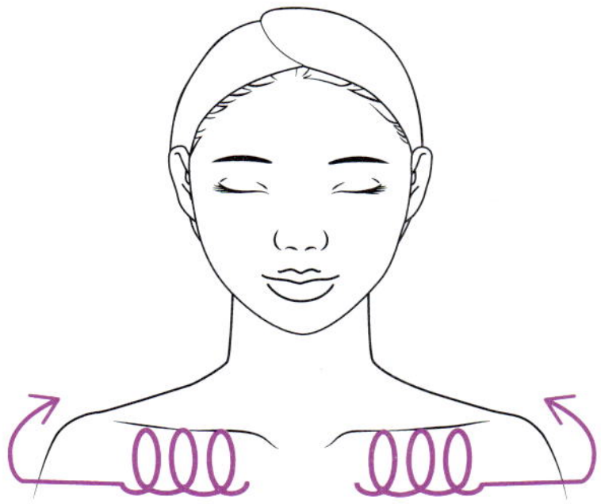

④

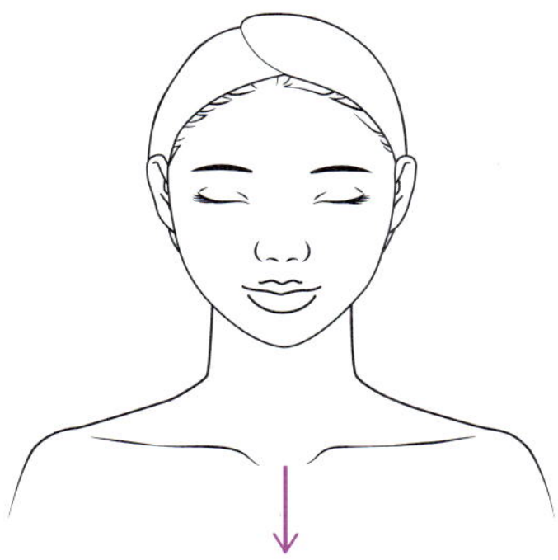

⑤-1

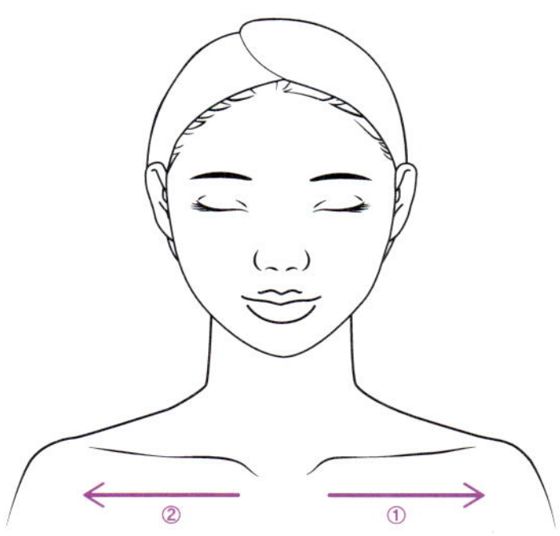

⑤-2

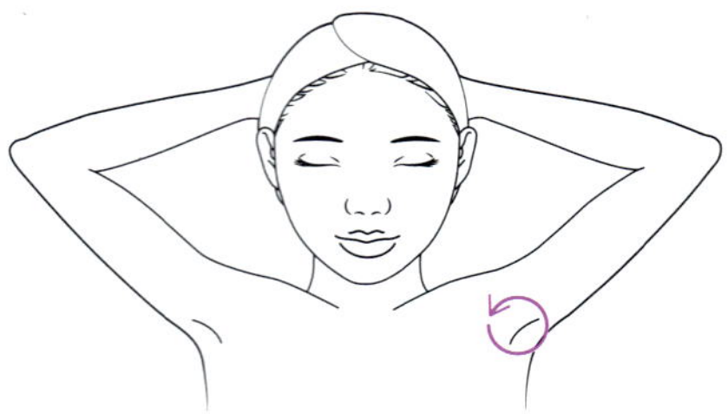

⑤-3

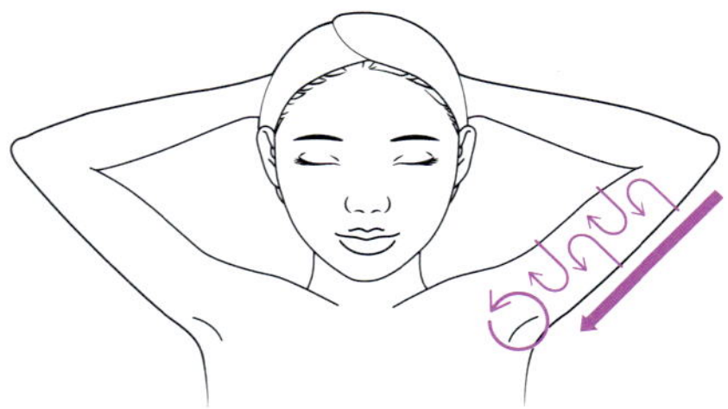

⑥

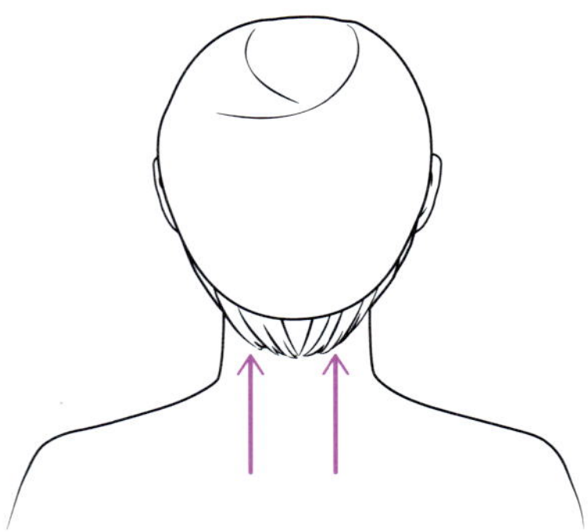

⑦

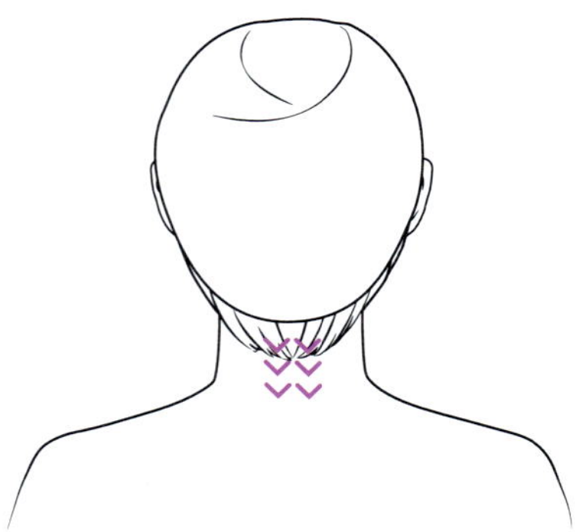

⑧

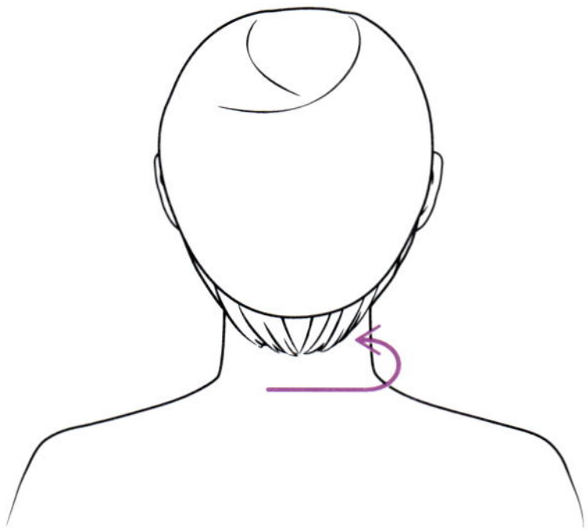

⑨

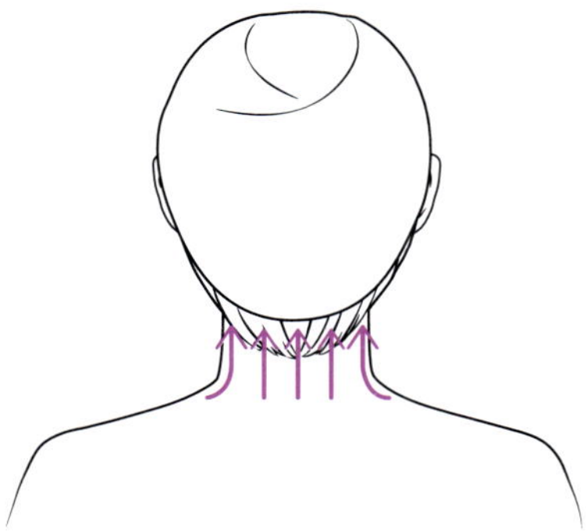

⑩

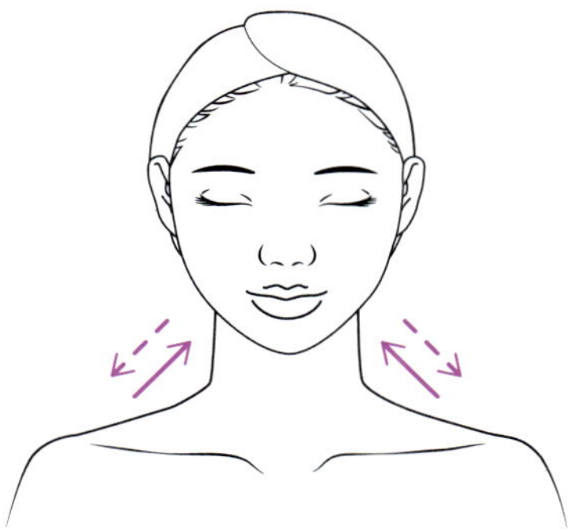

3. 얼굴 앞면

①

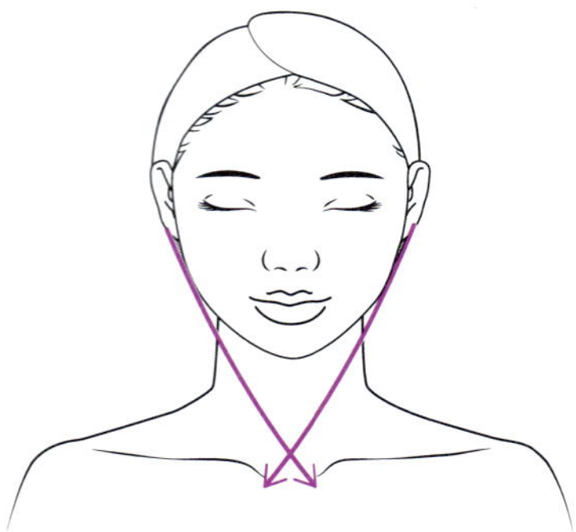

①–2

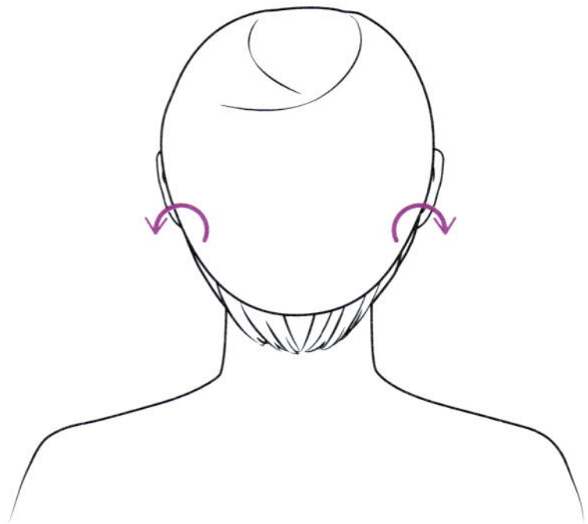

①–3

②–1

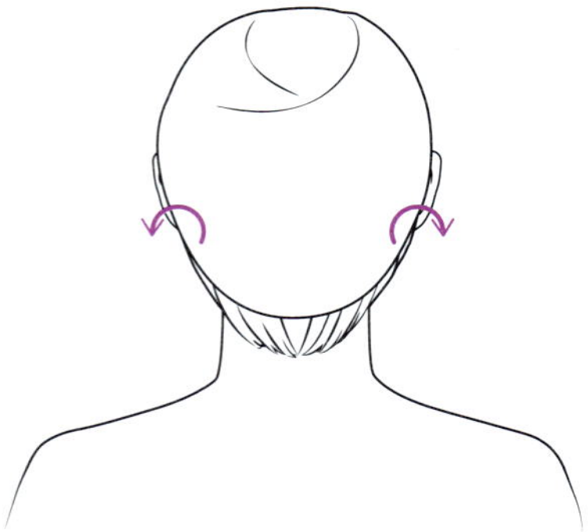

②-2

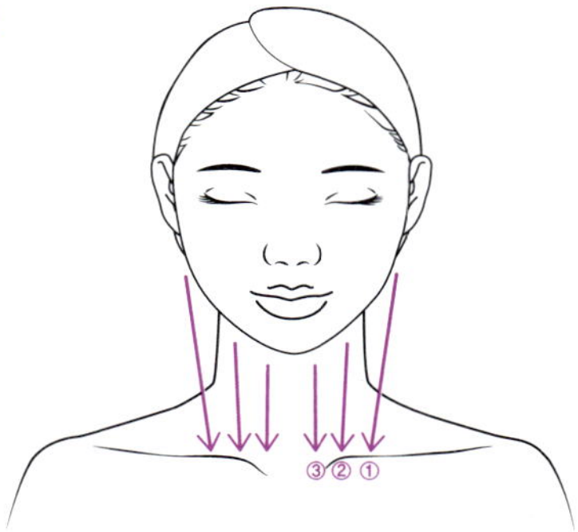

③

④

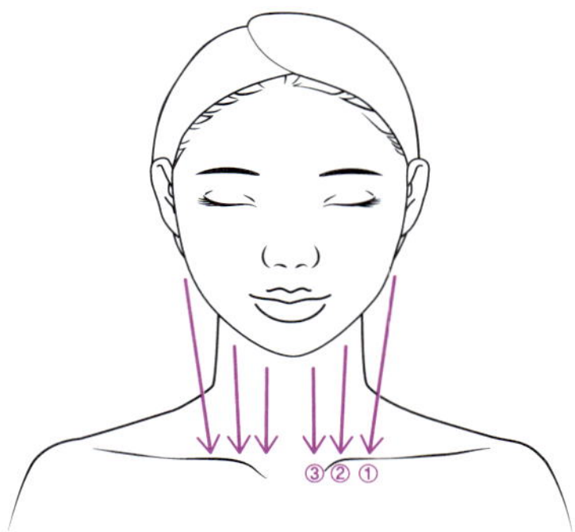

⑤

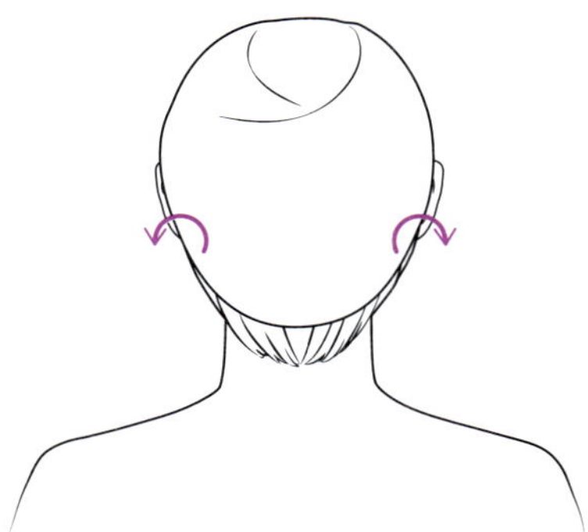

⑥

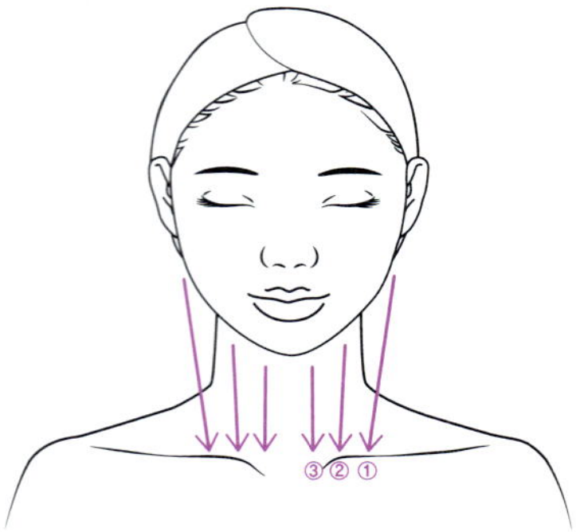

⑦-1

⑦-2

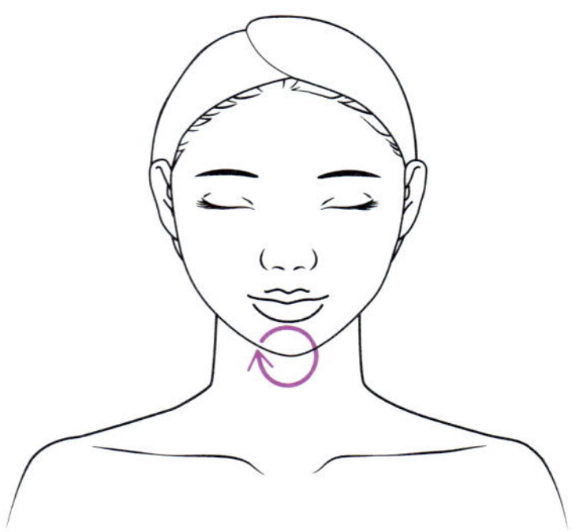

⑧

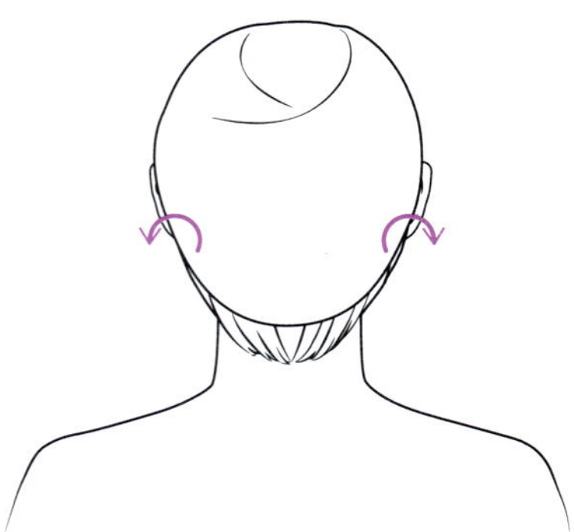

⑨

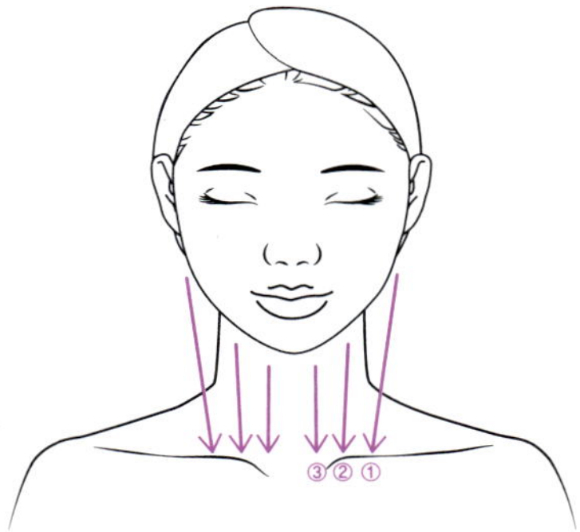

⑩

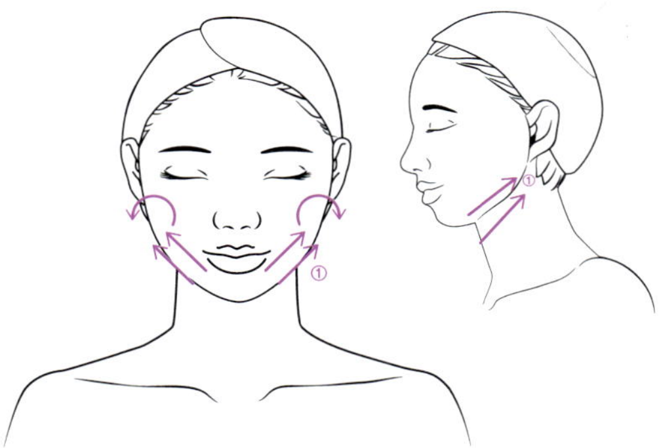

⑪

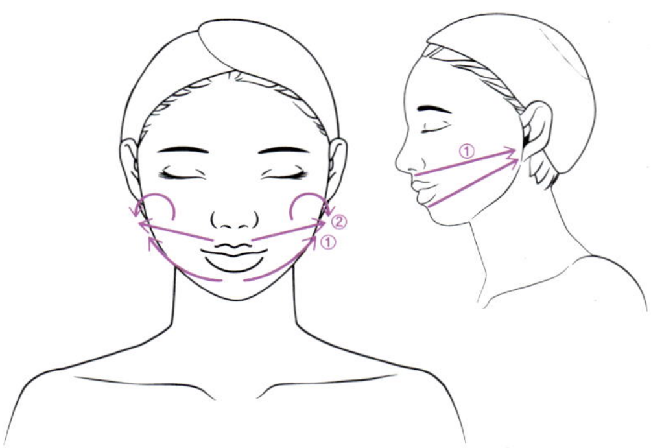

⑫

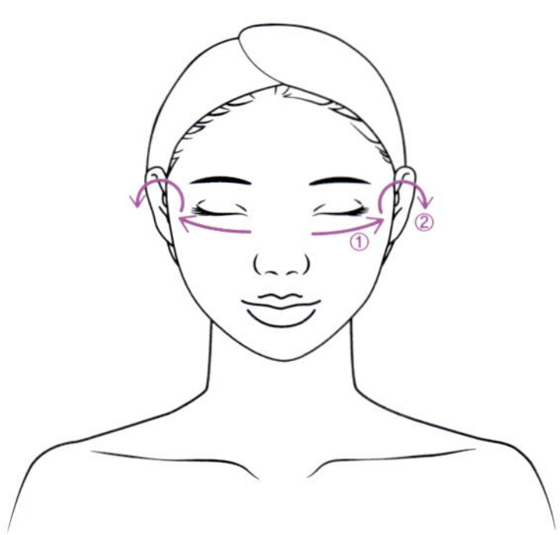

⑬

⑭

⑮

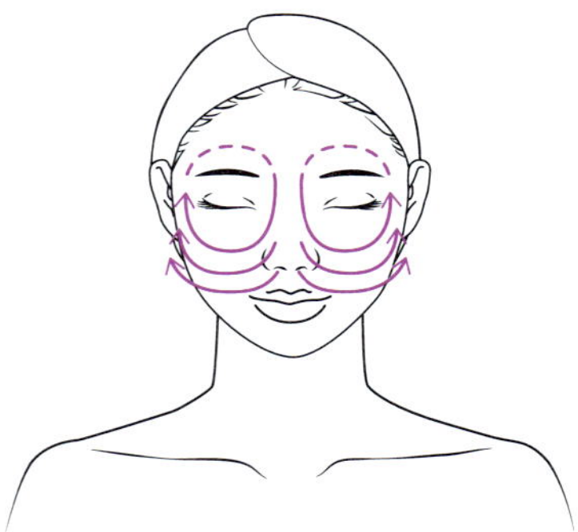

⑯

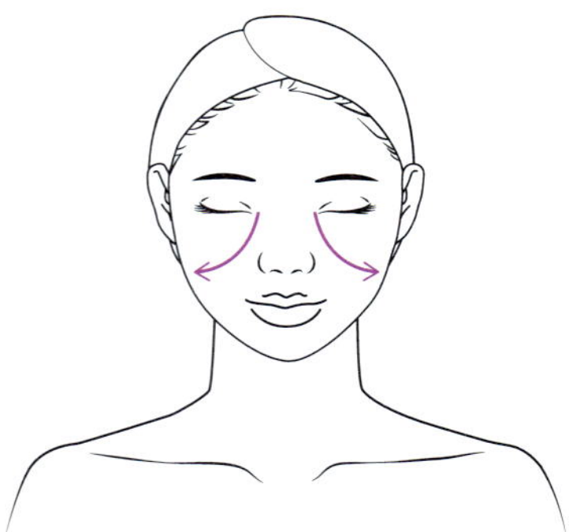

⑰

⑱

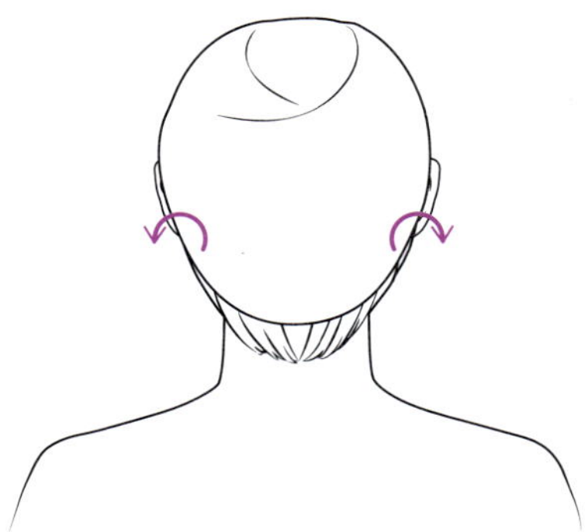

⑲

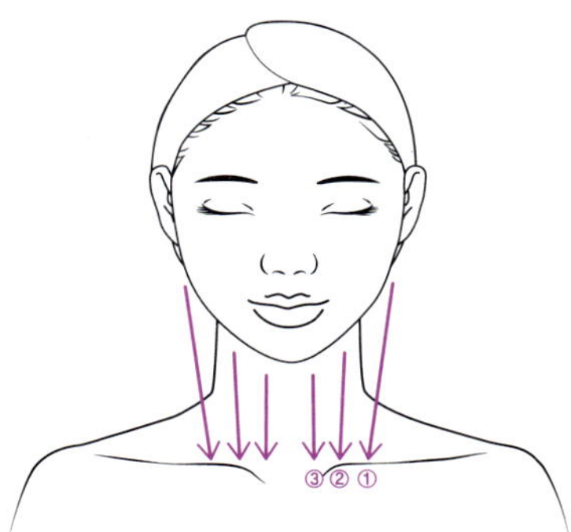

⑳

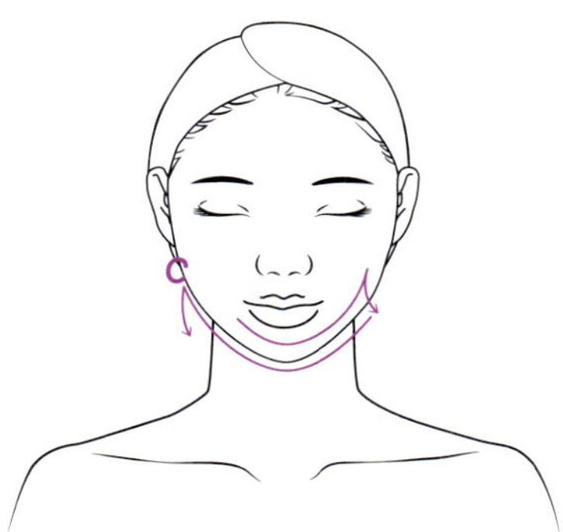

㉑

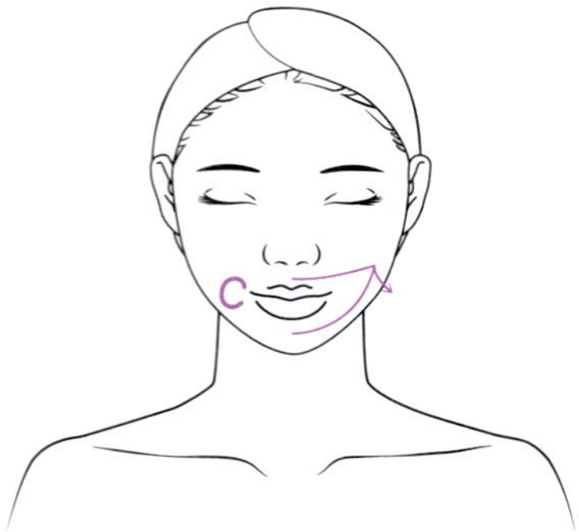

㉒

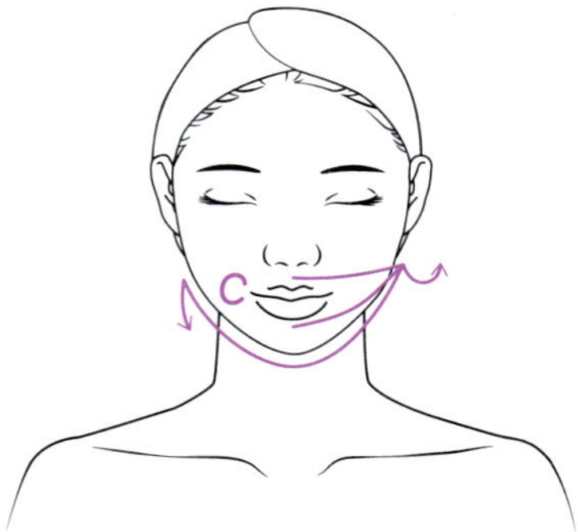

㉓-1

㉓-2

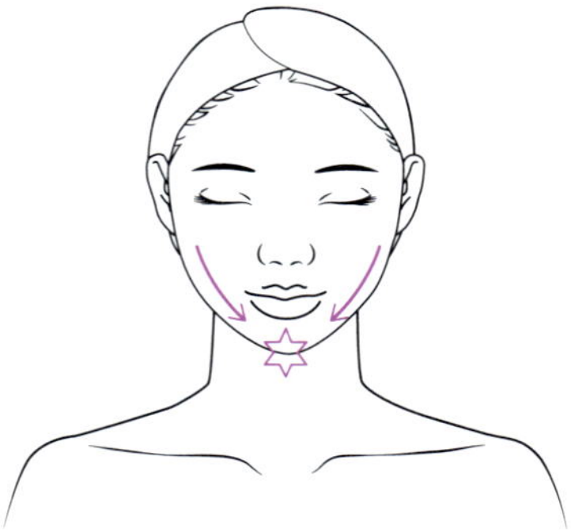

㉔

㉕

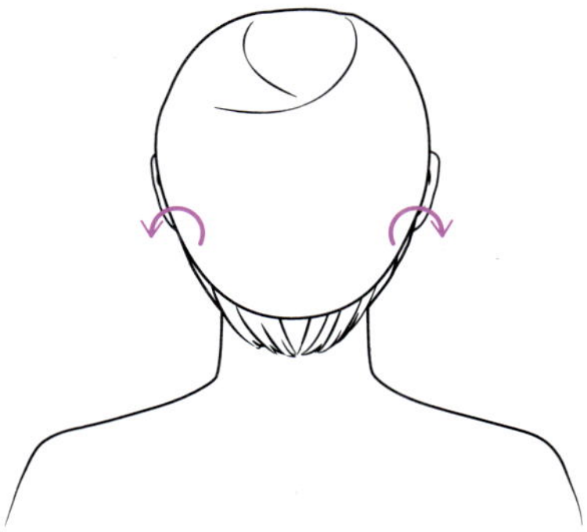

㉖

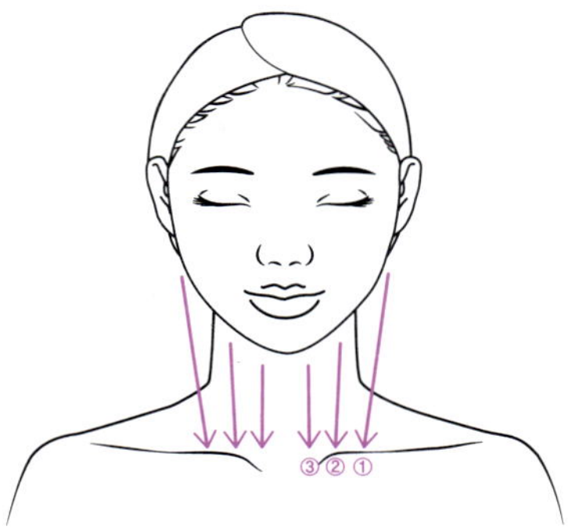

㉗

㉘

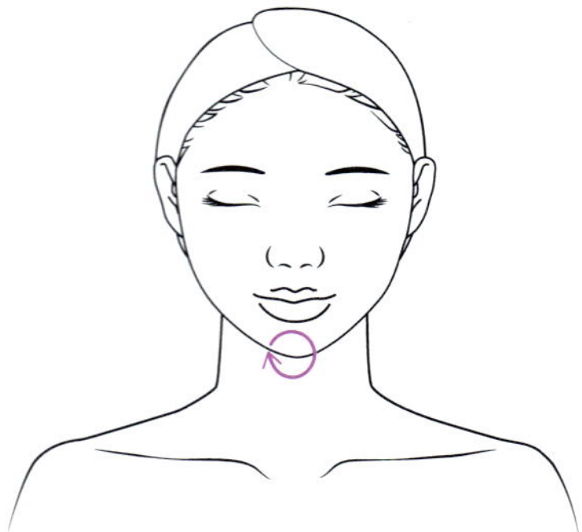

㉙-1

㉙-2

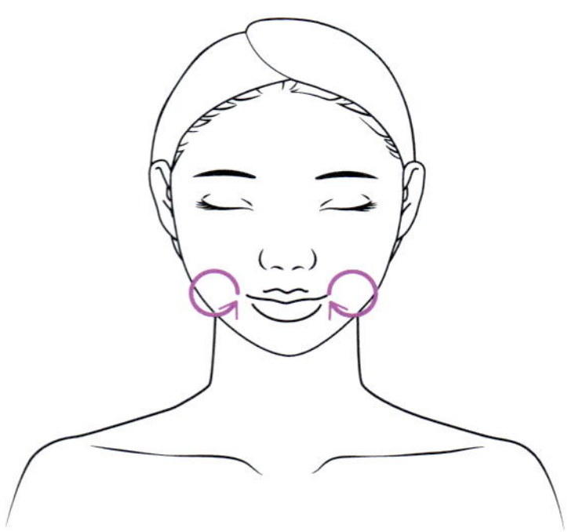

㉚-1

㉚-2

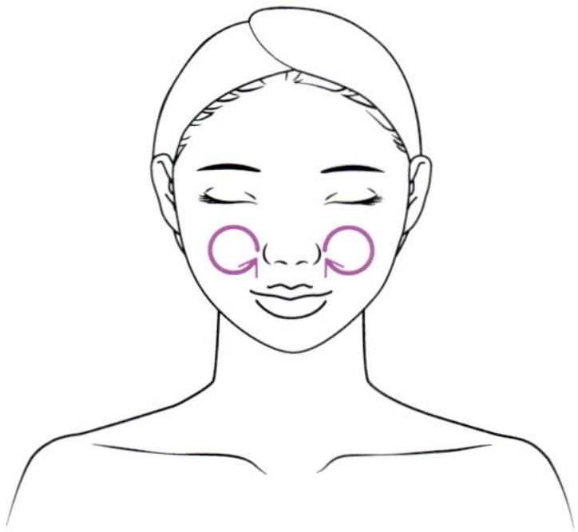

㉛

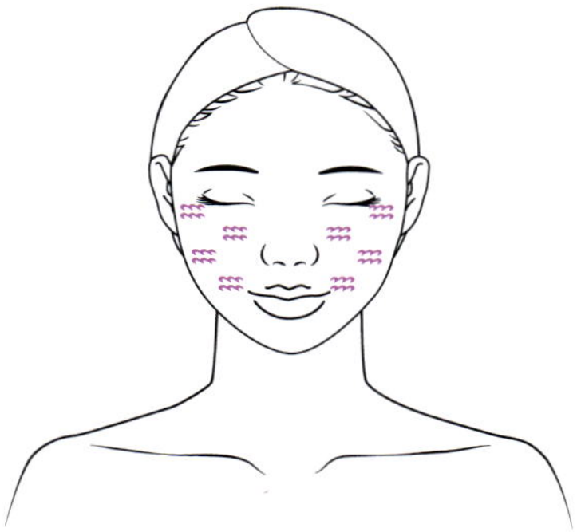

㉜

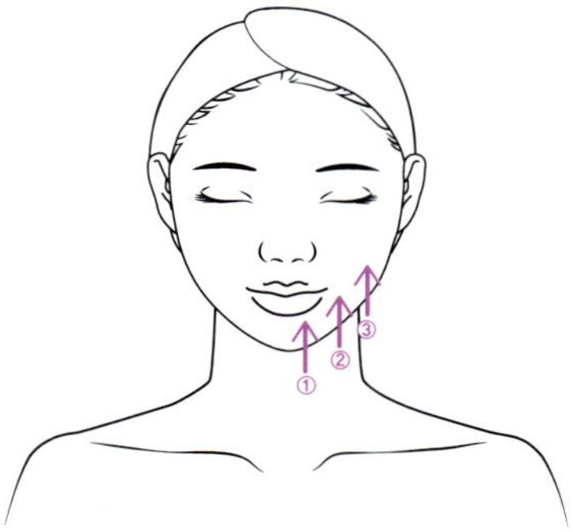

㉝

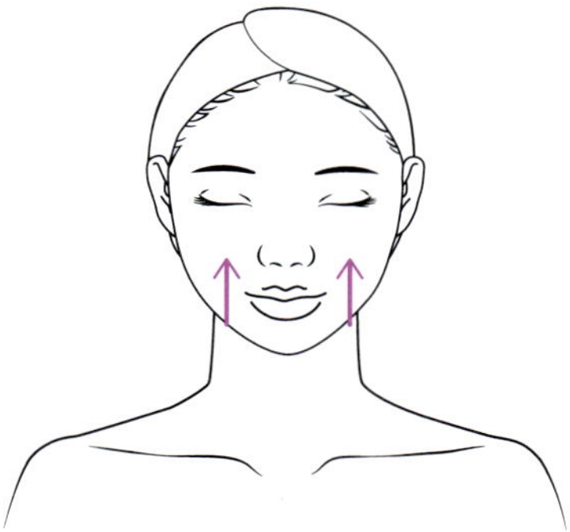

㉞

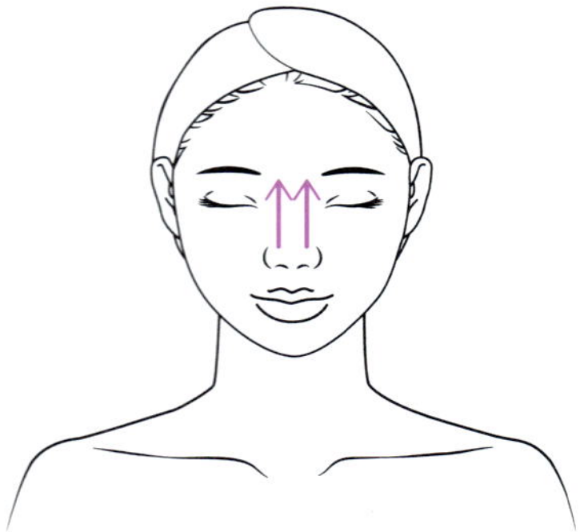

㉟

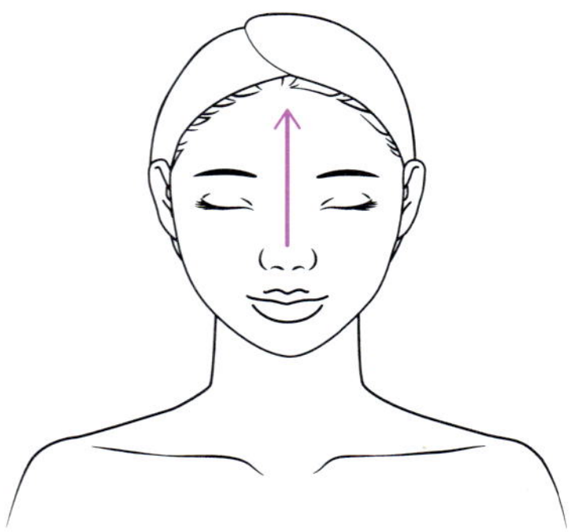

㊱

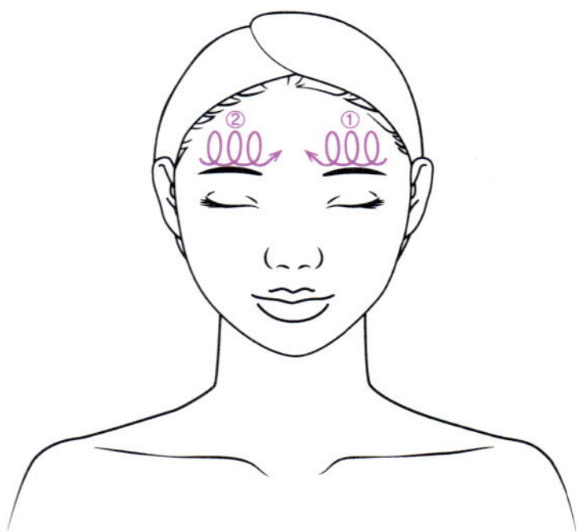

㊲

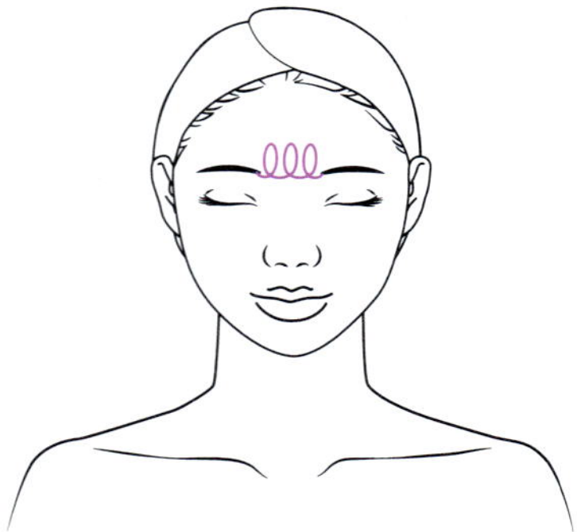

㊳

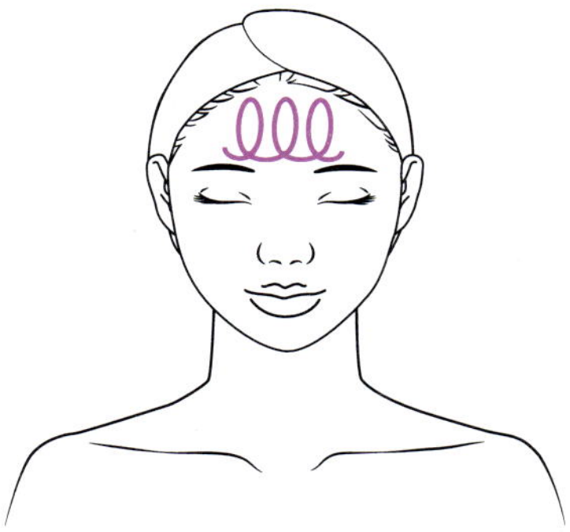

㊴

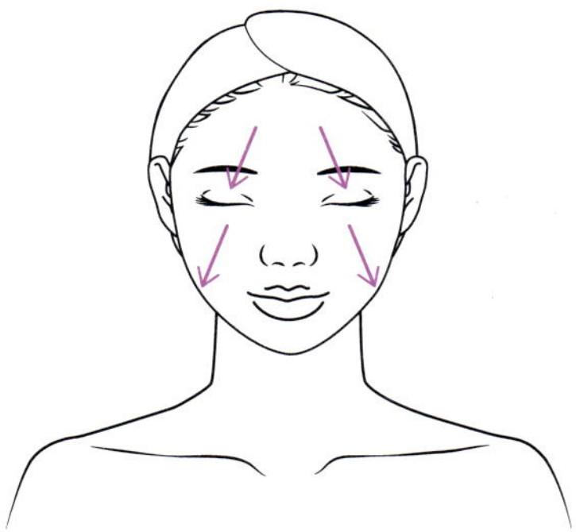

㊵

㊶

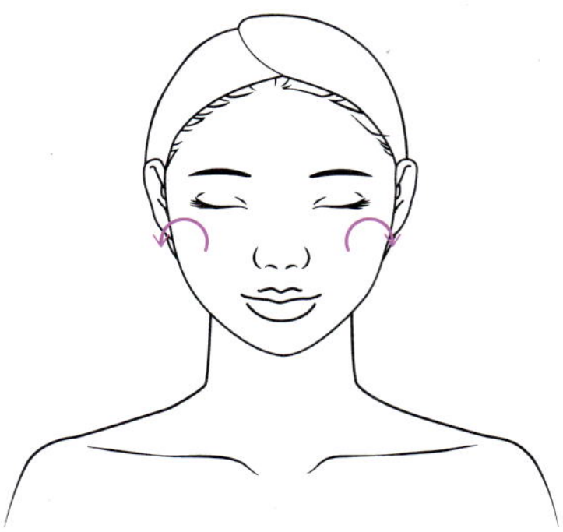

㊷

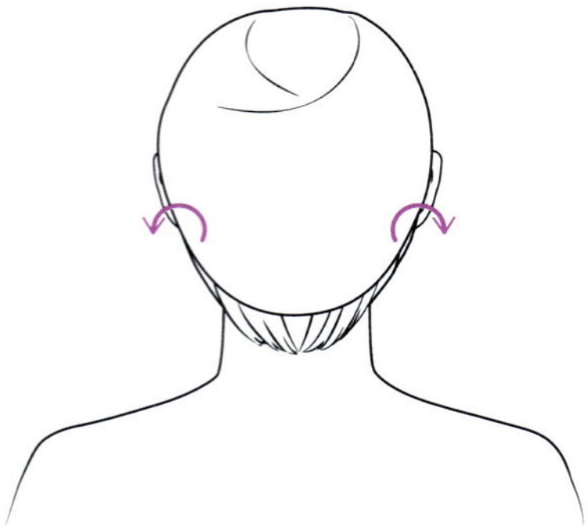

㊸

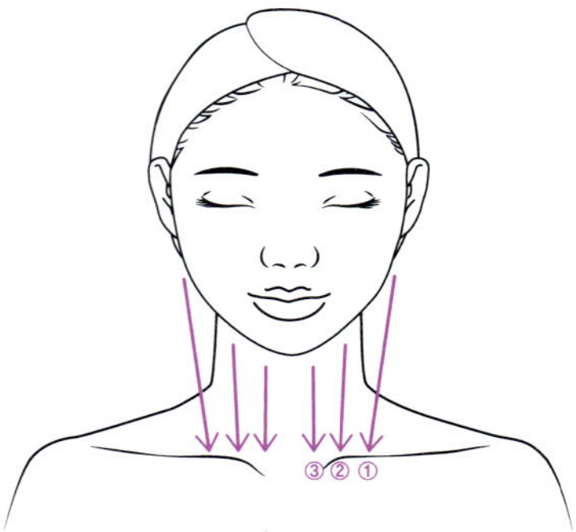

4. 얼굴 옆면

㊹-1

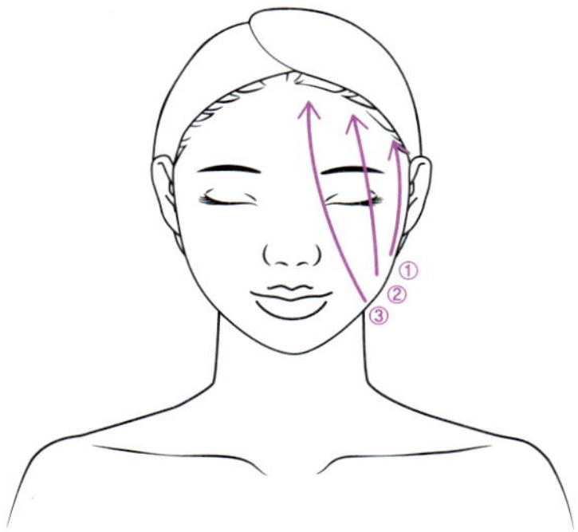

㊹-2

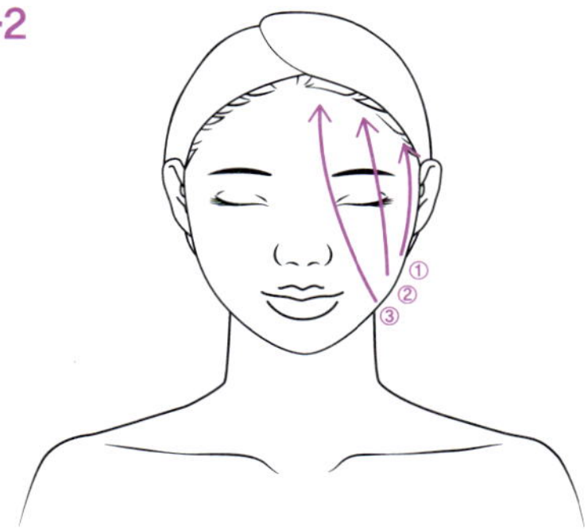

㊹-3

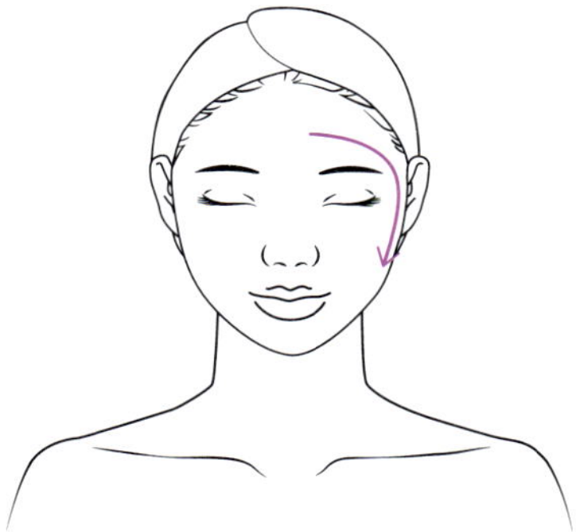

㊺

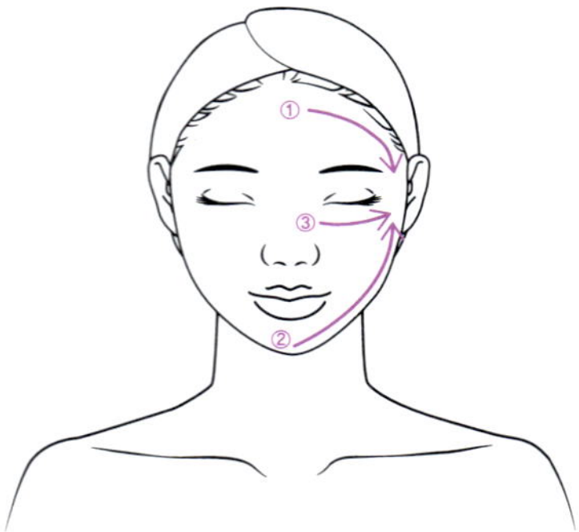

㊻

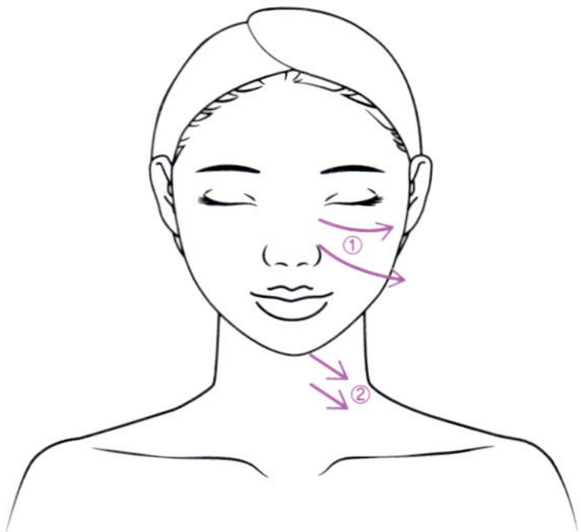

㊼

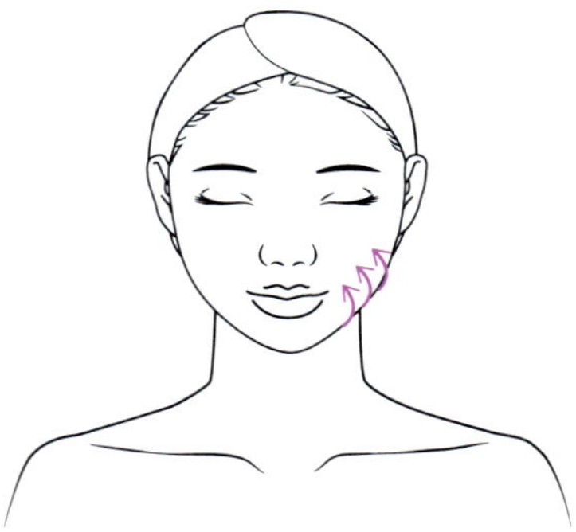

㊽

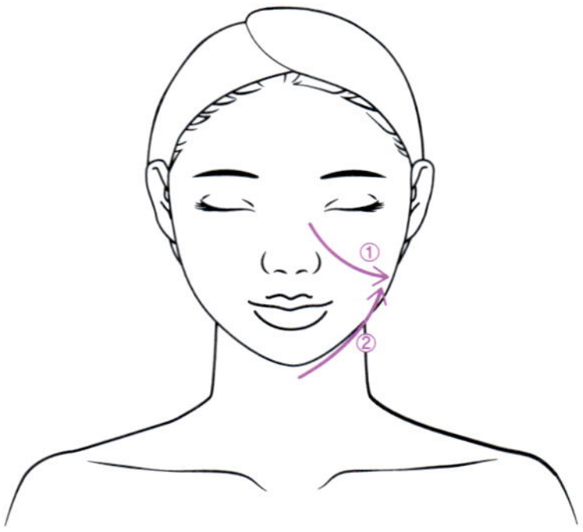

㊾-1

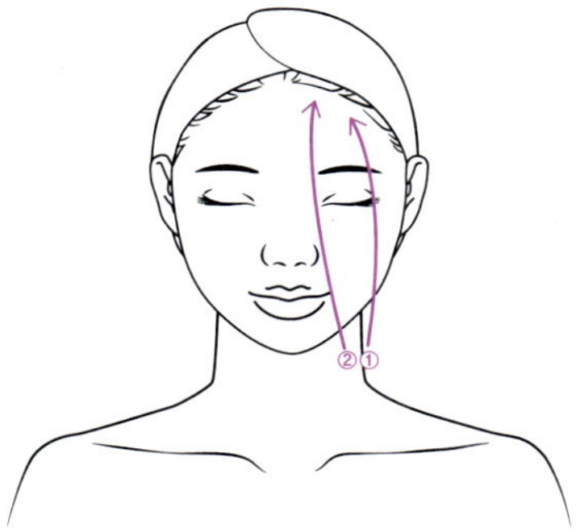

㊾-2

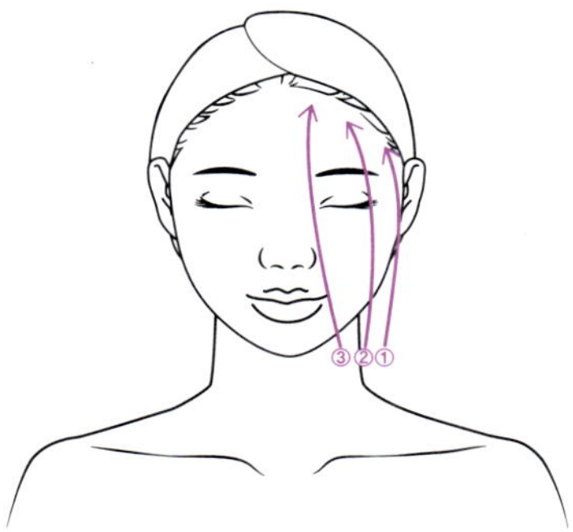

㊿

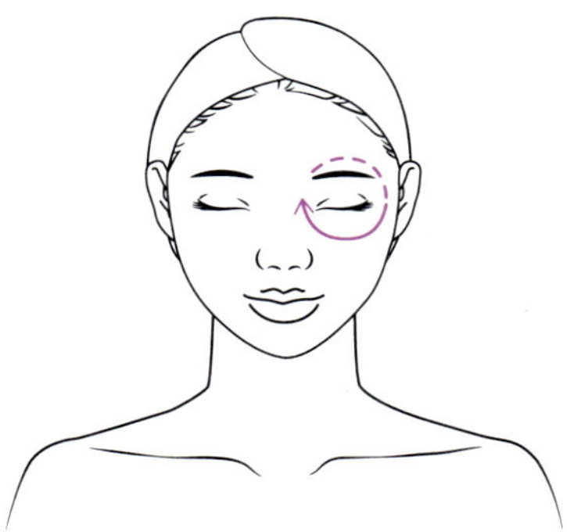

(51)

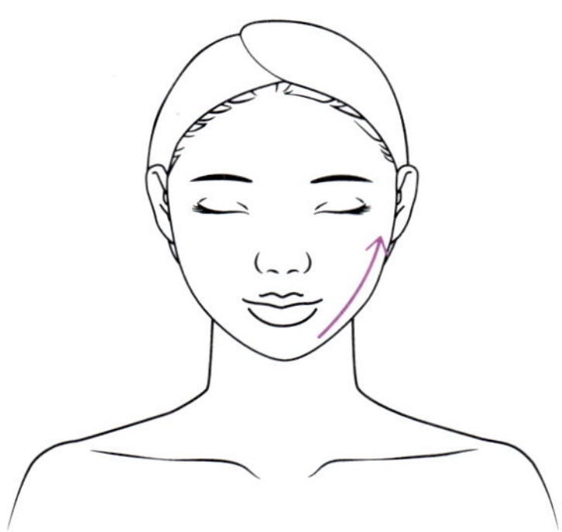

(52)

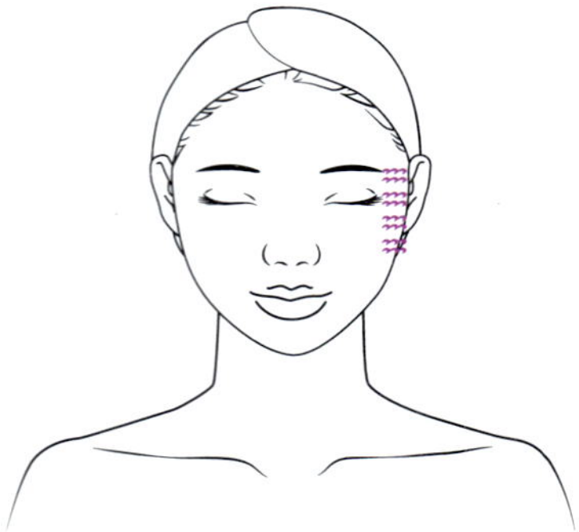

(53)-1

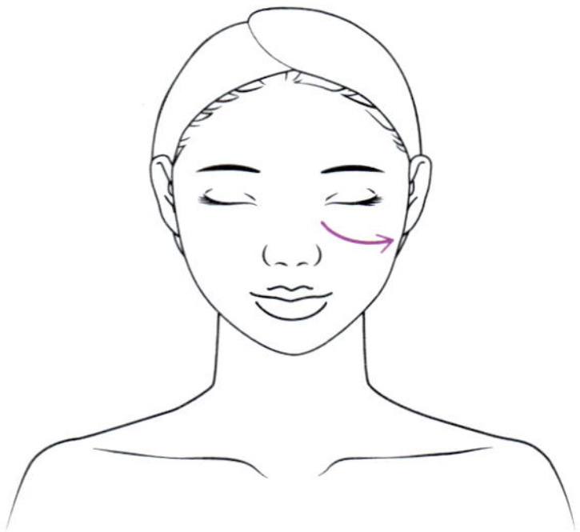

(53)-2

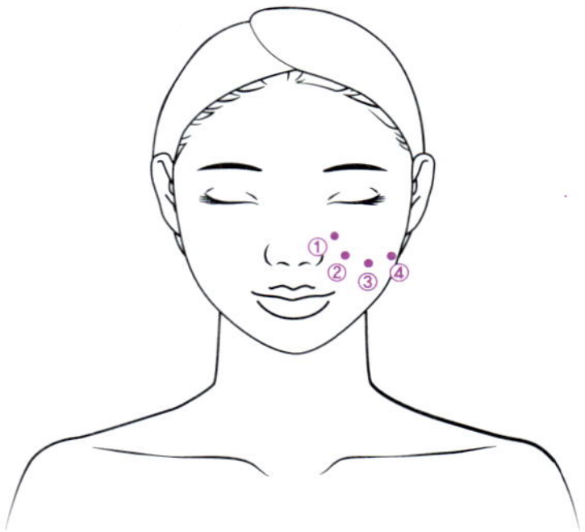

(53)-3

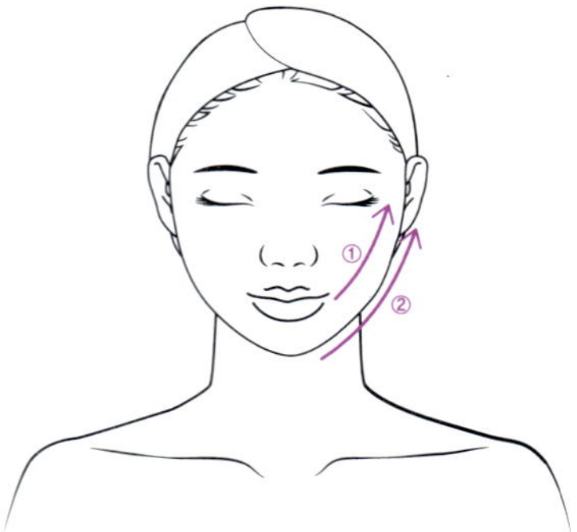

54-1

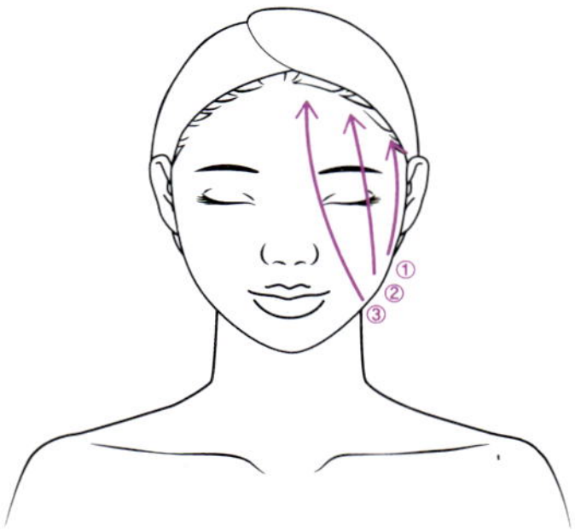

54-2

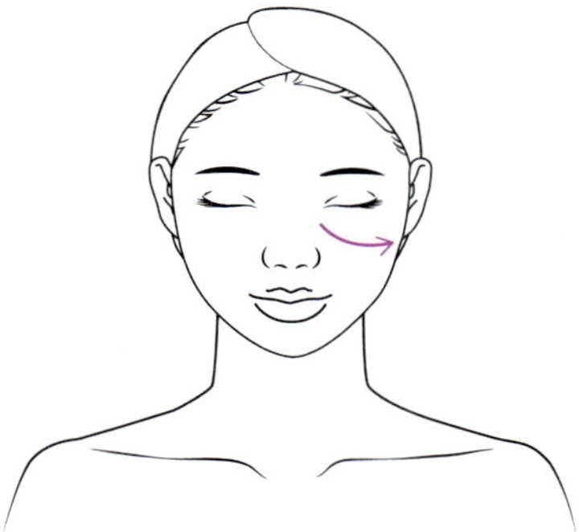

55

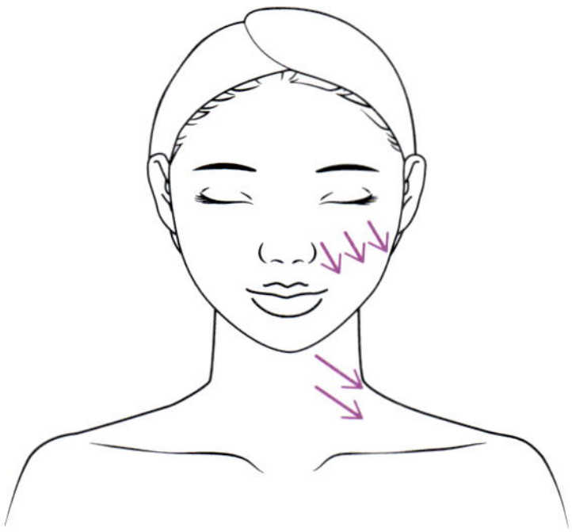

56

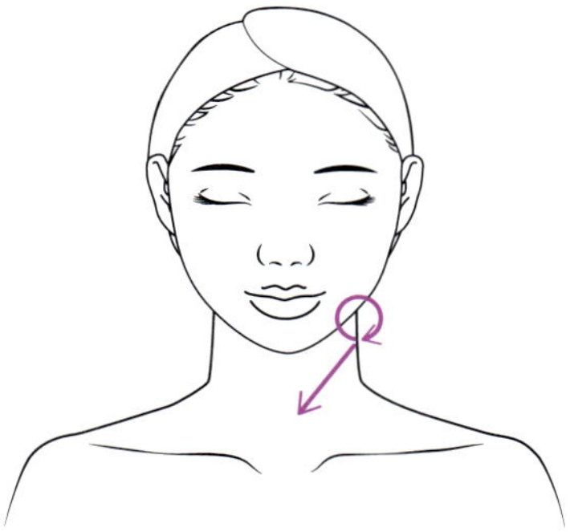

5. 얼굴 앞면

⑰

⑱

⑲

⑥⓪

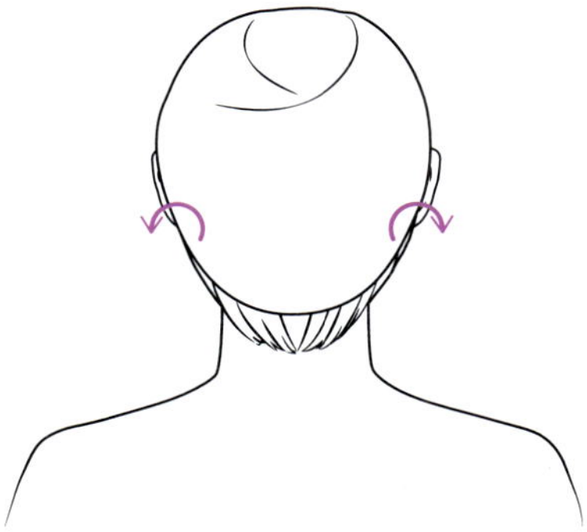

⑥①

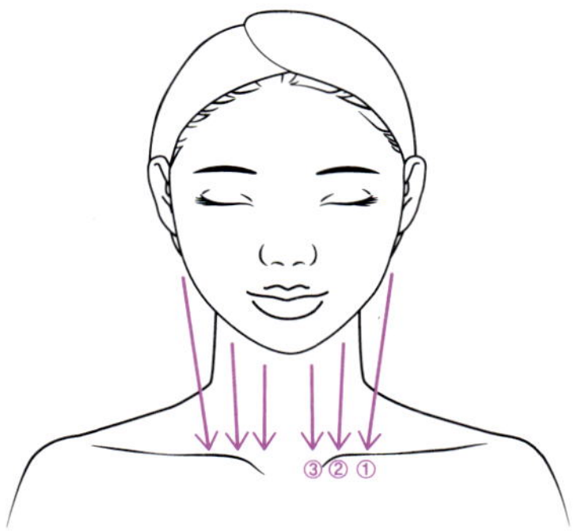

⑥②

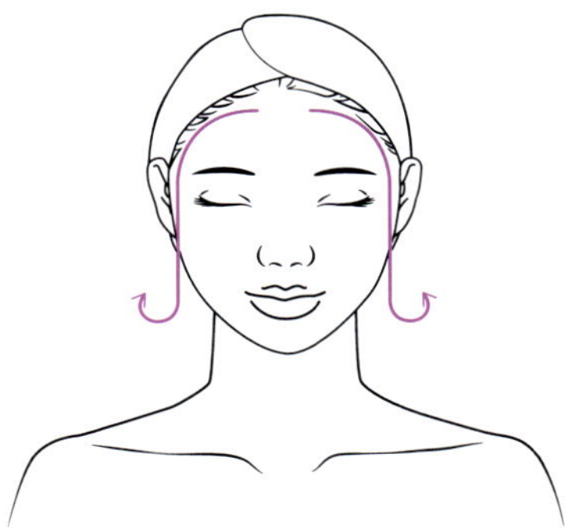

⑥③

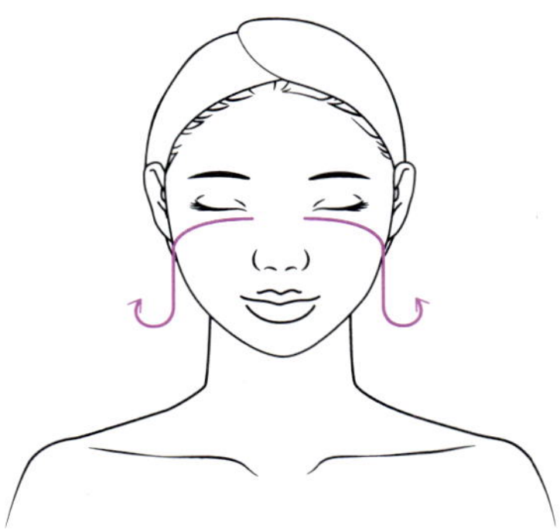

64

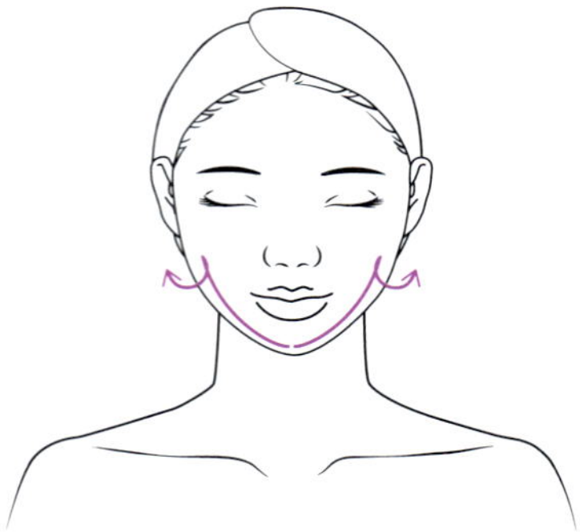

65

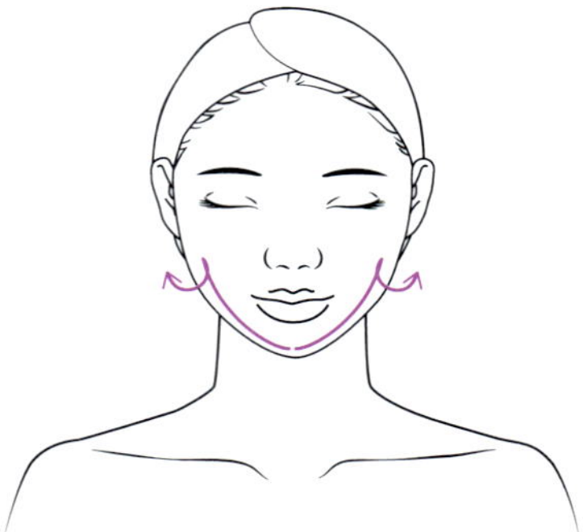

66

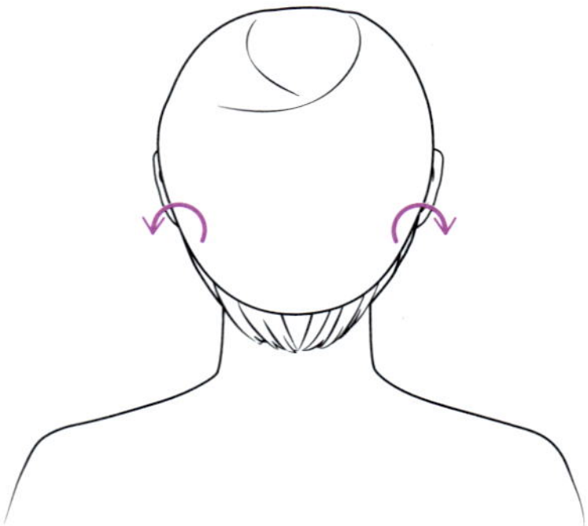

67

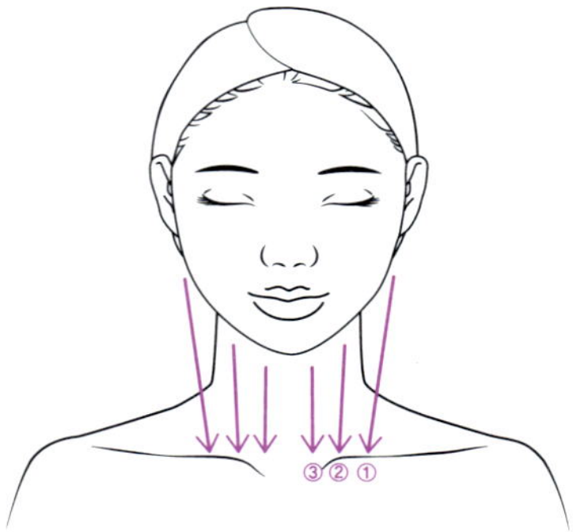

⑱

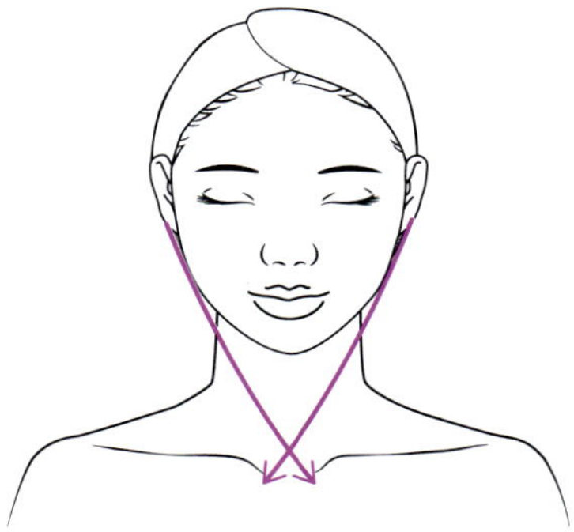

찾아보기

ㅊ

ㅋ

ㅌ

ㅍ

ㅎ

숫자 및 영어

참고문헌

- 장혜진 외, 메디컬 스킨케어와 메디컬 서비스 코디네이터, 구민사, 2016.
- 이재남 외, 피부과학, 구민사, 2017.
- 조혜명 외, 피부학, 성화, 2005.
- 김유정 외, 림프드레나쥐. 구민사. 2014.
- 김성중 외, 림프드레나지, 정담미디어, 2007.
- 김성중, 림프부종, 정담미디어, 2002.
- 김남연 외, 에스테티션을 위한 살롱트리트먼트, 구민사. 2014.
- 이재남 외, 기초전신 관리학. 구민사. 2013.
- 김기연 외, 미용인을 위한 인체해부생리학, 현문사, 2012.
- 이병국, 경혈도, 침코리아, 1984.
- 정한영 외, 근육 매뉴얼테크닉, 수문사, 2008.
- 강정희 외. 해부생리학, 정문각, 2001.
- 정통침뜸교육원 교재위원회, 침뜸의학개론, 정통침뜸연구소, 2002.
- 대한민속온열학회, 장상학.
- 대한민속온열학회. 민속의학의 이해.
- 안남훈 외, 홀리스틱경락관리학 이론편, 홀리즘, 2010.
- 박희송 외, 생명과학, 교학사, 2011.
- 김기영 외, 미용인을 위한 해부생리학, 메디시언, 2012.
- 양일훈 외, 피부미용사 필기, 영림미디어, 2013.
- 이혜영 외, 피부과학, 군자출판사, 2007.
- 이황,기대승, 사단칠정을 논하다, 책세상, 2014.
- 손희도, 배미정, HIGH TOP, 2011.
- 박경준, 피부접착식 칼라 라이트 테라피 기기의 개발에 관한 연구, 전북대학교대학원, 2012.
- 우시키 다쓰오, 후지타 쓰네오, 누구나 세포, 작은책방, 2013.
- H.U. Hecker, 그림으로 보는 경혈과 통증유발점, 군자출판사, 2010.
- Colbert, Ankney, Lee, 해부생리학, 메디시언, 2007.
- Robert K. Clark, 해부생리학-우리 몸의 이해, 라이프사이언스, 2007.

- Bastien D. Gomperts, Ijsbrand M. kramer, peter E.R Tatham, Signal transduction, 월드사이언스, 2009.
- Krzysztof Kassolik, at al. Massage-induced morphological changesof dense connective tissue in rat's tendon, 2013.
- Elisa Caberlotto, at al. or Elisa Caberlotto, Laetitia Ruiz, Zane Miller, Mickael Poletti, Lauri Tadlock, Effects of a skin-massaging device on the exvivo expression of human dermis proteins and in-vivo facial wrinkles, 2017. 3.
- Vera Morhenn, at al. or Vera Morhenn, Laura E. Beavin, Paul J. Zak, Massage Increases Oxytocin and Reduces Adrenocorticotropin Hormone in Humans, 2012. 11.
- 좌우 목운동 및 콜라겐 식이가 중년 여성의 얼굴 주름개선에 미치는 영향 분석, 김민송1·강상모1, 2, * 1건국대학교 대학원 생물공학과, 2건국대학교 공과대학 미생물공학과

한국형배농테라피

2018년 1월 5일 초판 인쇄
2018년 1월 10일 초판 발행

저 자 손소희 · 신숙자 · 이재남

발행인 주 병 오

발행처 메디시인

경기도 파주시 회동길 209(문발동)
파주출판문화도시

영업팀 (031) 955-7566 · 7577
편집팀 (031) 955-7731
FAX (031) 955-7730
홈페이지 www.ji-gu.co.kr
전자우편 jigupub@hanmail.net
등록번호 제 406-2005-000045호

ISBN 979-11-86739-49-5 값 28,000원

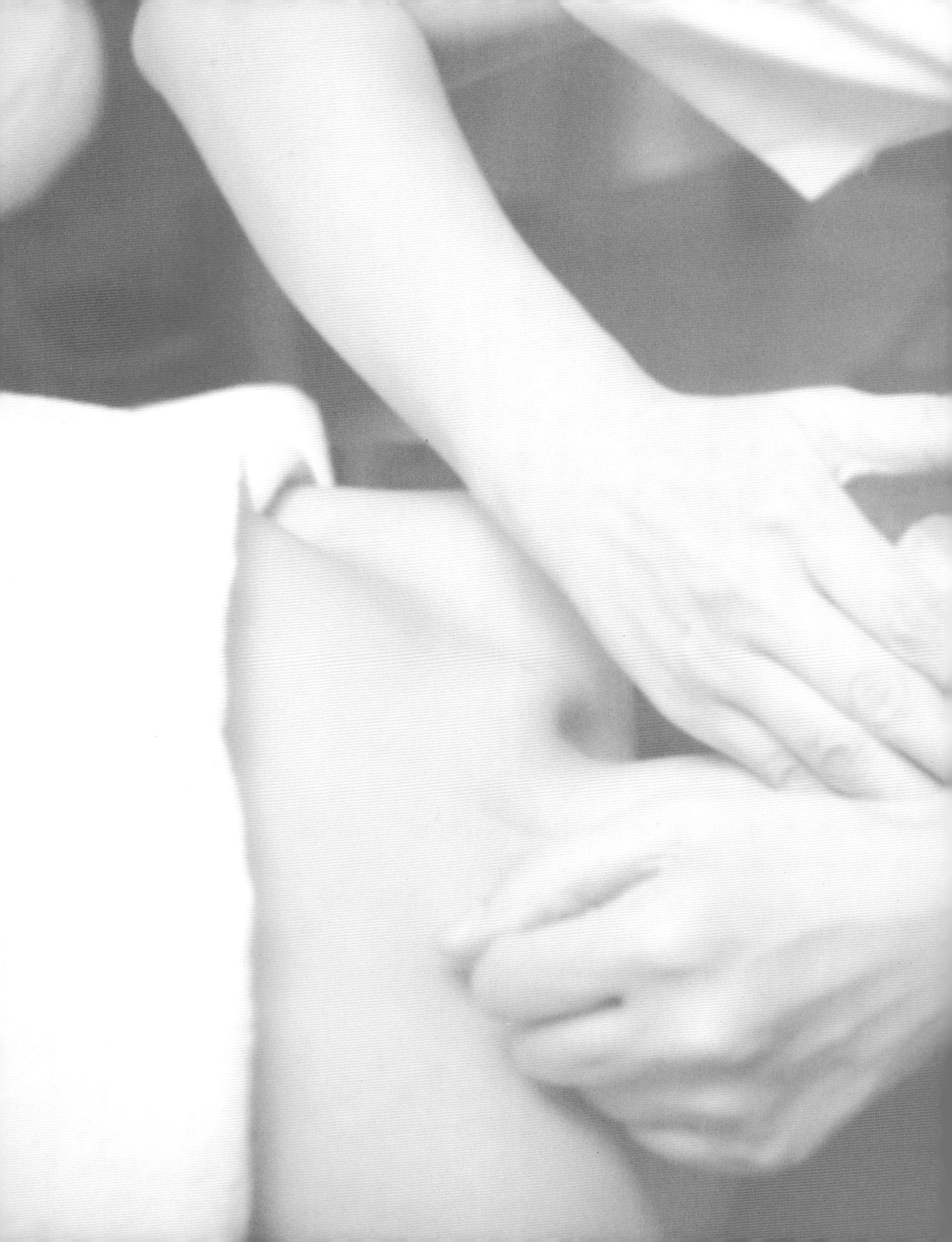